高等职业教育食品智能加工技术专业教材
中国轻工业“十四五”规划教材

食品添加剂应用技术

主 编
姚 芳 郑 义

中国轻工业出版社

图书在版编目（CIP）数据

食品添加剂应用技术/姚芳，郑义主编．—北京：中国轻工业出版社，2025.8
ISBN 978-7-5184-4664-3

Ⅰ.①食…　Ⅱ.①姚…②郑…　Ⅲ.①食品添加剂—高等职业教育—教材　Ⅳ.①TS202.3

中国国家版本馆 CIP 数据核字（2023）第 227519 号

责任编辑：张　靓
文字编辑：王　婕　　责任终审：唐是雯　　封面设计：锋尚设计
版式设计：砚祥志远　　责任校对：吴大朋　　责任监印：张京华

出版发行：中国轻工业出版社（北京鲁谷东街 5 号，邮编：100040）
印　　刷：三河市万龙印装有限公司
经　　销：各地新华书店
版　　次：2025 年 8 月第 1 版第 3 次印刷
开　　本：787×1092　1/16　　印张：20.25
字　　数：400 千字
书　　号：ISBN 978-7-5184-4664-3　　定价：49.00 元
邮购电话：010-85119873
发行电话：010-85119832　010-85119912
网　　址：http://www.chlip.com.cn
Email：club@chlip.com.cn

251364J2C103ZBW

本书编审人员

主　编　姚　芳（江苏农牧科技职业学院）

　　　　　郑　义（江苏农牧科技职业学院）

副主编　祁兴普（江苏农牧科技职业学院）

　　　　　吴　平（江苏农牧科技职业学院）

　　　　　李　琴（江苏食品药品职业技术学院）

参　编　李　泉（泰州海关）

　　　　　李冬霞（苏州农业职业技术学院）

　　　　　殷晨瑶（江苏双鱼食品有限公司）

　　　　　王海蓝（江苏农牧科技职业学院）

　　　　　隋春光（黑龙江农业经济职业学院）

审　稿　姜启兴（江南大学）

前　言

食品添加剂是现代食品工业的灵魂，它能改善食品品质，便于加工，防腐保鲜，大大促进了食品工业的发展。同时，食品添加剂如何安全使用也备受社会关注。为全面贯彻党的教育方针，落实立德树人根本任务，培养德智体美劳全面发展的社会主义建设者和接班人，本教材依据 GB 2760—2024《食品安全国家标准　食品添加剂使用标准》，以食品添加剂的安全、规范、合理使用为重点，设计典型任务，旨在让学生学会检索、选用各种食品添加剂，在食品生产中树立法律法规意识，坚守职业道德，培养科技强国的使命感、创新创业意识和劳动精神。

食品添加剂应用技术是高等职业教育食品类相关专业的一门技术性、应用性、实践性很强的专业核心课程。本教材依据国家标准、融入思政元素，立足职业资格证书、对接岗位实际，以典型食品为载体，由点到面组织教学内容，将原有的学科框架体系改革为 3 个工作过程导向型模块：食品添加剂使用标准的检索及安全管理、食品添加剂的选用及效果评价、食品添加剂的综合选用。

通过本教材的学习，能够使学生强化法制观念，熟练使用 GB 2760—2024《食品安全国家标准　食品添加剂使用标准》查询食品添加剂，掌握食品添加剂的定义、分类、功能特点、原理、方案设计、安全添加、效果评价、含量检测等知识和技能，学会合理合法地利用食品添加剂进行食品开发、生产与研究，保障食品质量与安全，满足懂原理、能设计、会操作、精评价、与就业岗位无缝衔接的高素质技术技能人才培养的需求。

本教材突出体现了以下特色。

1. 教材模块化设计，突出岗位需要

教材内容模块化、任务化，以工作岗位需要为核心，通过任务驱动，将理论知识和操作技能融为一体，“教、学、做”一体化，同时渗透职业技能（专业能力、自学能力、创新能力、团队合作能力、方案设计能力、信息获取能力等）的培养。每一个任务包括学习目标、必备知识、任务实施、拓展知识和思考题，并配有相应的任务工单，突出岗位职业技能。

2. 开发立体化教材，配套建设数字化教学资源

本教材配备有丰富的数字化教学资源，可通过扫描教材中内嵌的二维码学习，也可登录智慧职教 MOOC 网站（https：//mooc. icve. com. cn/cms/courseDetails/index. htm? cid = sptjsn032yf476）在线学习。

3. 有效融入课程思政，实现专业课与思政课同向同行，协同育人

工作任务过程中落实课程思政，利用食品添加剂安全案例、时政新闻，培养学生的食品安全意识，引导学生设计添加剂使用方案，练习安全规范操作技能，培养学生的工匠精神和劳动精神；通过国家标准的查询，培养学生遵纪守法的职业态度。

本教材由校企合作开发，可作为高等职业院校食品智能加工技术、食品检验检测技术及相关专业的教材，同时也可作为食品企业技术人员、食品质量与安全管理人员的参考

用书。

本教材由姚芳和郑义担任主编，祁兴普、吴平和李琴任副主编。具体编写分工如下：姚芳编写任务一、任务三、任务五、任务十一的子任务三；郑义编写任务二；祁兴普编写任务四、任务六；吴平编写任务八、任务九、任务十四的子任务一；李琴编写任务十、任务十四的子任务二；李泉编写任务十二的子任务三、任务十三的子任务三；李冬霞编写任务十二的子任务一和子任务二、殷晨瑶编写任务十一的子任务一和子任务二；王海蓝编写任务十三的子任务一和子任务二；隋春光编写任务七，全教材由姚芳统稿。

本教材由江南大学姜启兴教授审稿，在此深表感谢！本教材在编写过程中参考了部分兄弟院校出版的教材，得到了许多同行、企业专家等多方的帮助和指导，在此一并表示衷心的感谢！

食品添加剂发展迅速，新品种、新用途、新技术、新设备、新检测方法更新快，加之编写水平、经验所限，教材不妥之处在所难免，恳请同行和读者批评指正。

编　者

目 录 CONTENTS

模块一

食品添加剂使用标准的检索及安全管理

本模块包括2个任务，分别为食品添加剂使用标准的检索、食品添加剂的安全管理和选用方案设计。通过学习，知道食品添加剂定义、分类、编码、性质、作用、安全问题、LD_{50}、毒理学评价程序和风险评估，能够解读GB 2760—2024《食品安全国家标准　食品添加剂使用标准》（后简称GB 2760—2024），会检索食品添加剂的使用范围和最大使用量，会检索各种食品中允许添加的食品添加剂，计算食品中食品添加剂的使用量，能设计常见的食品中食品添加剂选用方案。

任务一 食品添加剂使用标准的检索

学习目标

知识目标

1. 掌握食品添加剂定义、分类、编码、性质。
2. 知道食品添加剂相关的法律法规。
3. 知道食品添加剂使用标准的组成内容。

能力目标

1. 能正确解读GB 2760—2024。
2. 会检索食品添加剂的使用范围和最大使用量。
3. 会检索各种食品中允许添加的食品添加剂。

素质目标

1. 通过讲解添加剂的作用和应用历史，培养爱国情怀和文化自信。

2. 在解读 GB 2760—2024 的过程中，强化责任意识，增强食品安全意识和食品合规意识。

3. 通过分组检索讨论某种食品中允许添加的食品添加剂，增强团队协作能力和创新创业意识。

4. 通过在线查询 GB 2760—2024，提高职业素养和信息化能力。

必备知识

食品是人类生存的基础物质，食品添加剂是食品生产中最活跃、最有创造力的一个领域。食品添加剂的使用、发展历史悠久，早在东汉时期，就使用盐卤作凝固剂制作豆腐；魏晋时期，采用碱面解决了面发酸的问题；从南宋开始，“一矾二碱三盐”的油条配方就有了记载，一直沿用至今，亚硝酸盐大概在南宋用于腊肉生产；公元 6 世纪，农业科学家贾思勰在《齐民要术》中，记载了天然色素用于食品的方法。

GB 2760—2024《食品安全国家标准 食品添加剂使用标准》（文本）

食品添加剂是现代食品工业不可缺少的重要原料，食品工业的发展与食品添加剂有着密切的关系。食品添加剂满足了人民群众日益升级的消费需求，为食品工业繁荣发展做出了重要的贡献。

GB 14880—2012《食品安全国家标准 食品营养强化剂使用标准》（文本）

一、食品添加剂的定义

1. 我国定义

GB 2760—2024 中规定：“食品添加剂为改善食品品质和色、香、味，以及为防腐、保鲜和加工工艺的需要而加入食品中的人工合成或者天然物质。食品用香料、胶基糖果中基础剂物质、食品工业用加工助剂、营养强化剂也包括在内。”

2. 食品法典委会员定义

食品法典委员会（Codex Alimentarius Commission，CAC）规定：“食品添加剂是指本身不作为食品消费，也不是食品特有成分的任何物质，而不管其有无营养价值。它们在食品生产、加工、调制、处理、充填、包装、运输、储存等过程中，由于技术（包括感官）的目的，有意加入食品中或者预期这些物质或其副产物会成为（直接或间接）食品的一部分，或者改善食品的性质。它不包括污染物或为保持、提高食品营养价值而加入食品中的物质。”此定义不包括污染物，不包括食品营养强化剂。

GB 1886.359—2022《食品安全国家标准 食品添加剂 胶基及其配料》（文本）

二、食品添加剂的分类

在食品添加剂的各种分类方法中，按功能、用途的分类方法最具有实用价值，因为分类的主要目的是便于按食品加工的要求快速地查找出所需要的添加剂。根据食品添加剂的主要功能，GB 2760—2024 附录 D 食品添加剂功能类别中将食品添加剂分为 23 类，见表 1-1。

食品添加剂功能类别（微课）

表 1-1　食品添加剂的分类

分类	食品添加剂功能类别	分类	食品添加剂功能类别
01	酸度调节剂	13	面粉处理剂
02	抗结剂	14	被膜剂
03	消泡剂	15	水分保持剂
04	抗氧化剂	16	营养强化剂
05	漂白剂	17	防腐剂
06	膨松剂	18	稳定剂和凝固剂
07	胶基糖果中基础剂物质	19	甜味剂
08	着色剂	20	增稠剂
09	护色剂	21	食品用香料
10	乳化剂	22	食品工业用加工助剂
11	酶制剂	23	其他
12	增味剂		

1. 附录 D 食品添加剂功能类别

D. 1 酸度调节剂：用以维持或改变食品酸碱度的物质。

D. 2 抗结剂：用于防止颗粒或粉状食品聚集结块，保持其松散或自由流动的物质。

D. 3 消泡剂：在食品加工过程中降低表面张力，消除泡沫的物质。

D. 4 抗氧化剂：能防止或延缓油脂或食品成分氧化分解、变质，提高食品稳定性的物质。

D. 5 漂白剂：能够破坏、抑制食品的发色因素，使其褪色或使食品免于褐变的物质。

D. 6 膨松剂：在食品加工过程中加入的，能使产品发起形成致密多孔组织，从而使制品具有膨松、柔软或酥脆特性的物质。

D. 7 胶基糖果中基础剂物质：赋予胶基糖果起泡、增塑、耐咀嚼等作用的物质。

D. 8 着色剂：使食品赋予色泽和改善食品色泽的物质。

D. 9 护色剂：能与肉及肉制品中呈色物质作用，使之在食品加工、保藏等过程中不致分解、破坏，呈现良好色泽的物质。

D. 10 乳化剂：能改善乳化体中各种构成相之间的表面张力，形成均匀分散体或乳化体的物质。

D. 11 酶制剂：由动物或植物的可食或非可食部分直接提取，或由传统或通过基因修饰的微生物（包括但不限于细菌、放线菌、真菌菌种）发酵、提取制得，用于食品加工，具有特殊催化功能的生物制品。

D. 12 增味剂：补充或增强食品原有风味的物质。

D. 13 面粉处理剂：促进面粉的熟化和提高制品质量的物质。

D. 14 被膜剂：涂抹于食品外表，起保质、保鲜、上光、防止水分蒸发等作用的物质。

D. 15 水分保持剂：有助于保持食品中水分而加入的物质。

D. 16 营养强化剂：其定义符合 GB 14880—2012《食品安全国家标准　食品营养强化

剂使用标准》中的规定。

D. 17 防腐剂：防止食品腐败变质、延长食品储存期的物质。

D. 18 稳定剂和凝固剂：使食品结构稳定或使食品组织结构不变，增强黏性固形物的物质。

D. 19 甜味剂：赋予食品甜味的物质。

D. 20 增稠剂：可以提高食品的黏稠度或形成凝胶，从而改变食品的物理性状、赋予食品黏润、适宜的口感，并兼有乳化、稳定或使呈悬浮状态作用的物质。

D. 21 食品用香料：添加到食品产品中以产生香味、修饰香味或提高香味的物质。

D. 22 食品工业用加工助剂：有助于食品加工能顺利进行的各种物质，与食品本身无关。如助滤、澄清、吸附、脱模、脱色、脱皮、提取溶剂等。

D. 23 其他：上述功能类别中不能涵盖的其他功能。

2. 食品添加剂的编码

（1）国际编码系统（INS） 食品添加剂的国际编码，用于代替复杂的化学结构名称表述。如亚硝酸钠，INS 号 250。

每年 CAC 都会对食品添加剂的 INS 编号系统进行修订，在 GB 2760—2024 中可能出现 INS 号与修订后的不一致的情况，为避免此种情况给标准实施带来的不便，在 INS 号部分备注表明，“INS 号是国际食品法典委员会（CAC）赋予食品添加剂的编号系统，当 CAC 的 INS 号发生变化时以 CAC 的 INS 号为准。”

食品添加剂的编码（微课）

（2）中国编码系统（CNS） 食品添加剂的中国编码，由食品添加剂的主要功能类别代码和在本功能类别中的顺序号组成，以五位数字表示，其中前两位数字码为类别标识，小数点以下三位数字表示在该功能类别中的编号代码，如××. ×××。如亚硝酸钠，CNS 为 09. 002，09 表示护色剂，002 表示在护色剂中编号代码。

三、食品添加剂的使用原则

随着食品工业的发展，人们食用的食品品种越来越多，对色、香、形、营养等品质越来越高，随食品进入人体的食品添加剂数量和种类也越来越多。日常生活中，普通人每天常摄入几十种食品添加剂，因此食品添加剂的安全使用极为重要。要遵照“两个量一个范围”，即肯定列表制：没有列入标准的即不允许使用；允许使用范围：该添加剂只允许使用在限定的食品中；最大使用量：添加剂使用时所允许使用的最大添加量；最大残留量：食品添加剂或其分解产物在最终食品中的允许残留水平。根据 GB 2760—2024，食品添加剂应当符合相应的质量规格要求，所列各项原则必须同时使用，不得仅根据其中一条片面理解使用。食品添加剂使用的首要原则是安全性，其次是有效性。

1. 食品添加剂使用时应符合以下基本要求

（1）不应对人体产生任何健康危害。

（2）不应掩盖食品腐败变质。

（3）不应掩盖食品本身或加工过程中的质量缺陷或以掺杂、掺假、伪造为目的而使用食品添加剂。

（4）不应降低食品本身的营养价值。

(5) 在达到预期目的前提下尽可能降低在食品中的使用量。

2. 食品添加剂的使用目的

(1) 保持或提高食品本身的营养价值。

(2) 作为某些特殊膳食用食品的必要配料或成分。

(3) 提高食品的质量和稳定性，改进其感官特性。

(4) 便于食品的生产、加工、包装、运输或者贮藏。

食品添加剂使用的基本要求（微课）

3. 食品添加剂的加和原则（A.4 规定）

加和原则即同一功能且具有数值型最大使用量的食品添加剂（仅限相同色泽着色剂、防腐剂、抗氧化剂）在混合使用时，各自用量占其最大使用量的比例之和不应超过 1。

加和原则（微课）

说明：

(1) 该条文是对标准中列出的具有同一功能、具有数值型最大使用量和共同使用范围的着色剂、防腐剂、抗氧化剂在其共同的使用范围内混合使用时如何确定各自使用量的规定。

(2) 不具有同一功能或具有同一功能没有相同的使用范围的食品添加剂不受本条约束。

带入原则（微课）

(3) 其中着色剂要求具有同一色泽，如同是红色或蓝色，如果一种添加剂是红色，一种添加剂是蓝色，即使其具有相同的使用范围，在使用时也不受本条的约束。

4. 食品添加剂的带入原则

(1) 在下列情况下食品添加剂可以通过食品配料（含食品添加剂）带入食品中（同时满足）。

①根据 GB 2760—2024，食品配料中允许使用该食品添加剂；

框架结构（微课）

②食品配料中该添加剂的用量不应超过允许的最大使用量；

③应在正常生产工艺条件下使用这些配料，并且食品中该添加剂的含量不应超过由配料带入的水平；

④由配料带入食品中的该添加剂的含量应明显低于直接将其添加到该食品中通常所需要的水平。

内容范围（微课）

(2) 当某食品配料作为特定终产品的原料时，批准用于上述特定终产品的添加剂允许添加到这些食品配料中，同时该添加剂在终产品中的量应符合 GB 2760—2024 的要求。在所述特定食品配料的标签上应明确标示该食品配料用于上述特定食品的生产。带入原则规定的是添加剂在食品配料中发挥工艺作用，随配料不可避免被带入终产品，在终产品中不发挥工艺作用。

任务实施

一、GB 2760—2024 条文的解读

（一）GB 2760—2024 的组成内容

GB 2760—2024 的组成内容见表 1-2。

表 1-2　　GB 2760—2024 的组成内容

法规	组成内容
GB 2760—2024	**前言** **附录 A 食品添加剂的使用规定** 表 A. 1 食品添加剂的允许使用品种、使用范围以及最大使用量或残留量 表 A. 2 表 A. 1 中例外食品编号对应的食品类别 **附录 B 食品用香料使用规定** 表 B. 1 不得添加食用香料、香精的食品名单 表 B. 2 允许使用的食品用天然香料名单 表 B. 3 允许使用的食品用合成香料名单 **附录 C 食品工业用加工助剂使用规定** 表 C. 1 可在各类食品加工过程中使用，残留量不需限定的加工助剂名单（不含酶制剂） 表 C. 2 需要规定功能和使用范围的加工助剂名单（不含酶制剂） 表 C. 3 食品用酶制剂及其来源名单 **附录 D 食品添加剂功能类别** **附录 E 食品分类系统** **附录 F 附录 A 中食品添加剂使用规定索引**

1. GB 2760—2024 的范围

该标准规定了食品添加剂的使用原则、允许使用的食品添加剂品种、使用范围及最大使用量或残留量。该标准适用于所有食品添加剂的生产、经营和使用者。

允许使用的食品添加剂品种：没有列入标准的添加剂不允许使用。

使用范围：指该食品添加剂只允许使用在限定的食品中。

最大使用量：食品添加剂使用时所允许的最大添加量。

最大残留量：食品添加剂或其分解产物在最终食品中的允许残留水平。

GB 2760—2024 与 GB 2760—2014 的差异（微课）

2. 食品分类系统附录 E

食品分类系统用于界定食品添加剂的使用范围，只适用于本标准，基于食品在市场上的产品表述名称来分类，共有 16 个一级类，便于食品生产加工企业根据自身的产品进行检索。在使用时有以下几个原则（A. 3 规定）：

食品分类系统（微课）

（1）每一类食品类别规定了相应的允许使用的食品添加剂及使用量。

（2）如允许某食品添加剂应用于某一食品类别时，则允许其应用于该类别下的所有类别食品，另有规定的除外。

（3）食品分类系统适用于所有食品，包括那些不允许使用添加剂的食品。如：

大类 → 04.0 水果、蔬菜等
↓
亚类 → 04.01 水果
↓
次亚类 → 04.01.02 加工水果
↓
小类 → 04.01.02.08 蜜饯
↓
次小类 → 04.01.02.08.03 果脯类

GB 2760—2024 附录A食品添加剂的使用规定（微课）

GB 2760—2024 表A.1的使用说明（微课）

（二）GB 2760—2024中各附录的使用规定

1. 附录A 食品添加剂的使用规定

（1）表A.1规定了食品添加剂的允许使用品种、使用范围以及最大使用量或残留量（表1-3）。

表1-3　表A.1　食品添加剂的允许使用品种、使用范围以及最大使用量或残留量（样例）

4-己基间苯二酚　　4-hexylresorcinol

CNS号　04.013　　INS号　586

功能　抗氧化剂

（标注：主要功能；使用范围；添加剂的残留量及其他备注）

食品分类号	食品名称	最大使用量	备注
09.01	鲜水产（仅限虾类）	按生产需要适量使用	残留量≤1 mg/kg

D-异抗坏血酸及其钠盐（包括D-异抗坏血酸，D-异抗坏血酸钠）　　D-isoascorbic acid (erythorbic acid), sodium D-isoascorbate

CNS号　04.004,04.018　　INS号　315,316

功能　抗氧化剂、护色剂

食品分类号	食品名称	最大使用量/（g/kg）	备注
—	各类食品，表A.2中编号为1~62、64~68的食品类别除外	按生产需要适量使用	
15.03.01	葡萄酒	0.15	以抗坏血酸计

①食品添加剂的使用范围。

a. 分类、分级的食品分类系统。

b. 除外指该类别中特定的食品亚类或食品品种不适用本条规定。

c. 仅限指仅该类别中的特定食品亚类或食品品种适用本规定。

d. 其他指对未列入食品分类系统中的使用范围的补充。

如柠檬黄及其铝色淀：03.0冷冻饮品（03.04食用冰除外）；07.04焙烤食品馅料及表面用挂浆［0.05（仅限使用柠檬黄，仅限风味派馅料），0.05（仅限饼干夹心），0.3（仅限布丁、糕点用馅料及表面用挂浆）］。辣椒红：16.07其他（仅限魔芋凝胶制品）。

②食品添加剂的最大使用量。

一般以g/kg计或按生产需要适量使用。部分品种规定了最大使用量以残留量计，如二氧化硫的最大使用量以二氧化硫残留量计。

食品添加剂的最大使用量的涵义包括以下几点。

a. 在使用具体的食品添加剂时，其使用量不一定达到最大使用量，而应该按照食品添加剂的使用原则，在达到其使用目的的条件下尽可能减少在食品中的使用量。

b. 在具体食品类别中的使用量不能超过最大使用量。

c. 最大使用量并不能作为确定产品中最终残留量的依据，而要根据实际使用情况和带入原则等进行综合判定。

③备注。

a. 规定最大使用量以残留量计，如二氧化硫的最大使用量以二氧化硫残留量计。

b. 规定使用范围，如蔗糖脂肪酸酯在鲜蛋中的使用范围是用于鸡蛋保鲜。

c. 规定最大使用量的计算方法，如二丁基羟基甲苯（BHT）的最大使用量以油脂中的含量计算。甘草抗氧化物的最大使用量以甘草酸计，即甘草酸的最大使用量≤0.2g/kg，而甘草抗氧化物的最大使用量根据甘草酸的含量进行计算，可≥0.2g/kg。

GB 2760—2024
表A.2的使用说明
（微课）

d. 规定残留量，如硝酸钠的最大使用量为500mg/kg，残留量以亚硝酸钠计，要≤30mg/kg。

（2）表A.2规定了表A.1中例外食品编号对应的食品类别（表1-4）。

表1-4　　表A.2　表A.1中例外食品编号对应的食品类别（样例）

例外食品类别编号	食品分类号	食品名称
1	01.01.01	巴氏杀菌乳
2	01.01.02	灭菌乳和高温杀菌乳
3	01.02.01	发酵乳
4	01.03.01	乳粉和奶油粉
5	01.05.01	稀奶油
6	02.01.01.01	植物油
7	02.01.01.02	氢化植物油
8	02.01.02	动物油脂（包括猪油、牛油、鱼油和其他动物脂肪等）

该列表中的食品类别可以使用的食品添加剂较少，原则上不能使用表A.1中部分使用范围为各类食品的食品添加剂。如果有使用，则需单独列出。

如01.05.01稀奶油，是表A.2中的食品类别，编号为5。通过GB 2760—2024查询可知，稀奶油中可使用的所有食品添加剂，其中瓜尔胶的最大使用量为1.0g/kg。查询瓜尔胶可知其可应用在稀奶油（编号5），最大使用量为1.0g/kg；较大婴儿和幼儿配方食品（编号55），最大使用量为1.0g/L；按生产需要适量使用于各类食品（表A.2中编号为1~68的食品类别除外）。由查询结果可知，瓜尔胶不能按生产需要适量使用于稀奶油，其在稀奶油（编号5）中最大使用量单独列出。

又如磷脂按生产需要适量使用于各类食品（表 A. 2 中编号为 1～4、6、8～53、59～68 的食品类别除外），说明表 A. 2 中编号为 5、7、54～58 的食品类别可按生产需要适量使用磷脂。

2. 附录 B 食品用香料使用规定

（1）B. 1 食品用香料、香精的使用原则

B. 1. 1 在食品中使用食品用香料、香精的目的是使食品产生、改变或提高食品的风味。食品用香料一般配制成食品用香精后用于食品加香，部分也可直接用于食品加香。食品用香料、香精不包括只产生甜味、酸味或咸味的物质，也不包括增味剂。

GB 2760—2024
附录 B 食品用香料使用原则
（微课）

B. 1. 2 食品用香料、香精在各类食品中按生产需要适量使用，表 B. 1 中所列食品没有加香的必要，不得添加食品用香料、香精，法律、法规或国家食品安全标准另有明确规定者除外。除表 B. 1 所列食品外，其他食品是否可以加香应按相关食品产品标准规定执行。

B. 1. 3 用于配制食品用香精的食品用香料品种应符合本标准的规定。用物理方法、酶法或微生物法（所用酶制剂应符合本标准的有关规定）从食品（可以是未加工过的，也可以是经过了适合人类消费的传统的食品制备工艺的加工过程）制得的具有香味特性的物质或天然香味复合物可用于配制食品用香精。天然香味复合物是一类含有食用香味物质的制剂。

B. 1. 4 具有其他食品添加剂功能或其他食品用途的食品用香料，应配制成食品用香精用于食品加香，在食品中发挥其他食品添加剂功能时，应符合本标准的规定，发挥其他用途时应符合相应标准的规定。如：苯甲酸、肉桂醛、瓜拉纳提取物、双乙酸钠（又名二醋酸钠）、琥珀酸二钠、磷酸三钙、氨基酸类等。

B. 1. 5 食品用香精可以含有对其生产、储存和应用等所必需的食品用香精辅料（包括食品添加剂和食品）。食品用香精辅料应符合以下要求。

①食品用香精中允许使用的辅料应符合 GB 30616—2020《食品安全国家标准　食品用香精》的规定。在达到预期目的的前提下尽可能减少使用品种。

②作为辅料添加到食品用香精中的食品添加剂不应在最终食品中发挥功能作用，在达到预期目的的前提下尽可能降低在食品中的使用量。

B. 1. 6 食品用香料、食品用香精的标签应符合 GB 29924—2013《食品安全国家标准　食品添加剂标识通则》的规定。

B. 1. 7 凡添加了食品用香料、香精的预包装食品应按照 GB 7718—2011《食品安全国家标准　预包装食品标签通则》进行标示。

B. 1. 8 食品用香料质量规格应符合 GB 29938—2020《食品安全国家标准　食品用香料通则》及相关香料产品标准的规定。

GB 2760—2024
附录 C 食品工业用加工助剂的使用规定
（微课）

（2）B. 2 食品用香料名单

B. 2. 1 食品用香料包括天然香料和合成香料两种。不得添加食品用香料、香精的食品名单见表 1-5。

表 1-5　　**表 B.1　不得添加食品用香料、香精的食品名单（样例）**

食品分类号	食品名称
01.01.01	巴氏杀菌乳
01.01.02	灭菌乳和高温杀菌乳
01.02.01	发酵乳
01.05.01	稀奶油
02.01.01	植物油脂

B.2.2 允许使用的食品用天然香料名单见表 1-6。

表 1-6　　**表 B.2　允许使用的食品用天然香料名单（样例）**

序号	编码	香料中文名称	香料英文名称	FEMA 编号
1	N001	丁香叶油	Clove leaf oil（*Eugenia* spp.）	2325
2	N002	丁香花蕾酊（提取物）	Clove bud tincture（extract）（*Eugenia* spp.）	2322
3	N003	丁香花蕾油	Clove bud oil（*Eugenia* spp.）	2323
4	N004	罗勒油	Basil oil（*Ocimum basilicum* L.）	2119
5	N005	八角茴香油	Anise star oil（*Illicium verum* Hook，F.）	2096

B.2.3 允许使用的食品用合成香料名单见表 1-7。

表 1-7　　**表 B.3　允许使用的食品用合成香料名单（样例）**

序号	编码	香料中文名称	香料英文名称	FEMA 编号
1	S0001	丙二醇	1,2-Propanediol（Propylene glycol）	2940
2	S0002	甘油（又名丙三醇）	Glycerine（Glycerol）	2525
3	S0003	异丙醇	Isoproply alcohol	2929
4	S0004	正丁醇	1-Butanol（Butyl alcohol）	2178
5	S0005	异丁醇	Isobutyl alcohol	2179

3. 附录 C 食品工业用加工助剂的使用规定

（1）C.1 食品工业用加工助剂（以下简称“加工助剂”）的使用原则

C.1.1 加工助剂应在食品生产加工过程中使用，使用时应具有工艺必要性，在达到预期目的前提下应尽可能降低使用量。

C.1.2 加工助剂一般应在制成最终成品之前除去，无法完全除去的，应尽可能降低其残留量，其残留量不应对健康产生危害，不应在最终食品中发挥功能作用。

C.1.3 加工助剂应该符合相应的质量规格要求。

（2）C.2 食品工业用加工助剂的使用规定

C.2.1 表 C.1 以加工助剂名称汉语拼音排序规定了可在各类食品加工过程中使用，残留量不需限定的加工助剂名单（不含酶制剂）。

C.2.2 表 C.2 以加工助剂名称汉语拼音排序规定了需要规定功能和使用范围的加工助剂名单（不含酶制剂）。

C.2.3 表 C.3 以酶制剂名称汉语拼音排序规定了食品加工中允许使用的酶。各种酶的来源和供体应符合表中的规定。

二、GB 2760—2024 的检索

（一）检索方法

（1）纸质版 GB 2760—2024 查询时应通过附录 F 进行检索。表 A.1 和附录 F 中的品种均按食品添加剂名称汉语拼音顺序排列，通过名称汉语拼音检索到该食品添加剂在附录 F 的位置，即可找到该品种对应在表 A.1 中的页码。例如，查询苯甲酸，这个物质的第一个字是苯（ben），应在字母 B 所在位置进行查询。

GB 2760—2024
检索方法（微课）

（2）在电脑上下载一个 PDF 版本的 GB 2760—2024，打开文件，采用 PDF 阅读软件里的查询功能就可查询所需。例如，查询糖精钠，在阅读软件的查询条中输入糖精钠三个字，这个标准中所有出现这三个字的位置都会依次显示出来。

（3）借助食品伙伴网的数据库，通过“GB 2760—2024《食品安全国家标准　食品添加剂使用标准》查询”免费在线检索系统或食品添加剂使用标准 App 进行检索，输入需要查询的“食品添加剂中文名称”/“食品添加剂英文名称”/“食品名称”，可以快速获得某种食品添加剂的使用范围或某种食品中允许使用的所有食品添加剂（图 1-1）。通过在线检索方式还可获得 GB 2760—2024 相关增补信息。

图 1-1　GB 2760—2024 检索页面

注意，复合型食品添加剂是由多种物质合成的，直接在标准中输入无法查到，而是要看添加剂标签上的配料表，将其使用的物质一一输入查询，才能查到。食品添加剂或食品的俗称直接输入也无法查到，食品必须输入附录 E 食品分类系统中的规范名称。

（二）检索途径

GB 2760—2024 提供了两种检索途径：一是根据食品添加剂名称进行检索；二是根据食品名称进行检索。

1. 按食品添加剂名称进行检索

根据食品添加剂名称检索，就是知道食品添加剂的名称，在标准中查询它属于什么功能类别的食品添加剂，可以应用在哪些食品中，最大使用量是多少。

食品添加剂的检索（微课）

【案例 1】碳酸镁

由 GB 2760—2024 查询可知：

碳酸镁（包括轻质碳酸镁，重质碳酸镁） **magnesium carbonate**

CNS 号 13.005 INS 号 504（i）

功能 面粉处理剂、膨松剂、稳定剂、抗结剂

食品分类号	食品名称	最大使用量/（g/kg）	备注
06.03.01	小麦粉	1.5	
14.06	固体饮料	10.0	

结论：根据表 A.1 的查询结果碳酸镁可用于小麦粉与固体饮料（包括其下一级分类系统的所有食品）。

【案例 2】抗坏血酸

由 GB 2760—2024 查询可知：

抗坏血酸（又名维生素 C） **ascorbic acid（vitamin C）**

CNS 号 04.014 INS 号 300

功能 面粉处理剂、抗氧化剂

食品分类号	食品名称	最大使用量/（g/kg）	备注
—	各类食品，表 A.2 中编号为 1~5、10~62、68 的食品类别除外	按生产需要适量使用	
04.01.01.03	去皮或预切的鲜水果	5.0	
04.02.01.03	去皮、切块或切丝的蔬菜	5.0	
06.03.01	小麦粉	0.2	
14.02.01	果蔬汁（浆）	1.5	以即饮状态计，相应的固体饮料按稀释倍数增加使用量

结论：根据表 A.1 的查询结果抗坏血酸可用于去皮或预切的鲜水果，去皮、切块或切丝的蔬菜，小麦粉，果蔬汁（浆）（包括其下一级分类系统的所有食品）；按生产需要适量使用于各种食品，表 A.2 中编号为 1~5、10~62、68 的食品类别除外。

食品类别的检索（微课）

2. 按食品名称进行检索

根据食品名称检索，就是先查询该产品在附录 E 食品分类系统中的规范名称，用规范名称查询产品中可以使用哪些添加剂，最大使用量是多少。

【案例 3】啤酒

查询附录 E 可知啤酒的规范名称为啤酒和麦芽饮料，食品分类号为 15. 03. 05。依次查询 15. 03. 05 和其上级食品类别 15. 03 和 15. 0 在表 A. 1 中所允许使用的食品添加剂。

食品分类号 15. 03. 05 啤酒和麦芽饮料中允许使用的食品添加剂有：

添加剂名称	功能	最大使用量/(g/kg)	备注
二氧化硫，焦亚硫酸钾，焦亚硫酸钠，亚硫酸钠，亚硫酸氢钠，低亚硫酸钠	漂白剂、防腐剂、抗氧化剂	0. 01	最大使用量以二氧化硫残留量计
海藻酸丙二醇酯	增稠剂、乳化剂、稳定剂	0. 3	
甲壳素（又名几丁质）	增稠剂、稳定剂	0. 4	
焦糖色（加氨生产）	着色剂	50. 0g/L	
焦糖色（普通法）	着色剂	按生产需要适量使用	
焦糖色（亚硫酸铵法）	着色剂	50. 0g/L	

食品分类号 15. 03 发酵酒（15. 03. 01 葡萄酒除外）中允许使用的食品添加剂有：

添加剂名称	功能	最大使用量/(g/kg)	备注
β-胡萝卜素	着色剂	0. 6	
纳他霉素	防腐剂	0. 01g/L	
纽甜（又名 *N*-［*N*-(3,3-二甲基丁基)］-L-α-天门冬氨-L-苯丙氨酸 1-甲酯）	甜味剂	0. 033	
溶菌酶	防腐剂	0. 5	
三氯蔗糖（又名蔗糖素）	甜味剂	0. 65	
双乙酰酒石酸单双甘油酯	乳化剂、增稠剂	10. 0	

食品分类号 15. 0 酒类在表 A. 1 中无可使用的食品添加剂。

依据表 A. 2，可按生产需要适量使用 5′-呈味核苷酸二钠等 76 种食品添加剂。

结论：啤酒中可使用的食品添加剂 = 15. 03. 05 啤酒和麦芽饮料允许使用的添加剂 + 15. 03 发酵酒允许使用的添加剂 + 依据表 A. 2 适量使用的食品添加剂。

婴儿配方食品可用食品添加剂的检索（微课）

【案例 4】婴儿配方食品

查询附录 E 可知婴儿配方食品的食品分类号为 13. 01. 01，表 A. 2 中例外的食品类别编号为 54。依次查询 13. 01 和 13. 0 在表 A. 1 中所允许使用的食品添加剂。

食品分类号 13. 01. 01 婴儿配方食品中允许使用的食品添加剂有：

添加剂名称	功能	最大使用量/(g/kg)	备注
酪蛋白酸钠（又名酪朊酸钠）	乳化剂、其他	1.0g/L	以即食状态计，作为花生四烯酸（ARA）和二十二碳六烯酸（DHA）载体
磷酸及磷酸盐［包括磷酸，焦磷酸二氢二钠，焦磷酸钠，磷酸二氢钙，磷酸二氢钾，磷酸氢二铵，磷酸氢二钾，磷酸氢钙，磷酸三钙，磷酸三钾，磷酸三钠，多聚磷酸钠（包括六偏磷酸钠），三聚磷酸钠，磷酸二氢钠，磷酸氢二钠，焦磷酸四钾，焦磷酸一氢三钠，聚偏磷酸钾，酸式焦磷酸钙］	水分保持剂、膨松剂、酸度调节剂、稳定剂、凝固剂、抗结剂	1.0	仅限使用磷酸氢钙和磷酸二氢钠，可单独或混合使用，最大使用量以磷酸根（PO_4^{3-}）计
辛烯基琥珀酸淀粉钠	乳化剂，其他	1.0g/L	以即食状态计，作为DHA和ARA载体

食品分类号13.01婴幼儿配方食品中允许使用的食品添加剂有：

添加剂名称	功能	最大使用量/(g/kg)	备注
槐豆胶（又名刺槐豆胶）	增稠剂	7.0g/L	以即食状态计
卡拉胶	乳化剂、稳定剂、增稠剂	0.3g/L	以即食状态计
抗坏血酸棕榈酸酯	抗氧化剂	0.05	以油脂中抗坏血酸计
柠檬酸脂肪酸甘油酯	乳化剂	24.0	
氢氧化钙	酸度调节剂	适量使用	
氢氧化钾	酸度调节剂	适量使用	
异构化乳糖	其他	15.0	

食品分类号13.0特殊膳食用食品，表A.1中无可使用的食品添加剂。依据表A.2，可以适量使用的食品添加剂有：

添加剂名称	功能	最大使用量/(g/kg)	备注
单，双甘油脂肪酸酯	乳化剂、被膜剂	适量使用	
磷脂	抗氧化剂、乳化剂	适量使用	
柠檬酸	酸度调节剂、抗氧化剂	适量使用	
柠檬酸钾	酸度调节剂	适量使用	

续表

添加剂名称	功能	最大使用量/(g/kg)	备注
柠檬酸钠	酸度调节剂、稳定剂	适量使用	
柠檬酸一钠	酸度调节剂	适量使用	
乳酸	酸度调节剂	适量使用	
碳酸钾	酸度调节剂	适量使用	
碳酸氢钾	酸度调节剂	适量使用	

结论：婴儿配方食品中可使用的食品添加剂=13. 01. 01 婴儿配方食品允许使用的添加剂+13. 01 婴幼儿配方食品允许使用的添加剂+依据表 A. 2 适量使用的部分食品添加剂。

拓展任务

调制乳生产可用
食品添加剂的检索
(微课)

月饼生产可用
食品添加剂的检索
(微课)

相关知识

一、食品添加剂的发展现状

近些年来食品行业发展迅猛，食品的年平均增长率已超过了 20%。食品行业的发展和添加剂密切相关，食品添加剂给食品行业带来了很大的支持作用。它推动了新型产品的研发，改良了传统的食品加工工艺，有利于食品升级。合理使用食品添加剂可以改善食品的色、香、味、形，调整食品营养结构，提高食品质量和档次，改善食品加工条件，延长食品的保存期，保障食品安全。

食品添加剂是现代食品工业的催化剂和基础，被誉为“现代食品工业的灵魂”，它已渗透到食品加工的各个领域，全球食品添加剂产业每年以 4%~6%的速度高速增长。近年来，我国食品添加剂行业进入了稳定发展时期，已成为食品工业中最活跃、发展最快的行业之一。2016—2023 年我国食品添加剂主要品种总产量从 1056 万 t 增长到 1611 万 t，2024 年我国食品添加剂主要品种总产量将达 1759 万 t。随着经济发展水平的不断提高，消费理念的不断升级，消费者对食品的可口性和安全性的关注度不断提升，食品添加剂行业的发展空间较为广阔。2023 年，我国食品添加剂销售额达 1510 亿元，未来，在我国经济持续增长、内部需求不断扩大的环境下，食品添加剂行业仍将保持稳定发展态势。从细分市场占比来看，调味品占比最高，占比达到 30%；其次是氢化胶体，占比为 17%；再次是酸化剂，占比13%；调味增强剂、甜味剂、色素、乳化剂分别占比12%、11%、5%、5%。

随着食品添加剂在食品领域地位大大提高，其生产企业由小料生产转向大料生产，如糕点预拌粉、冰淇淋预拌粉等，食品生产企业直接使用该已经混合均匀的主料（预拌粉），无需在生产环节再添加食品添加剂，不仅提升了食品生产效率，而且规避了食品添加剂混合不均匀引起局部超量的风险，是时代发展趋势。但食品配料、功能性成分、天然提取物等标准缺失，需要逐步完善。

近年来，食品添加剂在生产应用技术水平、产品质量、成本、品种等方面取得了巨大进步，但和发达国家相比，仍存在较大差距，主要表现在以下3个方面：①行业大而不强，我国食品添加剂行业产能虽增长迅速，产能位居世界前列，但整体行业呈大而不强的态势；②部分产品产能严重过剩，如柠檬酸、维生素C、山梨糖醇等产品销售主要依赖国际市场，由于国内产能过剩导致恶性竞争，价格持续走低，经济效益差，另外新开发小品种也呈现盲目建设、产能扩增过快现象；③随着消费升级，天然着色剂产品进行结构调整，产业模式向精细加工转变，产品功能向复合功能拓展，如红曲红等天然色素。食品添加剂行业只有不断加大科研投入，通过集约化、规模化经营，不断提高质量水平，才能保证我国食品添加剂工业健康持续发展。

二、食品添加剂的发展趋势

目前，世界各国都在致力于开发新型的食品添加剂和新的食品添加剂生产技术，未来食品添加剂的研发趋势是天然型、功能型、生物型等。

1. 天然食品添加剂

天然绿色的食品添加剂成为未来发展的主流，目前我国的天然调味剂、天然抗氧化剂、天然防腐剂、天然着色剂、天然甜味剂、天然香料等受到国际市场的普遍青睐，回归自然已经成为当今不可抗拒的潮流。消费者对安全和健康的需求不断增加，这将推动食品添加剂市场向天然成分方向发展。例如，使用天然香料替代化学香精，使用天然甜味剂替代合成甜味剂。我国自然资源丰富，天然食品添加剂的发展具有巨大的潜力。

2. 功能性食品添加剂

在国家大力扶持营养产业以及我国居民健康观念不断增强的基础上，相较于普通食品添加剂，功能性食品添加剂（配料）或营养强化剂在未来发展中拥有广阔市场，如今消费者对营养均衡、免疫力提升的功能性食品认可度提高，且随着科技人才、生产设备等的投入不断加大，使得营养强化剂及功能性食品添加剂发展空间加大，如类胡萝卜素系列产品、红曲红色素等市场需求稳定上升。

3. 生物食品添加剂

目前，生物高新技术已在多种食品添加剂生产中广泛运用，如甜菊糖、柠檬酸、赤藓糖醇、类胡萝卜素、红曲红色素等都可以采用生物发酵法生产；利用酶解技术和美拉德反应生产调味料已经获得工业化应用；溶菌酶、纳他霉素、乳酸链球菌素等生物防腐剂是某些微生物本身或者其代谢产物。通过生物高新技术生产的食品添加剂属于天然产物，在很大程度上满足了消费者对天然产品的心理需求，而且对环境污染小，是食品添加剂发展的一个重要方向。

4. 复合食品添加剂

复合食品添加剂可以将同种类型添加剂复合，也可以将不同类型添加剂复合在一起，便于应用或是发挥协同增效的作用。复合添加剂的开发及应用正受到食品、饮料生产企业的重视，尤其是在液态乳、蛋糕、冰淇淋等领域。目前乳品乳化剂、冰淇淋乳化稳定剂、饮料悬浮剂、米面制品改良剂、食用香精香料以及合成色素等方面都有复合形式产品上市。复合添加剂产品正受到广大应用企业的普遍欢迎，方便了应用厂家，同时可以避免一些技术性的食品安全问题，产生了明显的经济效益和社会效益。

思考题

1. 食品添加剂使用的目的是什么？
2. 食品添加剂使用时的基本要求是什么？
3. GB 2760—2024 的使用范围是什么？
4. 课后研创：根据所学内容，使用 GB 2760—2024 在线查询系统查询一种食品添加剂（如糖精钠）的使用范围。
5. 课后研创：根据所学内容，使用 GB 2760—2024 在线查询系统查询一种食品（如果冻）中允许添加的所有食品添加剂。

食品添加剂使用标准检索自查试题（在线测试）

任务二

食品添加剂的安全管理和选用方案设计

本任务包括 3 个子任务，分别为食品添加剂的选用方案设计、食品添加剂的毒理学评价和中国食品添加剂的管理。

子任务一 食品添加剂的选用方案设计

学习目标

知识目标

1. 了解食品添加剂的作用、要求。
2. 了解食品添加剂的安全问题和引发食品不安全的原因。

能力目标

1. 掌握食品添加剂安全使用的原则。
2. 能够根据 GB 2760—2024 进行食品添加剂选用方案的设计。

素质目标

1. 通过分析非法添加物带来的食品安全问题，培养诚信意识，提高专业认同感和职业道德水平。
2. 在查询 GB 2760—2024 的过程中，强化责任意识，增强食品安全意识和食品合规意识。
3. 通过分组设计某种食品中食品添加剂的选用方案，培养独立思考的能力，增强团队协作能力和创新创业意识。

必备知识

一、食品添加剂在食品中的作用

1. 改善和提高食品及其原料的感官性质

食品的色、香、味、形状和质地是反映食品感官质量的重要指标，在加工、贮藏过程中，会因各种原因造成破坏或性能的下降，从而造成食品品质的降低。此外，同一个加工过程难以满足产品的软、硬、脆、韧等口感的要求。因此，适当地使用着色剂、护色剂、食用香精香料、增稠剂、乳化剂等，可明显改善食品品质，提高食品的色、香、味及口感等感官性质，满足人们对食品风味和口味的需求。

食品添加剂的作用（微课）

2. 有利于食品保藏和运输，延长食品的保质期

多数食品都是来自于动植物的生鲜食品，在生产、运输过程中，往往会因为各种原因造成腐烂、变质，变得不堪或不能食用，造成浪费损失。为了保证食品在保质期内保持应有的质量和品质，必须使用防腐剂、抗氧化剂和被膜剂。防腐剂能防止因微生物引起的食品变质，并能防止微生物污染造成的食物中毒的发生；抗氧化剂可以阻止或推迟食品氧化变质，防止食品因氧化引起的变色、变味、营养物质损失、有害物质的生成等。

3. 保持或提高食品营养价值

食品防腐剂和抗氧化剂在食品工业中不仅可以防止食品氧化变质，还可以保持食品的营养不被破坏，而且，某些抗氧化剂本身也是很好的营养物质和保健成分，对提高食品的营养价值意义很大；各种酶制剂的使用都对提高食品质量有很好的作用；营养强化剂本身就是提高食品营养价值的一类物质，它们的添加对于防止营养不良和营养缺乏、保持营养平衡、提高人们的健康水平具有重要的意义。

4. 有利于食品加工操作

在食品加工中使用酶制剂、抗结剂、消泡剂、膨松剂、食品加工助剂、稳定剂和凝固剂等，可有利于食品的加工操作。例如，淀粉酶在面包生产中可以改良面团，降低面团黏度，加速发酵，减缓老化；使用葡萄糖酸-δ-内酯作为豆腐凝固剂时，有利于豆腐生产的机械化和自动化；消泡剂可以防止食品发酵过程中因产生气泡而影响操作；抗结剂可以防止食品或食品原料聚集、结块，保持松散状态，可明显改善粉状食品如果汁粉、乳粉的速溶性。

5. 增加食品的花色品种，提高食品的方便性

超市的货架上摆满了琳琅满目的食品，这些食品除主要原料外，还有一类不可忽视的辅料，就是食品添加剂。各种食品根据加工工艺、品种和口味的不同，一般都要相应选用各类食品添加剂，尽管添加量不大，但能制作出不同的花色品种，如着色剂、食品用香料等。此外，食品添加剂的使用将过去一些只能手工生产的产品，实现了工业化生产，给人们的生活和工作带来了极大的便利。如我国传统主食的面条、米饭、馒头、包子等都有了工业化大生产。

6. 满足不同人群的需要

食品应尽可能满足人们的不同需求。营养强化剂就是为满足不同人群、不同营养缺乏要求而出现的一类食品添加剂。一些功能性食品添加剂可以满足人们对食品各种功能的要求。例如，糖尿病人严格控制食用糖类摄入，则可用无营养甜味剂或低热能甜味剂，如用三氯蔗糖、阿力甜、山梨糖醇、木糖醇等制成代蔗糖食品供应；对于缺碘地区供给碘强化食盐，可防止当地居民的缺碘性甲状腺肿的发生；对于缺硒地区供给硒强化饮料、水，可防止因硒缺乏造成心脏病、糖尿病、肥胖病、肿瘤等的高发；生产添加有矿物质、维生素的婴幼儿配方乳粉，可满足婴幼儿生长发育所必需的各种营养素。

7. 提高经济效益和社会效益

食品添加剂的使用不仅增加食品的花色品种并提高产品品质，而且在生产过程中使用稳定剂和凝固剂、食品加工助剂、酶制剂等各种添加剂能降低原材料消耗，节约资源，提高产品收率，从而降低了生产成本，产生明显的经济效益和社会效益。

二、食品添加剂的安全使用

（一）食品添加剂的安全性评价

食品添加剂使用时最重要的是要确保其使用的安全性。安全性评价是指根据有关法律规定与卫生要求，以食品添加剂的理化性质、质量标准、使用效果、使用范围、使用量、毒理学评价结果为依据而做出的综合性评价。其中最重要的是毒理学评价。

食品添加剂的要求（微课）

同样的物质在不同的摄入量下，对人体的安全性是不同的。1958 年以前，美国食品与药物管理局（Food and Drug Administration，FDA）认为每种食品添加剂在任何浓度下均应是无害的，但是这样判断某种食品添加剂安全与否是不完全得当的。只有在某一剂量下，才能讨论某种食品添加剂的安全性问题。例如，无论摄取的物质是天然的还是合成的，只要摄入的量足够大和/或食用的时间足够长，都会在一些人身上引起有害的结果，包括食盐、糖、动物脂肪等一般认为"绝对安全"的天然物质。

合理使用添加剂对人体健康以及食品都是有益无害的，在食品生产中要按国家标准添加食品添加剂，食品安全法规对使用食用添加剂的剂量有严格限制。以目前的认知，在食品添加剂使用标准范围内，食用含食品添加剂的食品是安全的。

（二）食品添加剂的安全问题

由于检测技术的进步以及食品毒理学研究、人类流行病学调查研究的深入，食品添加剂的慢性毒害和蓄积性毒害作用不断被发现，世界各国都加强了食品添加剂的立法和管理，甚至对各种食品添加剂进行再评价，近年来许多以前批准使用的食品添加剂从食品添加剂的名单中删除而被禁用。目前食品添加剂的安全问题主要有以下几个方面。

1. 急性中毒和慢性中毒

任何经批准使用的食品添加剂如过量使用都是不安全的，过量使用或滥用食品添加剂可引起食用者的急性中毒和慢性中毒。

2. 引起变态反应

近年来食品添加剂引起变态反应的报道也日益增多，有的变态反应已经查明与添加剂有关。如糖精可引起皮肤痛痒症，过敏性皮炎；苯甲酸可引起哮喘等过敏症状。

3. 体内蓄积

偶氮类着色剂在体内蓄积可呈现致癌的毒性作用。有些脂溶性添加剂，如二丁基羟基甲苯（Butylated hydroxy toluene，BHT）过量也可在体内蓄积而产生毒害。

4. 食品添加剂转化产物问题

食品添加剂在生产过程中会产生有毒有害杂质，食品添加剂也可能同食品中的某些成分发生反应生成有害化合物。如邻苯甲酰磺酸亚胺（糖精）生产中产生的杂质邻甲苯磺酰胺有毒。

（三）食品添加剂引发食品不安全的原因

尽管食品添加剂是目前食品加工中不可缺少的物质，极大推动了食品工业的发展，但如不合理使用，同样会给食品带来不安全的因素。

由于食品添加剂的问题而导致食品出现不合格、不安全，主要有以下几个原因。

1. 食品添加剂的滥用

（1）食品添加剂超限量使用　食品添加剂在食品加工中必须严格按照 GB 2760—2024 规定的使用量添加，才能确保食品对人体的安全无害。从历年公布的国家和地方监督抽查中，暴露出一些问题，其中最突出的是面粉处理剂、防腐剂、着色剂、甜味剂和漂白剂。

（2）食品添加剂超范围使用　GB 2760—2024 严格规定了食品添加剂的使用范围，超出范围使用即为违法使用。按照《食品添加剂新品种管理办法》的规定，扩大使用范围需要向国家卫生健康委员会申报批准。超范围使用的品种主要是合成色素、漂白剂、防腐剂和甜味剂等。如硫磺仅限用于蜜饯、干果、干菜、粉丝、食糖等，但某些不法商贩在蒸馒头时用硫磺熏蒸，造成二氧化硫严重超标。

（3）为隐瞒食品本身不足滥用食品添加剂　为达到欺骗消费者、推销产品、掩盖食品腐败、掺杂掺假伪造为目的而滥用食品添加剂的行为，已经成为严重危害人们健康的社会问题。例如超标滥用各种色素、漂白剂等，目的是使制品色泽诱人亮丽。

（4）食品添加剂隐瞒使用　故意在食品标签上不明确标示或不标注，隐瞒使用食品添加剂，违反了 GB 7718—2011《食品安全国家标准　预包装食品标签通则》等相关规定。这种行为等于剥夺了消费者的知情权和选择权，侵害了消费者权益。

（5）无知而滥用食品添加剂　部分食品生产企业常分不清到底哪些添加剂是允许使用的，使用限量是多少，从而随意使用不符合要求的食品添加剂。

2. 非食品添加剂的非法使用

我国允许经营和使用的食品添加剂必须是 GB 2760—2024 允许使用的品种，必须是符合食品级规格的产品，禁止使用工业级产品。然而，一些不法食品经营者在食品加工中违法使用我国未经批准的食品添加剂，甚至使用有毒的化学添加物和工业级添加剂，严重威胁消费者的身体健康。例如将含铅量严重超标的工业用亚硫酸、碳酸氢钠充当食品添加剂使用，将含甲醇的工业酒精用于制酒等。此外有将“吊白块”用于食糖、淀粉制品，“敌敌畏”“福尔马林”用于鱼类防腐，“矿物油”用于抛光大米、炒制瓜子，“三聚氰胺”用于乳粉，“苏丹红”充当食用色素，“碱性橙 2”用于豆制品染色，“铅铬绿”用于茶叶染色、“硫化钠”味精、“溴酸钾”小麦粉、工业明胶肉皮冻、“磷化铝”木耳、“孔雀石绿”鱼类、“塑化剂”饮料等。

3. 食品添加剂的毒性危害

毒性是指某种物质对机体造成损害的能力。毒性大表示用较小的剂量即可造成损害；毒性小则必须用较大的剂量才能造成损害。总之，凡具有毒性的物质都有可能对机体造成危害。大多数食品添加剂都有一定毒性，只是程度不同而已，有些食品添加剂还具有特殊的毒性。另外，食品添加剂具有叠加毒性，即两种以上的化学物质组合后可能会产生新的毒性。食品添加剂对人体的毒性概括起来有致癌性、致畸性和致突变性，例如亚硝酸盐在人体内代谢产生的亚硝胺是致癌物，在焙烤业使用达 78 年之久的溴酸钾，经研究发现它是一种致癌物。

（四）食品添加剂的安全选用原则

（1）使用食品添加剂必须严格遵守 GB 2760—2024（及以后每年的增补品种）和 GB 14880—2012 限定的使用范围和最大使用量，严禁食品添加剂超范围、超量使用。

（2）食品添加剂应符合相应的国家标准，其有害杂质不得超过允许限量，严禁将非食品添加剂作为食品添加剂使用。

（3）食品添加剂的使用不应影响食品的感官性质，不应对食品营养成分有破坏或降低的作用。

（4）食品添加剂的使用不应降低食品良好的操作工艺和卫生要求。

（5）不得以掩盖食品缺陷或以掺杂、掺假、伪造为目的使用食品添加剂。

（6）婴儿及儿童食品未经批准不得随意加入不适宜的食品添加剂。

任务实施

一、豆腐中食品添加剂的选用方案设计

应用实例——豆腐（微课）

豆腐是以优质大豆为主要原料，加入稳定凝固剂，经预处理、制浆、凝固、成型等工艺加工而成的非发酵性豆制品。

1. 豆腐中允许使用的添加剂

豆腐中允许使用的添加剂见表 2-1，为 GB 2760—2024 表 A. 1 中 04. 0 豆类、食用菌等+04. 04 豆类制品+04. 04. 01. 01 豆腐类中允许使用的添加剂+依据表 A. 2 适量使用的食品添加剂。

表 2-1　　表 A. 1 中豆腐中允许使用的添加剂

添加剂名称	功能	最大使用量/(g/kg)	备注
可得然胶	稳定剂和凝固剂、增稠剂	适量使用	
丙酸及其钠盐、钙盐（包括丙酸、丙酸钠、丙酸钙）	防腐剂	2. 5	以丙酸计
谷氨酰胺转氨酶	稳定剂和凝固剂	0. 25	
硫酸钙（石膏）	稳定剂和凝固剂、增稠剂、酸度调节剂	适量使用	

续表

添加剂名称	功能	最大使用量/(g/kg)	备注
硫酸铝钾（钾明矾），硫酸铝铵（铵明矾）	膨松剂、稳定剂	适量使用	铝的残留量≤100mg/kg（干样品，以Al计）
氯化钙	稳定剂和凝固剂、增稠剂、其他	适量使用	
氯化镁	稳定剂和凝固剂、增味剂	适量使用	
麦芽糖醇，麦芽糖醇液	甜味剂、稳定剂、水分保持剂、乳化剂、膨松剂、增稠剂	适量使用	
山梨糖醇，山梨糖醇液	甜味剂、膨松剂、乳化剂、水分保持剂、稳定剂、增稠剂	适量使用	
司盘20、40、60、65、80	乳化剂	1.6	以每千克豆类的使用量计
ε-聚赖氨酸盐酸盐	防腐剂	0.30	

2. 豆腐中允许使用的稳定剂和凝固剂特性

稳定剂和凝固剂是使食品结构稳定或使食品组织结构不变，主要作用是使豆浆凝固为不溶性凝胶状物的豆腐，增强黏性固形物的物质，其豆腐中允许使用的稳定剂和凝固剂特性见表2-2。

表2-2　豆腐中允许使用的稳定剂和凝固剂特性

添加剂名称	特性	最大使用量/(g/kg)
硫酸钙（石膏）	难溶于水，溶液呈中性，有涩味，蛋白质凝固剂	适量使用
氯化钙	与可溶性果胶酸反应生成果胶酸钙，保持果蔬制品的脆性和硬度，豆腐生产凝固剂，微苦，易潮解	适量使用
氯化镁	易溶于水，有苦咸味，点制的豆腐较石膏点制的豆腐，质嫩味鲜	适量使用
谷氨酰胺转氨酶	明显改善内酯豆腐的抗压能力、黏度、含水量、持水性以及其微观结构的致密性，但对感官品质的影响不明显	0.25
可得然胶	溶解于碱性水溶液，易分散于冷水，增强豆腐耐热、耐冷冻性，改良食感，改善成形	适量使用
葡萄糖酸-δ-内酯	易溶于水，呈味先甜后酸，热稳定性低，蛋白质凝固剂，凝胶效果优于硫酸钙和氯化钙，防腐	适量使用

应用于豆腐中的稳定剂和凝固剂一般要具有稳定凝固作用，安全无毒。由豆腐中允许使用的稳定剂和凝固剂的性质，可选择多种稳定剂和凝固剂使用，如硫酸钙、氯化镁、谷氨酰胺转氨酶、葡萄糖酸-δ-内酯等，或葡萄糖酸-δ-内酯与硫酸钙复配使用。

3. 豆腐中食品添加剂的选用方案设计

由豆腐的性质、允许使用的各种添加剂和一些重要添加剂的性质，可简单地设计出豆腐的添加剂选用方案。以内酯豆腐为例，见表2-3。

表 2-3　　内酯豆腐中食品添加剂的选择（举例）

添加剂名称	功能	最大使用量/(g/kg)
葡萄糖酸-δ-内酯	稳定剂和凝固剂	适量使用
丙酸钙	防腐剂	2.5

二、果冻中食品添加剂的选用方案设计

果冻是以水、食糖和增稠剂等为原料，经溶胶、调配、灌装、杀菌、冷却等工序加工而成的胶冻食品，是用增稠剂加入各种人工合成香精、着色剂、甜味剂、酸度调节剂、防腐剂配制而成，其中增稠剂起到重要作用。

1. 果冻中允许使用的添加剂

果冻中允许使用的添加剂见表2-4，为GB 2760—2024中表A.1中16.01果冻中允许使用的添加剂+依据表A.2适量使用的食品添加剂。

表 2-4　　表A.1中果冻中允许使用的添加剂

添加剂名称	功能	最大使用量/(g/kg)	备注
β-胡萝卜素	着色剂	1.0	如用于果冻粉，按冲调倍数增加使用量
阿力甜	甜味剂	0.1	如用于果冻粉，按冲调倍数增加使用量
茶黄素	抗氧化剂	0.2	如用于果冻粉，按冲调倍数增加使用量
刺云实胶	增稠剂	5.0	如用于果冻粉，按冲调倍数增加使用量
二氧化钛	着色剂	10.0	如用于果冻粉，按冲调倍数增加使用量
罗望子多糖胶	增稠剂	2.0	如用于果冻粉，按冲调倍数增加使用量
聚甘油脂肪酸酯	乳化剂、稳定剂、增稠剂、抗结剂	10.0	如用于果冻粉，按冲调倍数增加使用量
聚葡萄糖	增稠剂、膨松剂、水分保持剂、稳定剂	适量使用	如用于果冻粉，按冲调倍数增加使用量
可得然胶	稳定剂和凝固剂、增稠剂	适量使用	如用于果冻粉，按冲调倍数增加使用量
……	……	……	

2. 果冻中允许使用的增稠剂特性

增稠剂是一类能提高食品黏度或形成凝胶的食品添加剂，可改善食品物理化学性质，

增加食品黏度，赋予食品以黏滑适口的感受。果冻中允许使用的增稠剂特性见表2-5。

表2-5　果冻中允许使用的增稠剂特性

添加剂名称	类别	特性	最大使用量/（g/kg）
刺云实胶	多糖	溶解性好，低浓度时具有高黏度	5.0
罗望子多糖胶	多糖	增稠、稳定，与其他亲水胶体互溶，pH范围广	2.0
果胶	多糖	可溶于20倍水，形成乳白色黏稠状胶态溶液，呈弱酸性，耐热性强，几乎不溶于乙醇及其他有机溶剂	适量使用
海藻酸钠	多糖	无臭无味，溶于水，不溶于乙醇等有机溶剂。溶于水成黏稠状液体，1%水溶液pH为6~8。当pH=6~9时黏性稳定，加热至80℃以上时则黏性降低	适量使用
槐豆胶	多糖	无臭无味，在冷水中能分散，部分溶解，形成溶胶，80℃完全溶解。pH为5.4~7.0，添加少量的硼酸钠则转变成凝胶。pH<3.5或>9.0，黏度降低	适量使用
聚葡萄糖	多糖	水溶性膳食纤维，溶解度70%，10%水溶液pH 2.5~7.0，无味，可提高食品油质状口感性	适量使用
可得然胶	多糖	加热后凝固，能溶解于碱性水溶液，不溶于水，易分散在冷水中，热稳定，耐冷冻，有水分离现象	适量使用
……	……	……	……

应用于果冻中的增稠剂一般要具有增稠、凝胶作用，口感好，耐酸碱，安全无毒。由果冻中允许使用的增稠剂的性质可知，可选择多种增稠剂复配使用，如结冷胶和卡拉胶复配使用、果胶和黄原胶复配使用等。

3. 果冻中允许使用的酸度调节剂特性

酸度调节剂也称pH调节剂，是用以维持或改变食品酸碱度的物质，主要有用以控制食品所需的酸化剂、碱剂以及具有缓冲作用的盐类。酸化剂具有增进食品质量的许多功能特性，例如改变和维持食品的酸度并改善其风味；增进抗氧化作用，防止食品酸败；与重金属离子络合，具有阻止氧化或褪变反应、稳定颜色、降低浊度、增强胶凝特性等作用。果冻中允许使用的酸度调节剂特性见表2-6。

表2-6　果冻中允许使用的酸度调节剂特性

添加剂名称	特性	最大使用量/(g/kg)
己二酸	微带酸味，微溶于水，能升华，脂肪族二元酸	0.1
乳酸钙	无异味，易溶于热水，不溶于乙醇、氯仿和乙醚，水溶液的pH为6.0~7.0	6.0

续表

添加剂名称	特性	最大使用量/(g/kg)
柠檬酸	令人愉快的、兼有清凉感的酸味，但味觉消失迅速	适量使用
柠檬酸钠	柠檬酸可组成较强的 pH 缓冲剂，用作胶凝剂、营养增补剂及风味剂	适量使用
DL-苹果酸	略带苦味的酸味，酸度是柠檬酸的 2~2.2 倍，酸味的产生和消失都比柠檬酸缓慢	适量使用
乳酸	酸味柔和，具后酸味，与醋酸合用于泡菜，可提供柔和的风味	适量使用
冰乙酸（冰醋酸）	较强刺激味，在泡菜、合成醋、干酪等中有强化食欲的功能	适量使用
……	……	……

根据不同果冻的要求，由果冻中允许使用的酸度调节剂的性质，可选择多种酸度调节剂使用，如选择柠檬酸和柠檬酸钠配成缓冲液，便于果冻的胶凝，或选择乳酸用于发酵乳风味的果冻。

4. 果冻中食品添加剂的选用方案设计

由果冻的性质、允许使用的各种添加剂和一些重要添加剂的性质，可简单地设计果冻的添加剂选用方案。以蜜橘果冻为例，见表 2-7。

表 2-7　蜜橘果冻中食品添加剂的选择（举例）

添加剂名称	功能	最大使用量/(g/kg)
槐豆胶	增稠剂	适量使用
卡拉胶	增稠剂	适量使用
黄原胶	增稠剂	适量使用
柠檬酸	酸度调节剂	适量使用
甜蜜素	甜味剂	0.65
山梨酸钾	防腐剂、抗氧化剂、稳定剂	0.5
柠檬黄	着色剂	0.05
日落黄	着色剂	0.025

子任务二　食品添加剂的毒理学评价

学习目标

知识目标

1. 了解毒理学评价内容、评价方法、评价试验。

2. 了解毒理学评价程序。
3. 了解食品添加剂选择毒性试验的原则。

能力目标

1. 掌握食品添加剂使用标准的制定程序。
2. 能够计算食品中某种食品添加剂的使用量。

素质目标

1. 在学习毒理学评价程序的过程中，增强食品安全认知，强化食品合规意识。
2. 通过计算食品中某种食品添加剂的使用量，培养独立思考的能力，增强团队协作能力和统筹分析能力。

必备知识

食品安全性毒理学评价是指从毒理学角度对食品进行安全性评价，其法律依据是《中华人民共和国食品安全法》第四章食品生产经营中第三十四条：禁止生产用非食品原料生产的食品或者添加食品添加剂以外的化学物质和其他可能危害人体健康物质的食品；禁止生产致病性微生物、农药残留、兽药残留、生物毒素、重金属等污染物质以及其他危害人体健康的物质含量超过食品安全标准限量的食品、食品添加剂、食品相关产品。从这项规定中可见并非任何含有害物质的食品都不能生产或销售，而是当它们在性质和数量上有可能对人体健康产生损害时不得生产或销售。我国食品添加剂标准化技术委员会于1980年首次提出制定毒理学评价问题。

一、毒理学评价内容

为保证食品添加剂使用的安全性，需对其进行全面的毒理学分析和评价。毒理学评价的主要内容包括了三个方面。

（1）食品添加剂的化学结构、理化性质和纯度，在食品中的存在形式、降解过程和产物。

（2）食品添加剂随同食品被机体吸收后，在组织器官内的驻留分布、代谢转变及排泄状况。

（3）食品添加剂及其代谢产物在机体内引起的生物学变化，对机体所能造成的毒害及其机理，包括急性毒性、慢性毒性、对生育繁殖的影响、胚胎毒性、致畸性、致突变性、致癌性、致敏性等方面。

毒理学评价的目的与方法（微课）

二、毒理学评价方法

1. 动物毒性试验

动物毒性试验是目前取得毒理学评价资料最重要的手段。动物毒性试验包括急性试验、亚急性或亚慢性毒性试验、慢性毒性试验、蓄积毒性试验、繁殖试验、致畸试验、致突变试验、代谢试验等。

2. 人体观察

由于嗜好、治疗、操作或偶发事件等原因，已有人体摄取某物质的情况下，应尽可能收集来自人体的直接观察资料，并通过流行病学调查方法，来取得该物质对人体无害的数据资料。

三、毒理学评价程序

为了给我国食品安全性毒理学评价工作提供一个统一的评价程序和各项实验方法，为制定食品添加剂的使用限量标准等提供毒理学依据，我国卫生和计划生育委员会颁布的 GB 15193. 1—2014《食品安全国家标准　食品安全性毒理学评价程序》规定了食品安全性毒理学评价的 4 个阶段和食品添加剂毒性试验选用的原则。食品安全性毒理学评价试验的 4 个阶段见表 2-8。

毒理学评价程序
（微课）

表 2-8　　毒理学评价程序

试验	阶段	内容	目的	观察期
急性毒性试验	一	动物口服直接喂养	确定 LD_{50} 值，毒性强度分级	48h
遗传毒性试验、28d 经口毒性试验	二	28d 喂养	致畸	28d
亚慢性毒性试验（90d 经口毒性试验、致畸试验、生殖毒性试验、生殖发育毒性试验、毒物动力学试验）	三	90d 少量长期喂养	生殖毒性试验，繁殖试验，间接提供 ADI 值	90d
慢性毒性试验和致癌试验	四	长期喂养	致癌遗传的影响，确定 MNL 值	2~3 代

四、毒理学评价试验

为了安全使用食品添加剂，需对其进行毒理学评价。它是制定食品添加剂使用标准的重要依据。毒理学评价除做必要的分析检验外，通常是通过动物毒性试验取得数据。

食品添加剂进行动物毒性试验时，通常要做急性毒性试验、亚慢性毒性试验和慢性毒性试验。在慢性毒性试验方面除做一般的慢性毒性试验外，还要进行特殊试验，如繁殖试验、致癌试验、致畸试验、致突变试验、致敏试验等。在多数情况下只做急性、亚慢性和慢性等一般毒性试验，只有当发生可疑情况时，才进行特殊试验。

1. 急性毒性试验

急性毒性试验是指一次性较大剂量投药（添加剂）后，对动物体产生的作用进行判断。通过急性毒性试验可了解受试物的毒性强度和性质，考查动物摄入该物质后在短时间内所呈现的毒性，从而判定对动物的致死量（LD）或半数致死量（LD_{50}）。半数致死量通常是用来粗略地衡量急性毒性高低的一个指标，是指能使一群实验动物中毒死亡一半的投药（添加剂）剂量，单位以 mg/kg 体重表示。食品添加剂主要是使用经口 LD_{50}。急性毒性试验观察期一般为 1 周，重点是

小鼠灌胃给药
（微课）

观察 24~48h 内的反应症状。通常按经口 LD_{50}，将物质的急性毒性分为 6 级（表 2-9）。

表 2-9　　经口 LD_{50} 与毒性分级

毒性级别	LD_{50}/（mg/kg 体重）大白鼠	毒性级别	LD_{50}/（mg/kg 体重）大白鼠
极毒	<1	低毒	501~5000
剧毒	1~50	相对无毒	5001~15000
中等毒	51~500	无毒	>15000

2. 亚慢性毒性试验

亚慢性毒性试验包括致畸、生殖毒性试验，目的是观察受试物以不同剂量水平较长期喂养，确定对动物的毒性作用性质和靶器官，并初步确定最大无作用剂量；了解受试物对动物繁殖及对子代的致畸作用。采取观察 90d 喂养试验。

3. 慢性毒性试验

慢性毒性试验是考察少量受试物质（添加剂）长期作用机体所呈现的毒性，以确定其最大无作用量和中毒阈剂量。慢性毒性试验在毒理研究中十分重要，对于确定受试物质能否作为食品添加剂具有决定性意义。慢性毒性试验原则上是以寿命较短的敏感的动物的一生为一个试验阶段，通常是用大白鼠试验 2 年或用小白鼠试验 1.5 年。最大无作用量（Maximal no-effect level，MNL），也称最大耐受量、最大安全量或最大无效量，是机体长期摄入受试验物质（添加剂）而无任何中毒表现的每日最大摄入剂量，单位为 mg/kg 体重。它是食品添加剂长期（终生）摄入对本代健康无害，并对下代生长无影响的重要指标。

五、食品添加剂使用标准制定的程序

GB 2760—2024 是食品安全标准体系中非常重要的基础标准之一，是食品企业安全使用食品添加剂的参考依据。食品添加剂使用标准是提供安全使用食品添加剂的定量指标，包括允许使用的食品添加剂的品种、使用目的（用途）、使用范围（对象食品）以及最大使用量（或残留量），有的还注明使用方法。最大使用量通常以 g/kg 为单位。

食品添加剂使用标准制定的程序（微课）

制定使用标准，要以食品添加剂使用情况的实际调查与毒理学评价为依据，对某一种或某一组食品添加剂来说，其制订标准的一般程序如下。

（1）根据动物毒性试验确定动物半数致死量（LD_{50}）和最大无作用剂量（MNL）。

（2）将动物实验所得的数据用于人体时，由于存在个体和种系差异，故应定出一个合理的安全系数。一般安全系数的确定，可根据动物毒性试验的剂量缩小若干倍来确定。一般安全系数定为 100 倍，有时也需根据实际情况变动，当动物毒性试验观察时间较短、毒理学资料不足时，需要增大安全系数，例如可采用 200 倍甚至更高。

（3）从动物毒性试验的结果确定试验物人体每日允许摄入量（Allowable daily intake，ADI）。以体重为基础来表示的人体每日允许摄入量，即指每日能够从食物中摄取的量，此量根据现有已知的事实，即使终身持续食取，也不会显示出危害性，单位为 mg/kg 体重。

(4) 将每日允许摄入量(ADI)乘以平均体重即可求得每人每日允许摄入总量(A)。

(5) 有了该物质每日允许摄入总量(A)之后,还要根据人群的膳食调查,搞清膳食中含有该物质的各种食品的每日摄入总量(C),然后即可算出该物质在食品中的最高允许量(D)。

(6) 根据该物质在食品中的最高允许量(D)制定出该种添加剂在每种食品中的最大使用量(E)。在某种情况下,二者可以吻合,但为了人体安全起见,原则上总是希望食品中的最大使用量标准低于最高允许量,具体要按照其毒性及使用等实际情况确定。

制定标准的一般程序如图 2-1 所示。

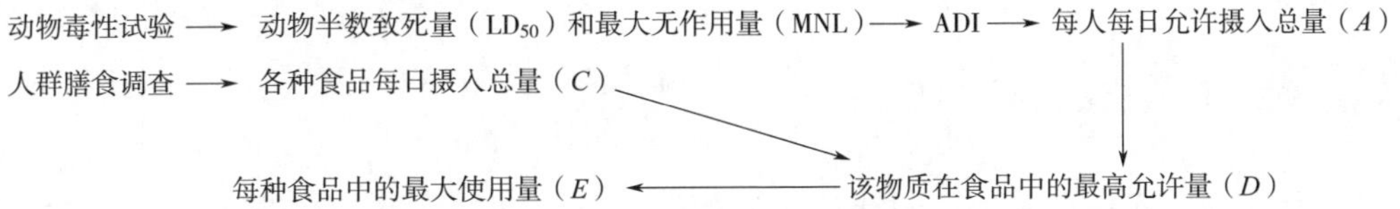

图 2-1 食品添加剂标准制定流程

任务实施

食品添加剂最大使用量的计算

使用量计算实例
(微课)

【案例】根据人群膳食调查,每人每日摄食含有苯甲酸钠食品情况如表 2-10 所示。

表 2-10 每人每日摄食含有苯甲酸钠食品情况表

食物	酱油	醋	汽水	果汁
摄入量	50g	20g	250g	100g

假设各食品中苯甲酸钠的最大使用量(E)为酱油 1.0g/kg,醋 1.0g/kg,汽水 0.2g/kg,果汁 1.0g/kg。通过慢性毒性试验(以大老鼠为动物模型)得出苯甲酸钠对大老鼠的最大无作用剂量为 500mg/kg,根据人和大老鼠之间的生理特征和人与人之间的差异,暂定人的安全系数为 100。人体重假设为 55kg。

根据上述信息,综合运用自己所学的知识,判断各食品中苯甲酸钠的最大使用量是否可行。

以苯甲酸钠为例进行计算,步骤如下。

(1) 确定苯甲酸钠的最大无作用量(MNL) 由毒理学评价中动物实验大白鼠毒性试验判定:

$$MNL = 500mg/kg\ 体重$$

(2) 每日允许摄入量(ADI) 根据 MNL,人体的安全系数以 100 计,得:

$$ADI = MNL/100 = 500/100 = 5\ (mg/kg\ 体重)$$

(3) 每人每日允许摄入总量(A) 以平均体重为55kg 的正常成人计算,苯甲酸钠每人每日允许摄入总量为:

$$A = 55 \times 5 = 275\ (mg)$$

（4）计算苯甲酸钠在食品中每日摄入总量（C） 通过膳食调查，得出每人每日摄食含有苯甲酸钠的食品情况：酱油 50g、醋 20g、汽水 250g、果汁 100g。在此，结合食用的具体情况，假设各最大使用量（E）：酱油 1.0g/kg、醋为 1.0g/kg，汽水为 0.2g/kg，果汁为 1.0g/kg。

$$C = （酱油）50 \times 1.0 + （醋）20 \times 1.0 + （汽水）250 \times 0.2 + （果汁）100 \times 1.0 = 220\ (mg)$$

（5）判断各种食品中山梨酸钾的最大使用量是否可行 苯甲酸钠每日摄入总量 C（220mg）<每人每日允许摄入总量 A（275mg），所以，制定的各种食品中苯甲酸钠的使用量是可行的。

子任务三 中国食品添加剂的管理

曾经发生过一些在食品生产中非法添加和使用吊白块、甲醛、苏丹红、三聚氰胺和瘦肉精等食品安全事件，使消费者对食品安全产生担忧和恐慌，合理规范食品添加剂的使用成为当今社会极为关注的食品安全问题。政府作为食品安全的监管主体有责任和义务从消费者的安全出发，颁布合理的法规和标准，规范食品添加剂的使用，保障消费者身心健康。

学习目标

知识目标

1. 了解我国食品添加剂现行法规与管理。
2. 了解我国食品添加剂安全监督体系。
3. 了解食品添加剂安全的风险分析与防控措施。

能力目标

1. 能够查询我国食品添加剂现行法规与管理办法。
2. 能够查询国家食品安全监督抽检项目和食品经营许可。

素质目标

1. 在学习和查询我国食品添加剂现行法律法规的过程中，强化食品安全管理意识，增强法治观念。
2. 通过分析食品添加剂的安全风险，增强食品安全认知。
3. 在了解食品风险分析与防控的过程，领会“食品安全战略”，为助力健康中国建设奠定基础。

必备知识

一、我国食品添加剂现行法规与管理

我国涉及食品添加剂生产、使用的法律、法规近 20 个，如法律：《中华人民共和国食

品安全法》；法规/规章：《食品添加剂新品种管理办法》《食品标识管理规定》《食品添加剂新品种申报与受理规定》《食品添加剂生产企业卫生规范》《新食品原料、食品添加剂新品种、食品相关产品新品种审批许可事项实施规范及办事指南》《食品生产许可管理办法》《食品添加剂明胶生产企业卫生规范》；标准：GB 2760—2024《食品安全国家标准 食品添加剂使用标准》、GB 15193.1—2014《食品安全国家标准 食品安全性毒理学评价程序》、GB 26687—2011《食品安全国家标准 复配食品添加剂通则》、GB 29924—2013《食品安全国家标准 食品添加剂标识通则》、GB 31647—2018《食品安全国家标准 食品添加剂生产通用卫生规范》、GB 29938—2020《食品安全国家标准 食品用香料通则》、GB 14880—2012《食品安全国家标准 食品营养强化剂使用标准》、GB 1886.359—2022《食品安全国家标准 食品添加剂 胶基及其配料》、GB 7718—2011《食品安全国家标准 预包装食品标签通则》。现将主要相关法律、法规中涉及食品添加剂监督管理的条文介绍如下。

食品添加剂的法律法规（微课）

《中华人民共和国食品安全法》2021 年修正版（文本）

《食品添加剂新品种管理办法》（文本）

《食品标识管理规定》（文本）

GB 7718—2011《食品安全国家标准 预包装食品标签通则》（文本）

GB 26687—2011《食品安全国家标准 复配食品添加剂通则》（文本）

二、食品添加剂的风险分析与防控

风险评估（微课）

在食品的公共健康危害因素管理中，世界卫生组织（WHO）和联合国粮农组织（FAO）处于风险管理方法发展的最前沿。他们所采用的方法称作食品安全风险分析，由三个部分组成：风险评估、风险管理和风险交流。图 2-2 说明了食品安全风险分析三部分之间的关系。

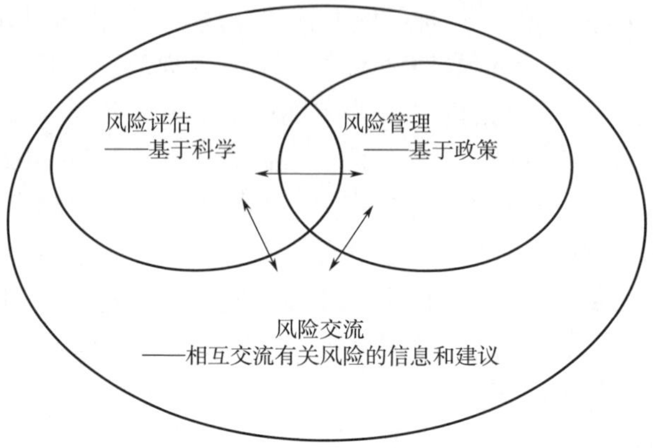

图 2-2　食品安全风险分析框架

1. 风险评估

风险评估是一个纯粹的专家行为。世界贸易组织 SPS 协议对风险评估的定义是：进口国根据可能采用的 SPS 措施，对其领土上某些害虫或疾病的进入、存在或传播的可能性以及对潜在的生物学和经济影响进行评价，或对食品、饮料和饲料中的添加剂、污染物、毒素或致病菌的存在对人体和动物的健康可能造成的不良作用进行评估。专家在工作中不受任何政治、经济、文化、饮食习惯的影响独立评估，风险评估所得到的结果要报告给风险管理者也就是政府。

食品安全风险评估包括以下步骤。

（1）危害因素的识别　识别出与某一特定因素有关的已知的或潜在的健康效应。

（2）危害因素的描述　对食品中生物性、化学性和物理性因素所引发的有害健康的性质进行定性的和/或定量的评价。对于化学性因素，要进行剂量-效应的评估。如果能获得生物性和物理性因素的剂量-效应数据，则应进行剂量-效应的评估。

（3）暴露剂量的估计　对可能出现的摄入量进行定性的和/或定量的评价。

（4）风险特征的描述　通过对危害因素的识别、危害因素的描述和暴露剂量的估计综合分析，得出对给定人群可能产生的不利影响的评估，包括伴随的不确定性影响的评估。

食品安全风险评估的定义包括定量的风险评估，它强调的是用数值表达方式评估风险，也包括定性的风险表达方式，以及伴随的不确定性的指标。

2. 风险管理

风险管理就是对已评估的风险采取接受、尽量降低或减少的政策权衡过程以及选择并实施适当选项的过程。风险管理是一个纯政府行为。政府接到专家的评估报告以后，根据当时当地的政治、经济、文化、饮食习惯等因素来制定政府的管理措施。风险管理的措施，包括国家的法律、法规、标准、检验技术、进出口口岸把关等。比如每人每天每千克体重摄入 5mg 的糖精是安全的，那么这个每千克体重 5mg，对所有人都是通用的。因为不同国家的饮食结构、政治、经济发展状况不一样，根据这一风险评估的结果，在制定管理措施规定碳酸饮料中的糖精最高

风险管理
（微课）

允许使用量时，每个国家就可能不一样。所以，要正确处理风险评估和风险管理的关系。

3. 风险交流

风险交流是在风险评估人员、风险管理人员和其他利益者之间所进行的有关风险的信息和建议的相互交流过程。其他利益者包括消费者（最大的利益相关者）、媒体、食品生产经营者（包括养殖、种植产品生产者）以及消费者权益保护组织和行业协会等。评估结果和管理措施都应该在第一时间，以百分之百的透明度作为风险交流的内容。

风险交流
（微课）

风险交流是风险分析过程中的完整、连续不断的部分。食品添加剂安全的风险分析必须要有这三个部分紧密地结合，然后整合起来进行，缺一不可，科学家、政府、媒体、消费者都在其中起到不可替代的重要作用。

任务实施

一、我国食品添加剂现行法规与管理办法查询

在本任务中，需通过网站在线查询与我国食品添加剂相关的现行法规与管理办法。

1. 查询《中华人民共和国食品安全法》

登录中华人民共和国国家卫生健康委员会官网（http：//www. nhc. gov. cn/），点击“机构”，在“机构设置”一栏中选择“法规司”，进入“法规司”网址后，在右上角的“搜索”框内输入“中华人民共和国食品安全法”，即会出现与搜索结果相关的一系列文件目录，点击《中华人民共和国食品安全法》超链接，随即弹出法规全文。若需要具体查询某一条法规，可在法规全文的页面按“Ctrl+F”打开页面搜索栏，直接搜索例如“第三十七条”即可，如图 2-3 所示。

> 第三十七条　利用新的食品原料生产食品，或者生产食品添加剂新品种，食品相关产品新品种，应当向国务院卫生行政部门提交相关产品的安全性评估材料。国务院卫生行政部门应当自收到申请之日起六十日内组织审查；对符合食品安全要求的，准予许可并公布；对不符合食品安全要求的，不予许可并书面说明理由。

图 2-3　《中华人民共和国食品安全法》搜索结果

2. 查询《食品添加剂新品种管理办法》

登录中华人民共和国国家卫生健康委员会官网（http：//www. nhc. gov. cn/），在“机构设置”一栏中选择“法规司”，进入“法规司”网址后，在右上角的“搜索”框内输入“食品添加剂新品种管理办法”，即会出现与搜索结果相关的一系列文件目录，点击“法规规章《食品添加剂新品种管理办法》”超链接，随即弹出该规定全文。

3. 查询《食品标识管理规定》

登录国家市场监督管理总局官网（https：//www. samr. gov. cn/），在右上角“搜索”框内的直接输入“食品标识管理规定”，会出现与搜索结果相关的一系列文件目录，点击“政策法规”《食品标识管理规定》（第 102 号）超链接，随即弹出该规定全文。若需要具体查询某一条规定，可在页面中按“Ctrl+F”打开页面搜索栏，直接搜索例如“第十一

条”即可，如图 2-4 所示。

第十一条　食品标识应当标注食品的配料清单。

配料清单中各种配料应当按照生产加工食品时加入量的递减顺序进行标注，具体标注方法按照国家标准的规定执行。

在食品中直接使用甜味剂、防腐剂、着色剂的，应当在配料清单食品添加剂项下标注具体名称；使用其他食品添加剂的，可以标注具体名称、种类或者代码。食品添加剂的使用范围和使用量应当按照国家标准的规定执行。

图 2-4　《食品标识管理规定》搜索结果

4. 查询《食品安全国家标准　食品添加剂使用标准》

第一种方法：登录中华人民共和国国家卫生健康委员会官网（http：//www. nhc. gov. cn/），在右上角的“搜索”框内直接输入“食品添加剂使用标准 GB 2760”，并在时间一栏选择从“2024-01-01”至“2024-12-31”，即会出现与搜索结果相关的一系列文件目录，点击搜索结果“公文”中“关于发布《食品安全国家标准　食品添加剂使用标准》（GB 2760—2024）等 37 项食品安全国家标准的公告”超链接，下载“GB 2760—2024”即为搜索结果。

第二种方法：登录食品伙伴网（http：//www. foodmate. net/），点击“标准”，在“食品标准”搜索框内输入“GB 2760”，即可找到 GB 2760—2024 并下载，如图 2-5 所示。

食品标准　　更多+

GB 2762—2022食品安全国家标准 食品中污染物限量

GB 2760—2024食品安全国家标准 食品添加剂使用标准

图 2-5　食品安全国家标准中相关标准

第三种方法：登录食品伙伴网（http：//www. foodmate. net/），点击“数据库”，点击“GB 2760—2024 食品添加剂查询”，利用右上角“搜索框”，可查询任意一种食品添加剂的名称、CNS 号、作用等信息。

二、国家食品安全监督抽检项目查询

登录食品伙伴网（http：//www. foodmate. net/），点击“数据库”，在食品抽检信息查询系统中点击“国内抽检”，在其中可根据“产品名称”“产品分类”“判定结果：合格/不合格”和“生产省份”等，查询某一种食品添加剂在相应食品中的抽检结果及其原因。

三、食品经营许可查询

登录国家市场监督管理总局全国食品经营许可官网（https：//spjyxk. gsxt. gov. cn/cfdaPub/index/page/），选择城市并输入企业名称，可查询该企业的食品经营许可证。

相关知识

一、欧盟对食品添加剂的管理

欧盟有专项法规对食品添加剂进行管理。欧盟食品添加剂的使用原则是食品中只能含有欧盟允许使用的食品添加剂和成员国允许使用的香料，即使用食品添加剂必须符合欧盟的相关规定和一般卫生法规的要求。欧盟食品添加剂立法采取“混合体系”，即通过科学评价和协商，制定出能为全体成员国接受的食品添加剂法规，以肯定的形式公布允许使用的食品添加剂名单、使用特定条件及在某类食品中的最高限量等。

欧盟在食品标签上对食品添加剂也实行管理。欧盟对食品标签的总体要求是，食品标示不得令消费者对产品的属性产生误解，并规定标示必须按照成分质量的顺序列出所有成分。

为协调各成员国对食品及食品添加剂的政府监控，欧盟指导规则规定了食品控制官方机构和相关措施，明确了各成员国控制机构必须遵循的原则，以确保食品添加剂管理协调一致。如欧盟法规规定，某成员国控制机构判定一个添加剂产品不符合欧盟食品法规的要求，应将此信息报告欧盟委员会，欧盟委员会每星期发布上述通告，告知各成员国采取相应措施。如果某个第三国的食品经常违规，欧盟可能会决定在所有的欧盟入境口岸对其进口的产品实行 100%的检测。如果进一步的调查证明从第三国进口的违规食品对欧盟的食品安全构成威胁时，欧盟将禁止从第三国进口此类食品。

对尚未统一立法的食品添加剂，则由各成员国根据各自的国家标准进行管理。

二、美国对食品添加剂的管理

美国是食品添加剂的主要生产国和使用国，食品添加剂产值和种类在世界上都位居榜首。对食品添加剂的生产、销售和使用，美国有一套完善的管理办法。

美国食品与药物管理局（Food and Drug Administration，FDA）是管理食品添加剂的负责机构。1959 年美国颁布《食品添加剂法》并实施。其中规定，出售食品添加剂之前需经毒理试验，食品添加剂的使用安全和效果的责任由制造商承担，但对已列入一般认为安全（Generally recognized as safe，GRAS）的例外。凡是新的食品添加剂在未得到 FDA 批准之前，绝对不能生产和使用。食品添加剂须经两种以上的动物试验，证实没有毒性反应，对生育无不良影响，不会引起癌症等，用量不得超过动物试验最大无作用量的 1%。该法规分别由 FDA 和美国农业部（United States Department of Agriculture，USDA）贯彻实施。1938 年美国通过的联邦食品、药品和化妆品法案（Federal Food，Drug and Cosmetic Act，FD&C）中食品添加剂补充法案要求食品添加剂在上市前必须通过 FDA 审批，同时需要生产者提供资料证实其使用安全性。申报的添加剂欲在肉禽制品中使用，则必须获得美国农业部的批准。美国将色素从食品添加剂中划分出来单独管理。1960 年议会通过的一项关于色素管理的法案（FD&C 色素补充法案）要求用于食品等领域内的色素在上市前必须通过 FDA 审批。

美国食品和药品法案规定，只有经过评价和公布的食品添加剂才能生产和应用，否则食品添加剂会被认定为不安全。含有不安全食品添加剂的食品则“不宜食用”，不宜食用的食品禁止销售。

美国规定，GRAS 功能上属于食品添加剂范畴，但因为“安全性高”而不受食品添加剂法案的调控，美国对这类物质的使用也实行严格管理。

在美国，食品添加剂的产品规格必须符合美国食品用化学品法典（Food Chemicals Codex，FCC）。该法典在美国具有“准法律”的地位，是 FDA 评价食品添加剂质量是否达标的一项重要依据。FCC 作为食品添加剂行业的权威标准在国际范围内得到了广泛认可，许多食品用化学品的制造商、销售商以及用户将 FCC 中的标准作为他们销售或购买合约的基础。

思考题

1. 食品添加剂有哪些功效？并分别举例说明。
2. 简要说明食品添加剂标准制定程序。
3. 食品添加剂使用中的安全问题有哪些？
4. 课后研创：根据所学内容，试着设计 1 份常见食品中添加剂的选用方案。

食品添加剂的安全管理和选用方案设计自查试题（在线测试）

模块二

食品添加剂的选用及效果评价

模块说明：本模块包括8个技能任务，分别为护色剂的选用及效果评价、乳化剂的选用及效果评价、增稠剂的选用及效果评价、膨松剂的选用及效果评价、香精香料的选用及效果评价、防腐剂的选用及效果评价、抗氧化剂的选用及效果评价和酶制剂的选用及效果评价。通过任务的学习，知道护色剂、食品用香料、乳化剂、增稠剂、膨松剂、防腐剂、抗氧化剂和酶制剂的定义、类别、作用和性质，能够根据 GB 2760—2024 进行添加剂的安全选用和效果评价。

任务三

护色剂的选用及效果评价

学习目标

知识目标

1. 掌握护色剂的定义、种类、毒性和作用。
2. 掌握亚硝酸钠在肉制品中的发色机理和防腐机理。

能力目标

1. 能正确分析护色剂的安全性。
2. 能根据产品特点，安全设计出护色剂的选用方案。
3. 能依据国家标准按加工需求计算腊肠中发色剂的添加量并安全规范应用。
4. 能对护色剂的使用进行作用效果评价。

素质目标

1. 通过分析护色剂的作用和安全性，培养辩证看待食品添加剂的意识，理解“剂量和毒性”“量变和质变”的哲学道理，有助于增强社会责任感和精益求精的工匠精神。

2. 通过分组设计腊肠中护色剂的选用方案，培养独立思考的能力，增强创新创业意识。

3. 在护色剂的选用及效果评价过程中，培养团队协作能力，树立勤于动手的劳动精神，并积极弘扬安全规范使用亚硝酸钠的职业精神，助力健康中国建设。

必备知识

一、护色剂的定义

食品护色剂可分为护色剂和护色助剂。

护色剂（Color fixatives）是指能与肉及肉制品中呈色物质作用，使之在食品加工、保藏等过程中不致分解、破坏，呈现良好色泽的物质。又称为发色剂。

护色剂的作用和选择（微课）

功能分类代码：09。

护色助剂指可提高护色剂效果并可降低护色剂用量而提高其安全性的一类食品添加剂。

二、护色剂的种类

护色剂主要应用于肉制品中，我国批准许可使用的护色剂为硝酸钠（$NaNO_3$）和硝酸钾（KNO_3）[09.001]、亚硝酸钠（$NaNO_2$）亚硝酸钾（KNO_2）[09.002]，现主要应用以亚硝酸盐为主。

护色助剂一般为具有还原作用的有机酸，如抗血酸及D-异抗坏酸、葡萄糖、葡萄糖酸-δ-内酯等。

三、护色剂的作用

（一）食品护色剂的作用

护色剂在肉制品中除了发色作用外，还兼有增味和抑菌作用，其最终的有效成分是亚硝酸盐。

亚硝酸盐发色机理（微课）

1. 发色作用（主要作用）

护色剂使肉类制品呈现鲜艳稳定的鲜红色。

原料肉的红色，是由肌红蛋白（Mb）和血红蛋白（Hb）所呈现的一种感官性质。肌红蛋白是表现肉颜色的主要成分，鲜肉中还原型的肌红蛋白稍呈暗紫红色，很不稳定，易被氧化。

宰后成熟的肉因有氧呼吸的中断而含乳酸，pH 在 5.6~5.8，亚硝酸盐在此弱酸性条件下生成亚硝酸，亚硝酸很不稳定，即使在常温下也可分解产生亚硝基（NO）：

$$NaNO_2+CH_3CHOHCOOH \longrightarrow HNO_2+CH_3CHOHCOONa$$

$$3HNO_2 \longrightarrow H^+ + NO_3^- + 2NO+H_2O$$

生成的亚硝基很快地与肌红蛋白反应生成鲜红色的亚硝基肌红蛋白（MbNO），其反应为：

$$Mb+NO \longrightarrow MbNO$$

亚硝基肌红蛋白遇热后，放出硫基（—SH），成为具有鲜红色的亚硝基血色原，使肉制品呈鲜红色。护色剂的发色机理见图 3-1。

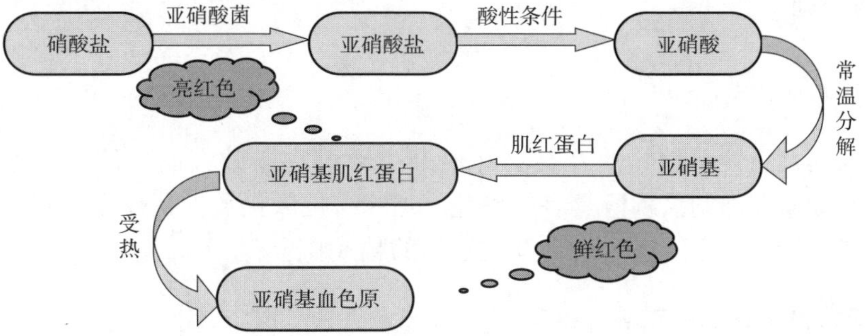

图 3-1　护色剂的发色机理

硝酸盐则需在食品加工中被细菌还原生成 NO_2^- 再起作用。

2. 抑菌作用

亚硝酸盐对微生物的增殖有一定的抑制作用，对肉毒梭状芽孢杆菌有特殊抑制作用。在肉制品中添加 0.1～0.2g/kg 亚硝酸盐时，可显著抑制罐装肉制品中梭状芽孢杆菌的生长，尤其是肉毒梭状芽孢杆菌。其效果受 pH 影响，当 pH 为 6 时，对细菌抑制作用显著，pH 为 6.5 时，作用降低，pH 为 7 时，则完全不起作用。其与食盐并用可使抑菌作用增强。

亚硝酸盐抑菌机理（微课）

3. 增味作用

亚硝酸盐对腌肉制品的风味有增强作用。使用了亚硝酸盐的香肠，风味明显增强。

4. 抗氧化作用

亚硝酸盐具有较强的抗氧化能力，能抑制脂肪的氧化。

（二）食品护色助剂的作用

由于护色剂在发色作用中会伴随亚硝酸的生成，亚硝酸的氧化作用很强，会造成部分肌红蛋白被氧化成高铁肌红蛋白而变褐色。在使用硝酸盐与亚硝酸盐护色的同时，使用L-抗坏血酸及其钠盐、异抗坏血酸及其钠盐、烟酰胺等还原性物质作为护色助剂，可防止肌红蛋白的氧化，同时，还可以把氧化型的褐色高铁肌红蛋白还原为红色的还原型肌红蛋白，以助护色。很多研究报道表明，烟酰胺可以与肉中的肌红蛋白结合生成稳定的烟酰胺肌红蛋白，起到辅助发色作用，安全性高于硝酸盐，但根据 GB 14880—2012《食品安全国家标准　食品营养强化剂使用标准》，烟酰胺（烟酸）不在肉制品中应用。

1. 抗坏血酸、异抗坏血酸及其钠盐的作用

（1）防止 NO_2^- 的氧化，促进 NO 生成。

（2）防止因不饱和脂肪酸氧化使肉味变质。

（3）抑制致癌物质亚硝胺的产生。

抗坏血酸、异抗坏血酸及其钠盐可在各类食品中按生产需要适量使用。

2. 葡萄糖和葡萄糖酸-δ-内酯的作用

生成酸性还原环境，促进亚硝酸盐向亚硝酸转化。葡萄糖可在各类食品中按生产需要适量使用。

任务实施

一、护色剂的选择

护色剂因其是急性毒性物质及其在体内产生致癌物亚硝胺而在使用时备受关注。但是，由于亚硝酸盐在肉制品种所具有的发色、增味、抗氧化及抑菌作用，对保持腌肉制品的色、香、味有特殊意义，迄今尚未发现理想的替代物质。

（一）护色剂的性状与性能

食品中常用的护色剂为亚硝酸钠（$NaNO_2$）和硝酸钠（$NaNO_3$），其性状与性能如下。

$NaNO_2$：白色至淡黄色结晶性粉末，味微咸，外观和滋味似食盐，易潮解，易溶于水，水溶液 pH 约为 9，能缓慢吸收空气中的氧，逐渐氧化为 $NaNO_3$。注意防止误认为食盐而食用。

$NaNO_3$：白色结晶，无臭、味咸、微苦，易潮解；溶于水，微溶于甘油和乙醇，10%水溶液呈中性，加热到 380℃分解，并生成 $NaNO_2$。注意防止误认为食盐而食用。

（二）护色剂的毒性分析

1. NO_2^-的毒性

NO_2^- 的 LD_{50} 为 220mg/kg（小白鼠经口），ADI 为 0~0.06mg/kg，不适于 3 月龄以下的婴儿。

（1）形成高铁血红蛋白　NO_2^- 可氧化血红蛋白中的 Fe^{2+} 成 Fe^{3+}，使其转变成高铁血红蛋白失去携氧和释氧功能，造成全身组织缺氧，严重时可使机体迅速死亡。

（2）生成致癌物亚硝胺　蛋白质代谢产物中的仲胺在胃肠中与 NO_2^- 反应生成亚硝胺。亚硝胺种类很多，大多对动物和人有强烈的致癌性和毒性，甚至可通过胎盘或乳汁对下一代起致病作用。

亚硝酸盐的毒性（微课）

2. NO_3^- 的毒性

NO_3^- 可在食物、水或胃肠道中，尤其在 6 个月以内的幼儿胃肠道中被还原为 NO_2^-，产生毒性作用。

希腊医生巴拉塞尔萨斯有一句名言：“万物皆有毒，关键在剂量。”毒性并不是有毒物质持有的属性，而是所有物质的一般属性。护色剂硝酸盐和亚硝酸盐虽然具有一定的毒性，但只要严格按照 GB 2760—2024 规定的使用范围和最大使用量来添加，控制其残留量，即可确保使用安全性。

（三）护色剂的使用范围、最大使用量及残留量的查询

查询 GB 2760—2024 可知，亚硝酸钠、亚硝酸钾的使用范围、最大使用量及残留量见表 3-1，硝酸钠、硝酸钾的使用范围、最大使用量及残留量见表 3-2。

表 3-1　亚硝酸钠，亚硝酸钾的使用范围、最大使用量及残留量

亚硝酸钠，亚硝酸钾　**sodium nitrite，potassium nitrite**
CNS 号　09.002，09.004　INS 号　250，249
功能　护色剂、防腐剂

食品分类号	食品名称	最大使用量/（g/kg）	备注
08.02.02	腌腊肉制品类（如咸肉、腊肉、板鸭、中式火腿、腊肠）	0.15	以亚硝酸钠（钾）计，残留量≤30mg/kg
08.03.01	酱卤肉制品类	0.15	以亚硝酸钠（钾）计，残留量≤30mg/kg
08.03.02	熏、烧、烤肉类（熏肉、叉烧肉、烧鸭、肉脯等）	0.15	以亚硝酸钠（钾）计，残留量≤30mg/kg
08.03.03	油炸肉类	0.15	以亚硝酸钠（钾）计，残留量≤30mg/kg
08.03.04	西式火腿（熏烤、烟熏、蒸煮火腿）类	0.15	以亚硝酸钠（钾）计，残留量≤70mg/kg
08.03.05	肉灌肠类	0.15	以亚硝酸钠（钾）计，残留量≤30mg/kg
08.03.06	发酵肉制品类	0.15	以亚硝酸钠（钾）计，残留量≤30mg/kg
08.03.08	肉罐头类	0.15	以亚硝酸钠（钾）计，残留量≤50mg/kg

表 3-2　硝酸钠，硝酸钾的使用范围、最大使用量及残留量

硝酸钠，硝酸钾　**sodium nitrate，potassium nitrate**
CNS 号　09.001，09.003　INS 号　251，252
功能　护色剂、防腐剂

食品分类号	食品名称	最大使用量/（g/kg）	备注
08.02.02	腌腊肉制品类（如咸肉、腊肉、板鸭、中式火腿、腊肠）	0.5	以亚硝酸钠（钾）计，残留量≤30mg/kg
08.03.01	酱卤肉制品类	0.5	以亚硝酸钠（钾）计，残留量≤30mg/kg
08.03.02	熏、烧、烤肉类（熏肉、叉烧肉、烧鸭、肉脯等）	0.5	以亚硝酸钠（钾）计，残留量≤30mg/kg
08.03.03	油炸肉类	0.5	以亚硝酸钠（钾）计，残留量≤30mg/kg
08.03.04	西式火腿（熏烤、烟熏、蒸煮火腿）类	0.5	以亚硝酸钠（钾）计，残留量≤30mg/kg
08.03.05	肉灌肠类	0.5	以亚硝酸钠（钾）计，残留量≤30mg/kg
08.03.06	发酵肉制品类	0.5	以亚硝酸钠（钾）计，残留量≤30mg/kg

二、腊肠的制作

腊肠是中国特色肉制品，始见载于北魏《齐民要术》，是中国肉类制品中品种最多的一大类产品，其代表产品是广东腊肠。广东腊肠是以猪肉为原料，经切碎或绞碎成丁，用

食盐、亚硝酸盐（发色、防腐）、白糖、曲酒、酱油等辅料腌制后，充填入天然肠衣中，经晾晒、风干或烘烤等工艺而制成的一类生干肠制品。本任务中，以腊肠为载体，以腊肠中起发色防腐作用的亚硝酸钠为任务驱动点，以腊肠生产真实的工作过程为导向，进行护色剂的选择及效果评价任务的实施。

（一）腊肠中护色剂的选择

由表3-1和表3-2可知，腊肠（食品分类号08.02.02）中允许使用的护色剂如表3-3所示。

表3-3　腊肠中允许使用的护色剂

添加剂名称	功能	最大使用量/(g/kg)	备注
硝酸钠，硝酸钾	护色剂，防腐剂	0.5	以亚硝酸钠（钾）计，残留量≤30mg/kg
亚硝酸钠，亚硝酸钾	护色剂，防腐剂	0.15	以亚硝酸钠（钾）计，残留量≤30mg/kg

（二）腊肠的加工工艺

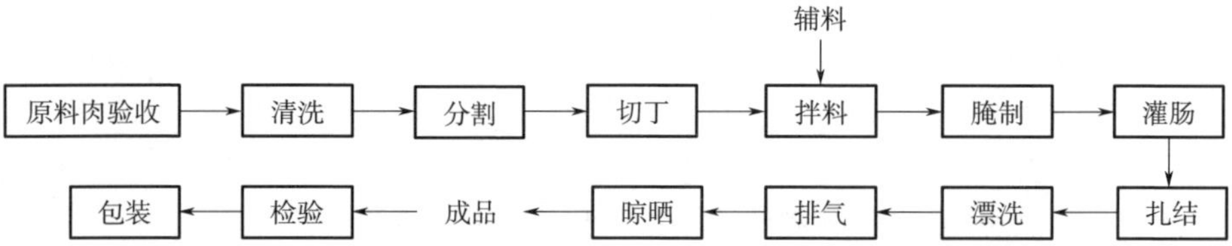

（三）腊肠的基本配方

腊肠的基本配方见表3-4。

表3-4　腊肠的基本配方

种类	含量（以肉重计）
瘦肉：肥肉	8：2
食盐	30g/kg
白糖	50g/kg
护色剂：亚硝酸钠	0.1g/kg
护色剂：异抗坏血酸	0.5g/kg
护色剂：葡萄糖	0.15g/kg
味精	1g/kg
五香粉	1g/kg
蒜姜粉	1g/kg
黄酒	20mL/kg

思考：

为什么要添加护色剂？

（四）护色剂的安全应用操作

1. 准——强调的是亚硝酸钠的添加量要准确

由 GB 2760—2024 查询结果，以 10kg 原料肉加工成腊肠为例，设计护色剂在腊肠加工中的应用方案，亚硝酸钠在腊肠中的最大使用量为 0. 15g/kg，则可取亚硝酸钠的使用量为 0～0. 15g/kg，以肉重为基数，可计算出 10kg 原料肉中需精确称取 0～1. 5g 亚硝酸钠。

护色剂的
安全应用（微课）

护色剂应用方案示例：亚硝酸钠 1g＋异抗坏血酸钠 5g＋葡萄糖 5g。

分组通过实验来对比研究不同护色剂选用方案对腊肠品质的影响，从而加深对护色剂作用原理的理解，培养创新意识。

2. 顺——强调的是亚硝酸钠的领用和亚硝酸钠腌制液的添加需要严格按照顺序进行

亚硝酸钠添加量的
查询和计算（微课）

亚硝酸钠的领用：亚硝酸钠要单独存放，采用双人双锁保管制度，填写领用单和核销单，与工作岗位相接轨。

亚硝酸钠溶液的配制：将亚硝酸钠用少量水充分溶解后再添加。

添加顺序：肉→盐（磷酸盐）→护色剂→糖→香辛料等→异抗坏血酸钠。

先加盐可促进肉蛋白的溶出，有利于肌红蛋白与亚硝基发生反应，生成红色的亚硝基肌红蛋白；后加香辛料防止风味被掩盖，最后加异抗坏血酸钠，由于异抗坏血酸钠易氧化失去还原性，最后添加有助于提高亚硝酸钠的发色效果和安全性。

亚硝酸钠的领用和
添加顺序（微课）

3. 匀——强调的是亚硝酸钠要与原料肉充分混合均匀

添加时间：在腊肠腌制或拌料步骤加入，与原料肉充分混合。

目的：可促进亚硝酸钠与肌红蛋白充分反应，降低亚硝残留量，确保产品安全。

亚硝酸钠与原料肉
混合均匀（微课）

（五）护色剂使用的注意事项

（1）硝酸盐和亚硝酸盐的外观、口味均与食盐相似，使用时应防止误用而引起中毒，要严格执行核销制度。

（2）婴幼儿食品中不得加入。

（3）严格控制亚硝酸盐使用范围、使用量及残留量。

（4）配合使用发色助剂，降低发色剂的用量。

（5）使用时，注意添加顺序，并充分与原辅料混匀。

（6）控制原料肉的 pH，pH 越低，发色效果越好，最佳 pH 为 5. 62，制品亚硝酸的残留量最低。

亚硝酸盐在
火腿中的应用
（微课）

三、护色剂的作用效果评价

（一）腊肠颜色的感官评价

由经验丰富的食品人员 10 人组成感官鉴评组，就腊肠的色泽进行护色效果的评价，满分 10 分，感官评价标准见表 3-5。

表 3-5　　颜色感官评价标准

分值/分	8~10	6~8	4~6	0~4
色泽评分标准	鲜红色，有光泽	亮红色，有光泽	灰色或暗红色，无光泽	棕色，无光泽

（二）护色率的测定

用分光光度计测定护色剂与肉制品作用生成有色物质的颜色，其吸光度越大，护色剂的护色效果越好。

测定方法：准确称取 20g 样品，加入 200mL 蒸馏水，搅打成匀浆，静置，离心分离，取上清液于 520nm 处测定吸光度值。

$$护色率 = \frac{A_1}{A_0} \times 100\%$$

式中　A_0——样品不加任何护色剂（空白样）测得的吸光度值；

A_1——样品添加不同护色剂，放置 2 周后测得的吸光度值。

相关知识

一、护色剂的研究进展

1. 研究新的复合护色剂

护色时可加入氨基酸。氨基酸呈中性和酸性，则完全可以阻止二甲基亚硝酸胺的生成并有良好的护色效果。据报道，0.5%~1%赖氨酸盐和精氨酸等量混合物与 100mg/kg 的亚硝酸钠，用于灌肠制品，产品色调很好。氨基酸类物质有可能大幅度降低亚硝酸钠的用量，从而大大降低亚硝酸盐的危险性并有助于护色。

2. 亚硝酸盐的替代品研究

目前研究主要从以下几方面替代：抑菌剂、发色剂、亚硝胺生成阻断剂。

（1）抑菌剂　山梨酸钾、乳酸链球菌素、次磷酸钠、酚类抗氧化剂等。

（2）发色剂　红曲色素、甜菜红、辣椒红、胭脂虫红等。

（3）亚硝胺生成阻断剂　α-生育酚、抗坏血酸、异抗坏血酸及其钠盐等。

3. 护色助剂与品质改良剂的使用研究

（1）磷酸盐的作用　磷酸盐类能螯合金属离子，以防止护色助剂维生素 C 被破坏，有防氧化护色的能力。但要注意，为提高肉的持水性而加入的某些磷酸盐是碱性的，能改变体系的 pH 而使护色效果变差。

（2）柠檬酸的作用　柠檬酸是良好的金属离子螯合剂，可以使护色助剂维生素 C 护色作用增强。

二、亚硝酸盐替代品存在的问题

1. 肉制品的品质保证

当前，亚硝酸钠替代物尚无法兼备亚硝酸钠的全部功能，其使用在肉制品中会影响品质。目前研发的一些无亚硝酸盐的发色剂，尽管能够使肉制品获得良好的色泽，但存在长期的储藏过程中存在肉制品色泽的稳定性较差、没有腌肉特有的风味等问题。

2. 肉制品的安全保证

蔬菜汁（粉）如芹菜粉是目前研究较多的亚硝酸盐天然替代物，虽然自身亚硝酸钠含量极低，但硝酸钠含量却很高。硝酸钠在硝酸钠还原菌的作用下生成亚硝酸钠。因此在肉制品加工过程中，需要通过控制硝酸钠还原菌的作用进而控制硝酸钠的转化率，转换率过低无法保障肉制品品质和微生物安全，过高容易造成亚硝酸钠残留量超标，这给实际应用带来问题。

天然抑菌剂如乳酸链球菌素的抑菌作用显著，可以有效控制肉和肉制品中腐败菌和致病菌的生长，但也存在抗菌谱窄等问题，不能判定天然抑菌剂可以完全有效地保障肉制品的微生物安全，在今后还应加强微生物安全评价方面的工作。

思考题

1. 讨论护色剂的安全学问题。
2. 分析在肉制品加工中可能引起护色剂超标的原因。
3. 食品加工中常用的发色剂和发色助剂有哪几种？
4. 抗坏血酸在肉类腌制加工中主要有什么作用？为什么？
5. 发色剂在肉制品加工中的主要功能包括哪些？其机理是什么？
6. 课后研创：根据所学内容，自己设计一个护色剂在其他肉制品中的应用方案并实践。

护色剂的选用及效果评价自查试题（在线测试）

任务四

乳化剂的选用及效果评价

学习目标

知识目标

1. 掌握乳化剂的定义、分类、性质、作用、乳化能力和 HLB 值。
2. 掌握乳化剂的作用机理和使用注意事项。

能力目标

1. 能正确分析乳化剂的安全性。
2. 能根据产品特点，安全设计出乳化剂的选用方案。

3. 能依据国家标准按加工需求计算乳饮料中乳化剂的添加量并安全规范应用。

4. 能对乳化剂的使用进行作用效果评价。

素质目标

1. 通过分析乳化剂的原理，其能将互不相溶的物质融合成为一个稳定的体系，培养团队合作、优势互补的意识。

2. 通过分组设计乳饮料中乳化剂的选用方案，培养独立思考的能力，增强创新创业意识。

3. 在乳化剂的选用及效果评价过程中，树立勤于动手的劳动精神，并积极弘扬安全规范使用乳化剂的职业精神，助力健康中国建设。

必备知识

一、乳化剂的定义

乳化剂（Emulsifier）是能使两种或两种以上不相混溶的液体均匀分散成乳状液的物质，是一种具有亲水基和疏水基的表面活性剂，两种基团一般分布于乳化剂分子的两端，形成不对称结构（图 4-1）。它只需添加少量，就可显著降低油水两相界面的张力，使之形成均匀、稳定的分散体或乳化体。

乳化剂的作用机理（微课）

功能分类代码：10。

亲水基一般是溶于水或能被水浸润的基团，如羟基（—OH）、羧基（—COOH）。亲油基一般为与油脂中烷烃相似的碳氢化合物长链。

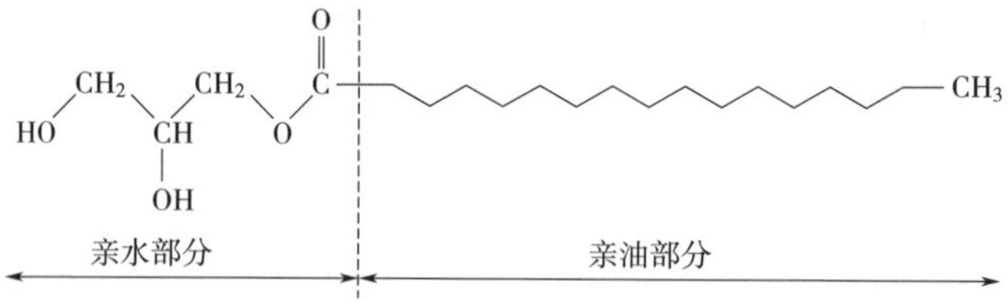

图 4-1　乳化剂的分子结构

二、乳化剂的分类

1. 按来源可分为天然乳化剂和合成乳化剂

（1）天然乳化剂　大豆磷脂等磷脂类乳化剂。

（2）合成乳化剂　蔗糖脂肪酸酯、单硬脂酸甘油酯等，占绝大多数。

2. 按溶解性可分为水溶性乳化剂和油溶性乳化剂

（1）水溶性乳化剂　高亲油亲水平衡值（HLB）的蔗糖脂肪酸酯、吐温等。

（2）油溶性乳化剂　大豆磷脂、单硬脂酸甘油酯、司盘等。

3. 按乳化体系可分为油包水型乳化剂和水包油型乳化剂

（1）油包水型乳化剂（W/O）　亲油型乳化剂，一般指 HLB 值在 3~6 的乳化剂，如脂肪酸甘油酯类乳化剂、司盘等。

（2）水包油型乳化剂（O/W） 亲水型乳化剂，一般指 HLB 值在 9 以上的乳化剂，如低酯化度的蔗糖脂肪酸酯、吐温系列乳化剂、聚甘油酯类乳化剂、改性大豆磷脂等。

4. 按在水中是否解离成离子可分为离子型乳化剂和非离子型乳化剂

（1）离子型乳化剂 品种较少，主要有阴离子型乳化剂如硬脂酰乳酸钠（钙）、双乙酰酒石酸甘油酯；阳离子型乳化剂如十二烷基三甲基氯化铵、十六烷基三甲基溴化铵等；两性离子型乳化剂如卵磷脂（大豆磷脂）和改性磷脂等。

（2）非离子型乳化剂 大多数食品乳化剂均属此类，应用最多，如甘油酯类、山梨醇酯类、木糖醇酯类、蔗糖酯类和丙二醇酯类等。

5. 按分子质量大小可分为小分子乳化剂和高分子乳化剂

（1）小分子乳化剂 乳化效力高，常用的乳化剂均属此类，如各种脂肪酸酯类乳化剂。

（2）高分子乳化剂 稳定、效果好，主要是一些高分子的胶类，如海藻酸丙二醇酯等。

三、乳化剂的乳化能力

食品乳化剂的应用主要取决于其不同的乳化能力。乳化能力与乳化剂分子的亲油、亲水能力有关。乳化剂的乳化特性和许多功能是由其分子中亲水基的亲水性和亲油基的憎水性的相对强度所决定的。常用亲水亲油平衡值来表示，简称 HLB 值，即反映乳化剂中亲油基团的亲油能力和亲水基团的亲水能力的平衡关系。亲水性强的乳化剂生成（O/W）型乳浊液，亲油性强的乳化剂则生成（W/O）型乳浊液。

HLB＝亲水基的亲水性/亲油基的憎水性

常用食品乳化剂多为非离子型乳化剂，HLB 值在 0~20。一般规定，非离子型乳化剂亲油性为 100%的乳化剂的 HLB 值为 0（以石蜡为代表），其亲油性最大，无亲水性；亲水性 100%者其 HLB 值为 20（以油酸钾为代表），其亲水性最大，无亲油性。凡 HLB<9 的乳化剂主要是亲油性的，而 HLB≥9 的乳化剂则具有亲水特性。

乳化剂在溶液中有乳化、润湿、分散、增溶、起泡、消泡等一系列表面活性作用，非离子型乳化剂的 HLB 值与其适用性的关系如表 4-1 所示。

表 4-1　　非离子型乳化剂的 HLB 值与其适用性的关系

HLB 值	在水中性质	适用性
1~3	不分散	消泡剂
3~6	略有分散	W/O 型乳化剂（最佳 3.5）
7~9	经剧烈搅打后呈乳浊状分散	湿润剂
8~18	稳定的乳状分散	O/W 型乳化剂（最佳 12）
13~15	趋于透明的分散	洗涤剂
15~18	呈溶解状透明胶体状液	增溶剂

每一种乳化剂的 HLB，可用实验方法来测定，但十分烦琐、费时。

对混合型的乳化剂，其 HLB 具有加成性。故两种或两种以上乳化剂混合使用时，该混合乳化剂的 HLB 可按其组成的各个乳化剂的质量分数求得：

$$HLB_{a,b}=HLB_a \times A\%+HLB_b \times B\%$$

其中，$HLB_{a,b}$ 为乳化剂 a、b 混合后的亲水亲油平衡值，HLB_a 和 HLB_b 分别为 a、b 两种乳化剂的亲水亲油平衡值，$A\%$和 $B\%$分别为 a、b 在该混合乳化剂中的质量分数。本式仅适用于非离子型乳化剂。

四、乳化剂在食品加工中的作用

1. 分散体系的乳化稳定作用

乳化剂具有两亲作用，在油水界面定向吸附，让油相界面变得亲水，水相界面变得亲油，使得原本不相溶的不同体系变得相溶，防止食品油水分离，从而使体系稳定。如在含脂饮料中（如乳饮料）使原不能相溶的油相和水相成为均匀的悬浮乳浊体，在巧克力中防止糖和油脂起霜，稳定冰淇淋、奶油、蛋黄酱的组织和结构。

滚揉时乳化剂的作用（微课）

2. 与淀粉的络合作用

食品乳化剂一般为脂肪酸酯，淀粉可以和脂肪酸的长链结构形成络合物，使直链淀粉难以结晶析出，从而防止淀粉老化。以高纯度的单甘酯效果最为明显。

3. 与蛋白质的络合作用

强乳化剂的亲油亲水基团，可以与蛋白质的特定结构发生亲水相互作用、疏水相互作用、氢键作用和静电作用等。在焙烤食品中，可以强化面筋的网络结构，与面粉中的脂类和蛋白质形成氢键或偶联络合物，防止油水分离造成的硬化，增加韧性和抗拉力。以硬脂酰乳酸钠、硬脂酰乳酸钙效果最好，因此乳化剂是面包、糕点、饼干、面条等淀粉食品的品质改良剂。

4. 对油脂结晶的控制作用

乳化剂可以定向吸附于结晶体系的晶体表面，改变晶体表面张力，影响体系的结晶行为。一般情况下会干扰结晶，使晶体细小，能控制固体脂肪结晶的形成、析出和晶型，防止果糖返砂、巧克力起霜，防止人造奶油、起酥油和冰淇淋中粗大结晶的形成。

5. 破乳和消泡作用

乳化剂中 HLB 值较小者在气-液界面会优先吸附，但其吸附层不稳定，缺乏弹性，造成起泡破裂，因而起到消泡作用。如豆腐制作、味精、蔗糖生产中的消泡等。

6. 起泡和稳定气泡作用

乳化剂是表面活性剂，在气-液界面定向吸附，可以大大降低气-液界面的表面张力，使气泡容易形成。如当单甘酯与蔗糖酯、吐温合用时，可用作糕点的起泡剂，通过“蛋白-单甘酯”复合体的形成，使蛋糕具有容积大、气泡致密均匀等作用。含饱和脂肪酸的乳化剂对泡沫有稳定作用，可作发泡剂，用于冰淇淋等食品的生产。

7. 润滑作用

饱和的单、双甘油酯对淀粉制品挤压时可获得优良的润滑作用。在乳脂糖中加入单、双甘油酯，可降低咀嚼时的强度和阻力。

8. 润湿和分散作用

乳化剂对不溶性颗粒有湿润和分散作用（如卵磷脂），有助于确保产品的均匀性，在乳粉、可可粉、速溶咖啡、麦乳精、粉末饮料冲剂等食品中利用此作用可提高冷水和热水中的溶解性。

9. 增溶作用

HLB 值大于 15 的乳化剂可作脂溶性色素、香料、强化剂的增溶剂。

10. 抗菌保鲜作用

很多水溶性乳化剂，如蔗糖酯对细菌有很强的抑制作用，可用作蛋品、水果、蔬菜等保鲜涂膜剂乳化剂，提高抗菌性能。乳化剂定向吸附于果蔬表面，形成一层保护膜，控制果蔬的呼吸，达到保鲜的目的。

五、乳化剂的作用机理

（一）乳化现象

油和水是两种互不相溶的液体，它们在机械外力的作用下，可以互相混合，但一般难以混合成稳定的乳浊液，当施加的外力取消时，它们又会很快分离为原来的两种液体，为了使互相均匀混合的状态得以长久保持，需要添加乳化剂。油水液体的乳化现象如图 4-2 所示。

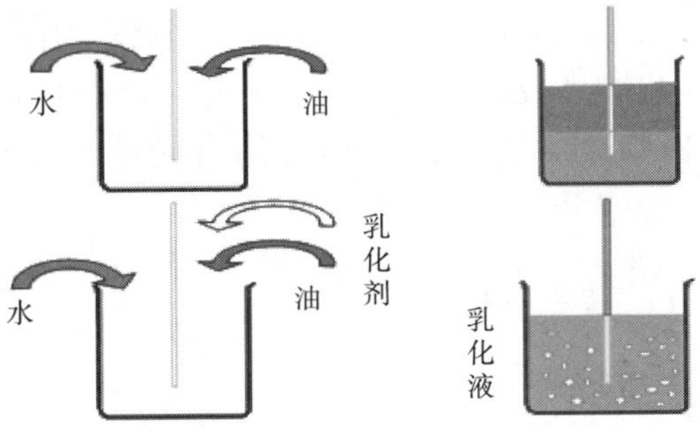

图 4-2 油水液体的乳化现象

（二）作用机理

食品乳化剂的基本物理化学性质是表面活性和乳化增溶性。因为乳化剂的分子内具有亲水基和亲油基，易在水和油的界面形成吸附层，属于表面活性剂的一种。

乳化剂作用机理
（微课）

1. 形成界面膜

乳化剂在乳状液形成中的重要作用之一就是在分散液滴表面形成界面膜，界面膜强度的紧密程度与乳化剂用量及结构有关。乳化剂浓度过低时，液滴界面不能达饱和吸附，不足以形成紧密界面膜，强度低。因此，要使乳剂稳定，必须加入足量的乳化剂。使用混合乳化剂能进一步降低界面张力，增加吸附量，形成更紧密的混合膜，界面膜强度增大。油水界面的复合膜如图 4-3 所示。

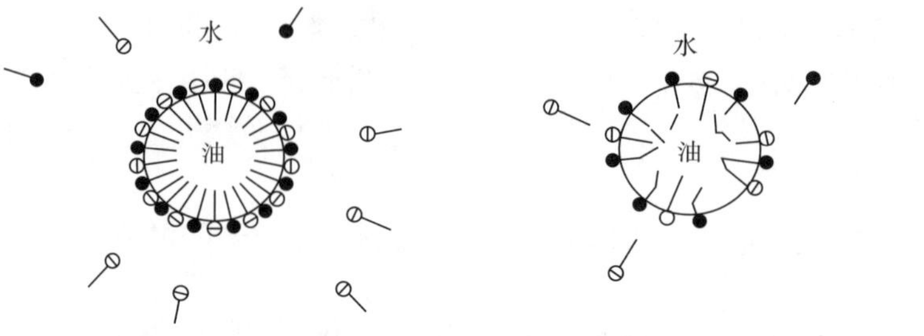

（1）形成紧密复合膜，乳剂极稳定
⊙十六烷基硫酸钠 ● 胆固醇

（2）不形成紧密复合膜，乳剂极不稳定
⊙十六烷基硫酸钠 ● 油醇

图 4-3　油水界面的复合膜

2. 降低界面张力

乳状液是多相粗分散物系，界面总面积及界面能是很大的，是热力学不稳定体系，加入乳化剂能降低界面张力，促使乳状液稳定。

降低界面张力是形成乳状液并保持稳定的有利因素，但不是决定因素。有的体系有很低的界面张力，但若没有界面膜形成则不能形成乳状液或不能得到稳定乳状液。

3. 形成扩散双电层，产生静电斥力

大部分稳定的乳状液的油水界面都存在电荷和扩散双电层。O/W 型乳状液的油滴一般带负电，而 W/O 型乳状液的水滴一般带正电。当带有同种电荷的液滴接近时，电排斥作用将克服液滴间的范德华吸引力，使液滴分开。液滴吸附的乳化剂越多以及乳化剂的解离度越大，带电量则越大，阻止聚集的能力越强。油水界面的扩散双电层如图 4-4 所示。

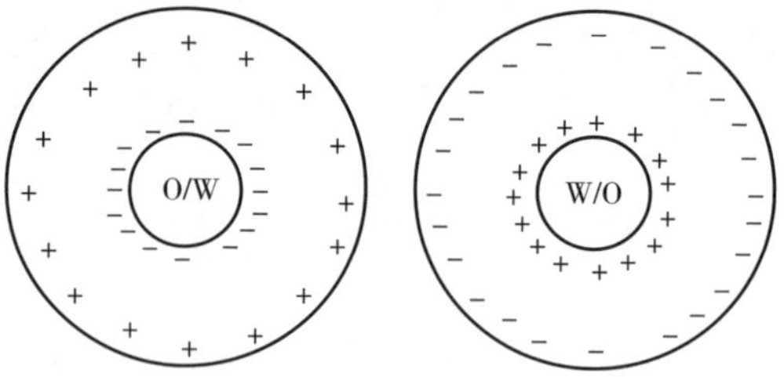

图 4-4　油水界面的扩散双电层

任务实施

一、乳化剂的选择

乳化剂作为表面活性剂，能与脂类、蛋白质、碳水化合物等食品成分发生特殊的相互连接，具有乳化或破乳、润湿、起泡或消泡以及分散、增溶、润滑等一系列作用，几乎所有的食品加工中都可以使用乳化剂，用以改善品质、保持风味、延长保鲜期和改善加工性能。

（一）乳化剂的选择依据

各种乳化剂的 HLB 值是选择乳化剂的参考数据。HLB 值在 0～10，数值越小表示亲油性越大，HLB 值在 10～20，数值越大表示亲水性越大。HLB 值小的乳化剂为油包水乳化剂，反之为水包油乳化剂。

乳化剂的性质、功效还与亲水、亲油基的种类、分子结构和相对分子质量有关。实践证明不同种类的亲油基的亲油性强弱顺序排列如下：脂肪基>带脂羟链的芳香基>芳香基>带弱亲水基的亲油基。亲油基和亲水基与所亲的物料结构越相类似，它们的亲和性越好。在结构方面，亲水基位置在亲油基链一端的乳化剂比亲水基靠近亲油基链中间的乳化剂亲水性要好。在相对分子质量方面，相对分子质量大的乳化剂分散能力比相对分子质量小的好。因此，在需要选择最合适的乳化剂时，单靠 HLB 值是不够的，还应该考虑多种因素并且结合一定实验进行选择。

（二）常用乳化剂的特性

我国允许适用于食品的乳化剂有 30 余种，现介绍几种常用品种的性质特性，便于我们选择合适的乳化剂。

常用乳化剂的性质（微课）

1. 单、双甘油脂肪酸酯（单甘酯）

（1）性质　乳白至微黄色蜡状固体，无臭，无味，不溶于冷水，与热水经强烈振荡混合可乳化分散于水中，能溶于有机溶剂乙醇、苯、丙酮中，凝固点不低于 54℃。

（2）乳化性能　具有良好的亲油性，HLB 值为 3.8，为油包水型乳化剂。由于本身的乳化性很强，它在分散相中也能起水包油型乳化剂的作用。

（3）安全性　其水解物可参与体内代谢，是世界各国公认的无毒食品添加剂。ADI 不作限制性规定。

（4）应用　单甘酯是我国批准使用的食品乳化剂中用量最大的品种，占乳化剂总用量的近 70%，在食品中具有乳化、分散、稳定、发泡、消泡、抗淀粉老化等作用。根据 GB 2760—2024，可在表 A.2 中编号为 1～4、6～11、13～14、16～30、32～53、59～68 的食品类别除外的各类食品中按生产需要适量使用；黄油和浓缩黄油中最大使用量为 20.0g/kg；生干面制品中最大使用量为 30.0g/kg；赤砂糖、原糖、其他糖和糖浆中最大使用量为 6.0g/kg；香辛料类中最大使用量为 5.0g/kg。

2. 蔗糖脂肪酸酯（SE）

蔗糖脂肪酸酯又称脂肪酸蔗糖酯、蔗糖酯，是由蔗糖与脂肪酸酯化反应制的，分为单酯、二酯、三酯和多酯，即一分子蔗糖分别与一、二、三或多个脂肪酸分子所构成。

（1）性质　白色至黄色的粉末或无色至微黄色的黏稠液体。无臭或稍有特殊的气味，耐热性较差，易溶于乙醇、丙酮。单酯可溶于热水，但二酯和三酯难溶于水。

（2）乳化性能　单酯含量越高，亲水性越强；二酯和三酯含量越多，亲油性越强。既可用于油脂和含油脂丰富的食品，也可用于非油脂和油脂含量少的食品。蔗糖脂肪酸单酯的 HLB 值为 10～16，亲水性强，二酯的 HLB 值为 7～10，三酯的 HLB 值为 3～7，多酯为 1，蔗糖脂肪酸酯成品多为混合物。蔗糖脂肪酸酯中单酯的含量与 HLB 值的关系见表 4-2。

表 4-2　　蔗糖脂肪酸酯中单酯的含量与 HLB 值的关系

商品名称	化学名称	单酯含量/%	HLB 值
S-1570	蔗糖硬脂酸酯	70	15
S-1155	蔗糖硬脂酸酯	55	11
S-950	蔗糖硬脂酸酯	50	9
S-740	蔗糖硬脂酸酯	40	7
S-320	蔗糖硬脂酸酯	20	3
P-1570	蔗糖棕榈酸酯	70	15
O-1570	蔗糖油酸酯	70	15

注：商品名称中后两位数为单酯质量分数，前一或二位数为该品的 HLB 值。单酯含量越多，则 HLB 值越高。

（3）安全性　ADI 为 0~30mg/kg 体重。从原料来看，本品对人体无害、无毒、无臭、无味，进入人体后经过消化转化为脂肪酸和蔗糖，为营养物质，使用安全。

（4）应用　本品可以通过调整酯化度广泛应用于从水包油型到油包水型的乳化作用中，主要功能为乳化、抑制油脂结晶成长、防止淀粉之间的相互作用、防止蛋白质变性、湿润作用、对耐热菌的抗菌效果等，应用广泛，复配效果更佳。

需按 GB 2760—2024 的规定使用，如蔗糖脂肪酸酯在调制乳、焙烤食品中最大使用量为 3.0g/kg；风味发酵乳、冷冻饮品（食用冰除外）、肉及肉制品（生、鲜肉除外）中最大使用量为 1.5g/kg；稀奶油中最大使用量为 2.5g/kg；基本不含水的脂肪和油、糖果中最大使用量为 10.0g/kg 等。

3. 司盘类乳化剂（Span）

司盘类乳化剂是山梨醇酐脂肪酸酯的商品名，制备时由于所用的脂肪酸不同，可制得不同的脂肪酸酯，其 HLB 值和性状不同。

（1）性质　山梨醇酐脂肪酸酯类的各种理化性质，在很大程度上取决于所构成的脂肪酸种类、数量和加工条件。外观是白色至黄棕色的液体至蜡状固体。其亲水基团山梨醇酐受热后会产生焦糖化作用，从而使成品具有焦糖的苦味和微甜味，并使成品色泽加深。耐热性和水解性相对比较平稳。

（2）乳化性能　HLB 值的范围为 1.8~8.6，可用作 W/O 型乳化剂、消泡剂和润湿剂。不同山梨醇酐脂肪酸酯（司盘）的 HLB 值、性质和用途见表 4-3。

表 4-3　　不同山梨醇酐脂肪酸酯（司盘）的 HLB 值、性质和用途一览表

商品名	化学名称	HLB 值	性质	用途
司盘 20	山梨醇酐单月桂酸酯	8.6	淡褐色油状	乳化剂、分散剂
司盘 40	山梨醇酐单棕榈酸酯	6.7	淡褐色蜡状	乳化剂、混浊剂
司盘 60	山梨醇酐单硬脂酸酯	4.7	淡黄色蜡状	乳化剂、稳定剂
司盘 65	山梨醇酐三硬酸酯	2.1	淡黄色蜡状	乳化剂
司盘 80	山梨醇酐单油酸酯	4.3	黄褐色油状	乳化剂
司盘 85	山梨醇酐三油酸酯	1.8	淡黄色油状	乳化剂

(3) 安全性　ADI 为 0~25mg/kg 体重。一般公认安全物质。各种山梨醇酐酯均有提高人体吸收液体石蜡和脂溶性物质的能力。

(4) 应用　乳化力优于其他乳化剂，但风味差，故一般与其他乳化剂合并使用。山梨醇酐单硬脂酸酯用于冰淇淋可增大容积；用于面包、糕点作起酥油的乳化剂，可使油脂与面粉混合均匀、膨胀良好、防止制品的老化，改善品质；用于巧克力可防止起霜，以改善光泽，增进滋味，增强柔软性等；用于奶糖可使油脂分散均匀，防止起霜。司盘类乳化剂需按 GB 2760—2024 的规定使用，如在调制乳、冰淇淋、雪糕类、面包、糕点、饼干中最大使用量为 3.0g/kg；基本不含水的脂肪和油、水油状脂肪乳化制品、脂肪类甜品中最大使用量为 15.0g/kg；豆类制品中最大使用量为 1.6g/kg；可可制品、巧克力和巧克力制品、包括代可可脂巧克力及制品中最大使用量为 10.0g/kg 等。

4. 吐温类乳化剂（Tween）

吐温类乳化剂是聚氧乙烯山梨醇酐脂肪酸酯的商品名，是由司盘类在碱性催化剂存在下和环氧乙烷加成精制而成。

(1) 性质　是一类非离子型食品乳化剂。比司盘有更低的熔点和黏稠度，一般为浅米色至浅黄色黏稠油状液体。溶于水，具有良好的热稳定性，界面活性作用不受 pH 影响，常温下耐酸、碱及盐。

(2) 乳化性能　HLB 值的范围为 10.5~16.7，是亲水性乳化剂，能使乳状液形成 O/W 型体系。不同聚氧乙烯山梨醇酐脂肪酸酯（吐温）的性质见表 4-4。

表 4-4　聚氧乙烯山梨醇酐脂肪酸酯（吐温）的性质一览表

商品名	化学名称	HLB 值	性质	用途
吐温 20	聚氧乙烯山梨醇酐单月桂酸酯	16.7	淡黄色或琥珀色油状液体	乳化剂、稳定剂
吐温 40	聚氧乙烯山梨醇酐单棕榈酸酯	15.6	淡黄色或琥珀色油状液体	乳化剂、稳定剂
吐温 60	聚氧乙烯山梨醇酐单硬脂酸酯	14.9	淡黄色至琥珀色黏稠液体	乳化剂、稳定剂、消泡剂
吐温 80	聚氧乙烯山梨醇酐单油酸酯	15.0	淡黄色至琥珀色黏稠液体	乳化剂、稳定剂、分散剂

(3) 安全性　吐温 80 至吐温 20，加入的聚氧乙烯增多，乳化剂的毒性随之增大，吐温 20 和吐温 40 的毒性较大，很少使用。食品上主要使用吐温 60 和吐温 80，吐温 80 ADI 为 0~25mg/kg 体重。一般公认安全物质。

(4) 应用　通常与司盘型乳化剂复配乳化效果好。根据 HLB 值的加和性，两者混合比例依所需的 HLB 值而定，见表 4-5。吐温类乳化剂需按 GB 2760—2024 的规定使用，如在调制乳、冰淇淋、雪糕类、冰棍类中最大使用量为 1.5g/kg；稀奶油、调制稀奶油最大使用量为 1.0g/kg；面包中最大使用量为 2.5g/kg；糕点中最大使用量为 2.0g/kg；固体复合调味料中最大使用量为 4.5g/kg 等。

表 4-5 司盘型乳化剂与吐温型乳化剂复配后的 HLB 值

HLB 值	乳化剂	HLB 值	乳化剂
2	8%司盘 80+92%司盘 85	10	46%司盘 80+54%吐温 80
4	88%司盘 80+12%司盘 85	12	45%司盘 20+55%吐温 60
6	83%司盘 80+17%吐温 80	14	28%司盘 80+72%吐温 80
8	65%司盘 80+35%吐温 80	16	60%吐温 20+40%吐温 80

5. 硬脂酰乳酸钙（CSL）与硬脂酰乳酸钠（SSL）

硬脂酰乳酸钙（CSL）与硬脂酰乳酸钠（SSL）为离子型乳化剂，两者具有相似的性质和使用范围、使用量。

（1）性质　白色至带黄白色的粉末或薄片状、块状固体，无臭、有特殊的焦糖气味。难溶于冷水，微溶于热水，加热强烈搅拌混合可完全分散。易溶于热的油脂中，在空气中稳定。

（2）乳化性能　HLB 值为 5.1，是亲油性乳化剂。

（3）安全性　ADI 为 0~20mg/kg 体重。一般公认安全物质。在机体内由脂肪酶水解生成硬脂酸和乳酸，参与机体正常代谢。

（4）应用　作为乳化剂、稳定剂和面包制品的品质改良剂。它具有极好的面团强化作用和组织软化作用，与面团中的蛋白相互作用，增强面团弹性、韧性和机械加工性能；又能与直链淀粉相互作用，延缓淀粉老化，保持面包柔软，延长货架期。具有 1~3 个乳酰基的制品在焙烤食品中效果最显著。硬脂酰乳酸钙和硬脂酰乳酸钠需按 GB 2760—2024 的规定使用，如在调制乳、风味发酵乳、冰淇淋、雪糕类、果酱、生湿面制品、发酵面制品、面包、糕点、饼干、肉灌肠类、蛋白饮料类中最大使用量为 2.0g/kg；稀奶油、调制稀奶油最大使用量为 5.0g/kg 等。

6. 聚甘油脂肪酸酯（PGFE）

聚甘油脂肪酸酯是由多种脂肪酸与不同聚合度的聚甘油反应制成的一类优良的非离子型表面活性剂，其有两亲分子结构，包括亲油的脂肪酸基团和亲水的聚甘油基团。

（1）性质　一般为固体、半固体或稠状液。色泽变化范围大，为白色到米黄色或褐色。呈油脂味到微甜味。在加热时可分散于水中，溶于甘油，溶于乙醇，能溶于有机溶剂和油类中。水解敏感性小，具有较强的热稳定性，抗酸。

（2）乳化性能　食品级聚甘油脂肪酸酯的 HLB 值范围为 2~16，通过设计不同的甘油聚合度，有目的地控制聚甘油酯分子中的亲水性羟基和亲油性脂肪酸残基之比，就可以得到不同 HLB 值的产品。一般来说，当 HLB 值≤6 时，适用于作油包水型（W/O）乳化剂；当 HLB 值≥7 时，适用于作水包油型（O/W）乳化剂，还可以作为双重乳化型（W/O 或 O/W）乳液的乳化剂。

（3）安全性　ADI 为 0~25mg/kg 体重。一般公认安全物质。

（4）应用　聚甘油脂肪酸酯作为食品乳化剂用量最大，应用范围也最广。需按 GB 2760—2024 的规定使用，如在调制乳、调制乳粉和调制奶油粉、植物油（仅限煎炸用油）、冷冻饮品（食用冰除外）、可可制品、巧克力和巧克力制品、即食谷物、方便米面制品、焙烤制品、饮料类［包装饮用水、果蔬汁（浆）、浓缩果蔬汁（浆）除外］、果冻中最大使用量为10.0g/kg；脂肪、油和乳化脂肪制品（基本不含水的脂肪和油、黄油和浓缩黄油除外）中最大使用量为20.0g/kg等。

二、乳饮料的制作

配制型含乳饮料是指以乳或乳制品为原料，加入水以及白砂糖和（或）甜味剂、酸度调节剂、乳化剂、果汁、茶、咖啡、植物提取液等的一种或几种调制而成的饮料，蛋白质含量不低于1.0%。乳饮料是一种客观不稳定的分散系统，包括蛋白质形成的胶体溶液、果汁颗粒形成的悬浮液、脂质形成的乳浊液、糖和盐形成的真溶液。在实际生产中，采用最先进的加工机械和加工工艺，也很难满足乳饮料的质量要求，经常出现浮油、蛋白质沉淀等质量问题。因此，乳饮料生产中添加适量的乳化剂，以确保乳饮料在保质期内没有分层和沉淀。

乳化剂的安全应用（微课）

根据乳化剂的HLB值和乳化剂的性质选用适当的乳化剂，可使脂肪均匀、稳定地分散于水中，形成乳浊液，从而防止脂肪的上浮分层现象；同时，乳化剂能与蛋白质相互作用，起到乳化、悬浮、分散、稳定的作用，形成悬浮液防止蛋白质粒子聚集沉淀。但由于蛋白质的颗粒较大，同时牛乳中所含的蛋白质较高，因此乳饮料中的蛋白质单靠乳化剂的乳化作用还不足以完全稳定，一般还需与具有悬浮作用的物质（如增稠剂）配合使用，方能达到完全稳定的效果。

本任务中，以乳饮料为载体，以乳饮料中起乳化作用的乳化剂为任务驱动点，以乳饮料生产真实的工作过程为导向，进行乳化剂的选择及效果评价任务的实施。

（一）乳饮料中乳化剂的选择

乳饮料中乳化剂的选择要根据乳饮料被乳化所需要的HLB值来选择具有相同或相近的HLB值的乳化剂，由GB 2760—2024查得配制型含乳饮料（14.03.01.02）中允许使用的乳化剂如表4-6所示。

表4-6　配制型含乳饮料中允许使用的乳化剂

添加剂名称	功能	最大使用量/（g/kg）	HLB值
琥珀酸单甘油酯	乳化剂	5.0	5~7
吐温20、吐温40、吐温60、吐温80	乳化剂、稳定剂	2.0	15~16.7
硬脂酰乳酸钠，硬脂酰乳酸钙	乳化剂、稳定剂	2.0	5.1
皂树皮提取物	乳化剂	0.05	
聚甘油脂肪酸酯	乳化剂、稳定剂、增稠剂、抗结剂	10.0	2~16
辛、癸酸甘油酯	乳化剂	适量使用	12.5

续表

添加剂名称	功能	最大使用量/(g/kg)	HLB 值
蔗糖脂肪酸酯	乳化剂	1.5	3~15
单、双甘油脂肪酸酯	乳化剂、被膜剂	适量使用	2.8~3.8
酪蛋白酸钠	乳化剂	适量使用	
柠檬酸脂肪酸甘油酯	乳化剂	适量使用	4~6
乳酸脂肪酸甘油酯	乳化剂	适量使用	3~4
辛烯基琥珀酸淀粉钠	乳化剂	适量使用	>10
改性大豆磷脂	乳化剂	适量使用	3~4
酶解大豆磷脂	乳化剂	适量使用	8.0
乙酰化单、双甘油脂肪酸酯	乳化剂	适量使用	3.8
海藻酸丙二醇酯	增稠剂、乳化剂、稳定剂	4.0	
磷脂	抗氧化剂、乳化剂	适量使用	3~4

饮料中使用的乳化剂应具备六个条件：安全、HLB 值高、耐酸、耐盐、水溶性好、耐乙醇。在酸性乳饮料中使用的乳化剂一般属于 O/W 型。亲油性乳化剂不能单独用在饮料中，要与亲水性乳化剂并用才有效。选用 HLB 值高低不同的几种乳化剂，并与增稠剂混合使用，可提高乳饮料的乳化稳定性。

（二）乳化剂的复配

食品乳化剂的复配就是将几种乳化剂根据食品生产及工艺的要求，将它们混合并添加到食品中，发挥其协同效应，改善食品的品质、性能和加工工艺。

（1）将乳化剂、增稠剂均匀地混合在一起添加到食品中，既能利用乳化剂降低表面张力，加大界面膜强度，防止油水分离，又因增稠剂的加入增加了乳体系的黏度，增强油脂的乳化稳定性，又可防止蛋白质出现沉淀分层现象。

（2）将几种功能不同的乳化剂进行复配，取长补短，协同增效，复配后的功能性大于单一一种乳化剂的功能。

（3）根据生产工艺要求，以一种乳化剂为主，添加两种或两种以上其他乳化剂作为辅助剂来提高添加剂的功能，达到理想效果。

为了提高乳化效果，在实验生产中，一般选用 HLB 值高低不同的几种乳化剂混合使用，混合乳化剂的 HLB 值为 8~13，并且与增稠剂混合使用，乳化性能好。故初步选择亲水性乳化剂蔗糖脂肪酸酯、亲油性乳化剂单硬脂酸甘油酯、增稠剂和乳化剂海藻酸丙二醇酯、增稠剂羧甲基纤维素钠进行复配研究使用。

（三）配制型乳饮料的加工工艺

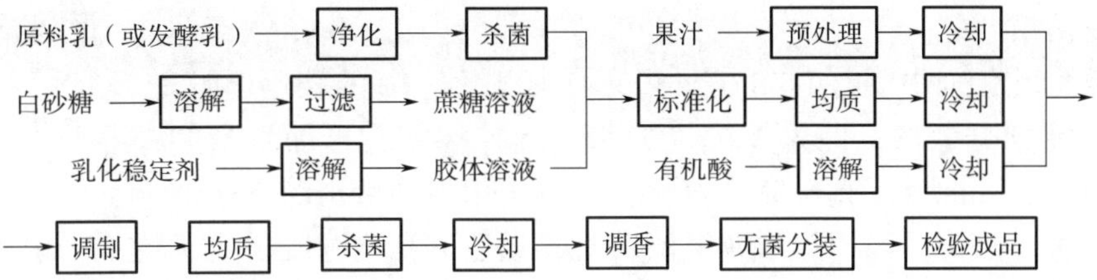

（四）配制型乳饮料的基本配方

配制型乳饮料的基本配方见表 4-7。

表 4-7　　配制型乳饮料的基本配方

种类		含量/%
原料乳		30
白砂糖		12
果汁		4
柠檬酸		0.2
乳化剂	蔗糖脂肪酸酯	0.1
	单硬脂酸甘油酯	0.05
	海藻酸丙二醇酯	0.2
羧甲基纤维素钠		0.35
香精		适量

思考：

为什么要添加乳化剂？

（五）乳化剂的安全应用操作

1. 准——强调的是乳化剂的添加量要准确

由 GB 2760—2024 查询结果，以 1000mL 乳饮料为例，设计乳化剂在乳饮料加工中的应用方案，初步设计复合乳化剂配方为：以乳饮料重为基数，蔗糖脂肪酸酯 0.1%、单硬脂酸甘油酯 0.05%、海藻酸丙二醇酯 0.2%、羧甲基纤维素钠 0.35%。

乳化剂应用方案示例：蔗糖脂肪酸酯 1g+单硬脂酸甘油酯 0.5g+海藻酸丙二醇酯 2g+羧甲基纤维素钠 3.5g。

分组通过实验来对比研究不同乳化剂选用方案对乳饮料品质的影响，从而加深对乳化剂作用原理的理解，培养创新意识。

乳化剂在乳饮料中的应用（微课）

2. 顺——强调的是乳化剂的预分散和乳化液的添加需要严格按照顺序进行

（1）乳化剂的预分散　乳化剂预分散制备乳状液的方式有三种。

①当 HLB 值>10 时，采用水溶预分散法，即将水加入乳化剂中，搅拌至完全溶解。

②当 HLB 值<10 时，采用油溶预分散法，即将油加入乳化剂中，搅拌至完全溶解。

③当复配乳化剂中既有 HLB 值>10 又有 HLB 值<10 的乳化剂时，采用轮流加液预分散法，即先加少量的水，搅拌溶解，再加少量的油，搅拌溶解，如此反复直至完全溶解，也可采用先油后水的方法。

乳化剂的预分散方法（微课）

以上 3 种方法均可采用热水或温油助溶，最适的乳化温度在 70℃左右。乳化设备有专用乳化机、混合搅拌机、胶体磨、均质机等。

（2）添加顺序　乳化剂、增稠剂、白砂糖→干混、热水搅拌溶解→牛乳→果汁、酸度调节剂等→着色剂、食用香精。

先将准确称重的几种乳化剂、增稠剂与白砂糖混合，以少量水混合、润湿，再加入所需量的热水，用乳化设备高速搅拌机使乳化剂充分溶解与分散，制成乳状液。再趁热加入牛乳，有利于乳化剂对乳饮料体系的乳化稳定作用。

3. 匀——强调的是乳化剂要与牛乳充分混合均匀

添加时间：在乳饮料调和步骤加入，将分散均匀的乳状液添加到杀菌后的原料乳中，进行均质处理，使乳状液充分与原料乳混合均匀。

目的：可促进乳化剂与原料乳充分混匀，使乳饮料中原不能相溶的油相和水相成为均匀的悬浮乳浊体，确保乳化效果。

乳化机的操作（微课）

（六）乳化剂使用的注意事项

在食品工业中，乳化剂的主要作用是乳化，主要用途是制备乳状液。乳化剂在其他方面的应用，一般也先制成乳状液再使用，为使乳状液稳定，达到好的乳化效果，应注意以下几点：

（1）采用 HLB 值大和 HLB 值小的乳化剂复合使用，具有协同效应，制得的乳浊液比较稳定。

（2）选水溶性乳化剂时，乳化剂亲油基与乳化体系中的有机溶液的结构越相似，乳化效果越好。

（3）使用中应与增稠剂配合使用，增加乳状液体系的黏度，以提高乳化剂的稳定作用。

（4）在加入食品前，应将乳化剂在水中或油中充分分散或溶解，制成乳状液。

（5）明确添加乳化剂的目的。如果添加乳化剂的目的是增强面筋、增大制品体积，就要先用与面筋蛋白质复合率高的乳化剂，如硬脂酰乳酸钠、硬脂酰乳酸钙和双乙酰酒石酸单双甘油酯等。如果添加的目的主要是防止食品老化，就要选择与直链淀粉复合率高的乳化剂，如各种饱和的蒸馏单酸甘油酯等。

三、乳化剂的作用效果评价

（一）乳饮料组织状态的感官评价

由经验丰富的食品人员 10 人组成感官鉴评组，就乳饮料的组织状态进行乳化效果的评价，满分 10 分，感官评价标准见表 4-8。

表 4-8　　乳饮料组织状态的感官评价标准

分值/分	8.0~10.0	6.0~7.9	4.0~5.9	0~3.9
组织状态评分标准	均匀细腻的乳浊液，无分层，无沉淀	均匀细腻的乳浊液，无分层，有少量沉淀	略均匀的乳浊液，有分层，有沉淀	不均匀的乳浊液，分层严重，有大量沉淀

（二）乳化效率的测定

乳化效率指在乳化过程中，将两种不相溶的液体均匀地混合在一起所需的能量，可用乳化液的透光率来表示。乳化剂乳化性能越好，形成的乳化液越均匀稳定，乳化液的透光率越小，乳化剂的乳化效率越高。

测定方法：样品静止 24h 后，同时制备不加乳化剂的空白对照溶液，用移液管称取玻璃瓶中部乳状液，于分光光度计 540nm 处测定透光率。

$$乳化效率 = \frac{T_0 - T_i}{T_0} \times 100\%$$

式中　T_0——空白对照样品的透光率；

　　　T_i——样品的透光率。

（三）乳化稳定性的测定

乳化稳定性表示乳化剂对所形成的乳浊液的稳定性的能力。乳化剂的乳化稳定性与它们和油脂的结合强度相关，结合强度越大，稳定性越好。当将乳化剂形成的乳浊液进行离心处理时，由于受到离心力的作用，乳化剂与油脂的结合程度会受到破坏，继而发生乳化剂与油脂的分离现象。根据离心处理后油脂的分层情况，可以判断乳化剂的乳化稳定性。

测定方法：将样品移至刻度离心管中，以 4000r/min 离心 10~15min 后读取乳化层高度。

$$乳化稳定性 = 乳化层高度/液体总高度$$

相关知识

一、食品乳化剂在各类食品中的应用

1. 面包、蛋糕、饼干等焙烤食品

（1）主要作用

①由于乳化剂本身亲水、亲油的特性，能增加食品组分间的亲和性，降低界面张力，提高食品质量，改善食品原料的加工工艺性能。

②使蛋白质网络连接更加紧密，增强面团强度。

③与淀粉形成络合物，使产品得到较好的结构，增大食品体积，防止淀粉老化。

④控制食品中油质的结晶状态，阻止结晶还原，改善食品口感。

⑤提高食品持水性，使食品更加柔软，增加保鲜性，延长货架期。

（2）常用乳化剂　蔗糖酯（饼干用 HLB>7，面包和糕点用 HLB>11），0.1%~0.5%；单甘酯，0.2%~1%；吐温 60，5%；司盘 60，0.35%~0.5%等。

2. 面条类

（1）主要作用

①减少成品水煮时淀粉的溶出，降低损失。

②增强弹性、吸水性和耐折断性。

③降低面团黏性，便于操作。

（2）常用乳化剂　单甘酯，硬脂酰乳酸钠等。

3. 巧克力和糖果类（含油脂高的食品）

（1）主要作用

①增加巧克力颗粒间的摩擦力和流动性，降低黏度，增进脂肪分散，防止起霜，提高热稳定性，提高产品表面光滑度。

②在糖果生产中，具有控制黏度及抗黏结作用，使脂肪均匀分散，增加糖膏的流动性，易于切开和分离，提高生产效率，增进产品质地，降低黏度，改善口感。

③提高口香糖基料混溶性、均匀性、改善可塑性、脆性、防止生产时的黏着，从而提高生产效率，改香料的乳化和分散，增进风味。

（2）常用乳化剂　单甘酯、司盘等油包水型乳化剂，用量为 0.5%~1%。

4. 冰淇淋

（1）主要作用

①改进脂肪在混合料中的分散性，使脂肪粒子微细，分布均匀，提高乳状液的稳定性。

②促进脂肪与蛋白质的相互作用，使乳状液失稳或破乳，有助于脂肪附聚和凝聚作用。

③改善空气混入，提高起泡性和膨胀率。

④赋予冰淇淋细腻的组织结构和良好的干性度，防止或控制粗大冰晶的生成。

⑤改善稳定性和保型性。

⑥防止冰淇淋在贮藏过程中收缩变形，提高其抗融性。

（2）常用乳化剂　单甘酯、卵磷脂、吐温、司盘、丙二醇脂肪酸酯、蔗糖酯等。

5. 人造奶油、乳制品等油脂类食品

（1）主要作用

①应用于人造奶油、黄油、起酥油、花生酱、椰子酱、蛋黄酱、蚝油等含油食品。使水分和油脂乳化、分散，防止水滴形成和分离，防止析油分层，调整油脂结晶作用，改善口感和风味。

②应用于麦乳精、乳酪、速溶乳粉等乳制品，可提高速溶性，防止制品沉淀、结块结粒。

③应用于粉末油脂制品，如咖啡伴侣。

（2）常用乳化剂　单甘酯等。

6. 饮料和方便食品

（1）主要作用

①在含油脂和蛋白质饮料（如花生乳、豆乳等）中添加乳化剂，可显著提高溶解性和

稳定性，防止沉淀、分离。

②在速溶饮料、方便汤、方便面、方便饭、方便菜等方便食品中添加乳化剂可显著地促进水的润湿和渗透，可使方便食品大大缩短冲泡时间，更好地分散于水中，提高使用性能和延长贮藏期。

（2）常用乳化剂　单甘酯等，用量为0.1%~1.0%。

7. 香肠等肉制品

（1）主要作用

①使配料充分乳化、混合均匀，防止脂肪离析。

②提高制品的保水性，防止制品析水，避免冷却收缩和硬化，改善制品的组织状态，使制品更具弹性和嫩度，改善制品的风味，提高产品质量。

③提高包装薄膜（肠衣）的易剥性。

（2）常用乳化剂　酪蛋白酸钠、卵磷脂、大豆蛋白、蔗糖酯等。

8. 其他食品

（1）豆腐　抑制发泡；提高豆浆的亲水性，使其与豆渣充分分离，提高得率；提高保水性、弹性和保型性。常用0.1%单甘酯。

（2）果酱、果冻　防止水分析出。

（3）冷冻食品　改善疏水组分的析水现象，从而防止粗大冰晶的形成。

（4）乳化香精　稳定天然香料油的乳化，防止制品中香料的损失。

二、消泡剂

（一）定义

消泡剂是在食品加工过程中用于降低表面张力，消除泡沫的物质。泡沫的产生大多是在外力作用下，溶液中所含表面活性物质在溶液和空气交界处形成气泡并上浮，或者由明胶、蛋白质等胶体物质成膜、成泡所致。在食品加工时，如发酵、搅拌、浓缩过程中可产生大量气泡，影响正常操作的进行，必须及时消除或使之不致产生。

消泡剂（微课）

功能分类代码：03。

（二）分类

消泡剂大致可分为两类：一类能消除已产生的气泡，如乙醇等；另一类则能抑制气泡的形成如聚氧丙烯甘油醚等。根据GB 2760—2024，我国许可使用的消泡剂有白油（液体石蜡）、聚二甲基硅氧烷及其乳液、聚甘油脂肪酸酯、高碳醇脂肪酸酯复合物、聚氧乙烯聚氧丙烯季戊四醇醚、聚氧乙烯聚氧丙烯胺醚、聚氧丙烯甘油醚、聚氧丙烯氧化乙烯甘油醚、蔗糖聚丙烯醚和蔗糖脂肪酸酯，主要作为加工助剂使用。

（三）消泡的原因

凡能破坏泡沫稳定性的因素，均可用于消泡。消泡涵盖“抑泡”和“破泡”两重因素。消泡剂“抑泡”“破泡”的过程是：当体系加入消泡剂后，其分子杂乱无章地分布于液体表面，抑制形成弹性膜，即终止泡沫的产生。当体系产生大量泡沫后，加入消泡剂，其分子立即散布于泡沫表面，快速铺展，形成很薄的双膜层，进一步扩散、渗透，层状入侵，从而取代原泡膜薄壁。由于其表面张力低，便流向产生泡沫的高表面张力的液体，这样低表面张力的消泡剂分子在气液界面间不断扩散、渗透，使泡膜壁迅速变薄，泡沫同时又受到周围表面张力大的膜层强力牵引，这样，致使泡沫周圈应力失衡，从而导致其“破泡”。不溶于体系的消泡剂分子，再重新进入另一个泡沫膜的表面，如此重复，所有泡沫，全部覆灭。

（四）应用实例——消泡剂在豆浆加工中的应用

1. 使用目的

在豆浆制造时，大豆的破碎物加热工序中会激烈发泡。泡沫的存在，严重影响豆制品生产各工序的操作，加热煮浆时，大量泡沫的泛起，造成“扑锅”外溢现象，豆浆的假沸引起蛋白质变性不足，则不能使大豆蛋白质适当变性而严重影响产品的质量和得率。靠泡沫自然消失需要很长时间，在生产操作上不现实。采用机械打泡的方法除去泡沫，效果不好。改进生产设备在一定程度上能减少些泡沫的形成，但要彻底去除泡沫，必须借助消泡剂的作用来消除各个环节所产生的泡沫。

2. 使用方法

待豆浆升温至 60~90℃，在搅拌的条件下，按比例将消泡剂加入豆浆中，经蒸汽加热，使消泡剂流动混合溶解达到消泡效果。可采取洒、流加等办法使用，喷雾法使用效果更佳。

3. 添加量

一般用量为起泡液的 0.01%~0.1%或干黄豆质量的 0.1%~0.3%。

思考题

1. 讨论 HLB 值在乳化剂的应用过程中起的作用。
2. 乳化剂的乳化机理是什么？
3. 分析乳化剂使用的注意事项。
4. 课后研创：根据所学内容，自己设计一个乳化剂在其他食品中的应用方案并实践。

乳化剂的选用及效果评价自查试题（在线测试）

任务五

增稠剂的选用及效果评价

学习目标

知识目标

1. 掌握增稠剂的定义、分类、特性、作用、增稠效果影响因素。
2. 掌握增稠剂的作用机理和使用注意事项。

能力目标

1. 能正确分析增稠剂的安全性。
2. 能根据产品特点，安全设计出增稠剂的选用方案。
3. 能依据国家标准按加工需求计算果冻中增稠剂的添加量并安全规范应用。
4. 能对增稠剂的使用进行作用效果评价。

素质目标

1. 通过分析增稠剂的作用，培养专业自信及通过科学视角独立分析问题的能力。
2. 通过分组设计果冻中增稠剂的选用方案，培养独立思考的能力，增强创新创业意识。
3. 在增稠剂的选用及效果评价中，培养团队协作能力，树立勤于动手的劳动精神，并积极弘扬安全规范使用增稠剂的职业精神，助力健康中国建设。

必备知识

一、增稠剂的定义

增稠剂（Thickener）是可以提高食品的黏稠度或形成凝胶，从而改变食品的物理性状，赋予食品黏润、适宜的口感，并兼有乳化、稳定或使呈悬浮状态作用的物质。增稠剂在水中溶解或分散后，能增加液体的黏度，水化形成高黏度的均相液，保持体系的相对稳定，是一种亲水性高分子化合物。分子结构中含有许多亲水基团，如—OH、$—NH_2$、—COOH 等，能与水分子发生水化作用，形成高黏度的大分子溶液，常称作食品胶、亲水胶、水溶胶等。增稠剂在保持食品的色、香、味、结构和食品的相对稳定性等方面具有相当重要的作用。

增稠剂的作用选择（微课）

功能分类代码：20。

二、增稠剂的分类

根据增稠剂的来源和加工方式分两大类，即天然和合成增稠剂。其中天然增稠剂占大多数，多数来自植物。我国所批准的增稠剂中，除明胶是多肽类外，其余均为多糖类。

（一）天然增稠剂

1. 植物性增稠剂

植物性增稠剂是由植物及其种子制取的增稠剂，其成分是葡萄糖或其他单糖综合的多糖衍生物。可分为各种树胶（如阿拉伯胶）、种子胶（如瓜尔胶、刺槐豆胶）和植物提取物（如果胶、亚麻籽胶）。

2. 海藻性增稠剂

海藻性增稠剂是从海藻中提取的一类多糖类增稠剂。如海藻酸钠、琼脂、卡拉胶等。

3. 动物性增稠剂

动物性增稠剂是主要从动物的壳、皮、筋等中提取，主要成分是蛋白质的增稠剂如明胶，主要成分是多糖的增稠剂如甲壳素。

4. 微生物增稠剂

微生物增稠剂主要由真菌或细菌产生，如黄原胶、固氮菌胶等。

5. 酶处理增稠剂

酶处理增稠剂是指酶处理的淀粉、葡萄糖胺等。

（二）合成增稠剂

合成增稠剂主要包括以纤维素、淀粉等为原料，在酸、碱、盐等化学原料作用下经过水解、缩合、化学修饰等工艺制得的增稠剂，如羧甲基纤维素钠、海藻酸丙二醇酯、变性淀粉等。

三、增稠剂的特性

（1）在水中有一定的溶解度。

（2）能在水中强烈溶胀，在一定温度范围内能迅速溶解或糊化。

（3）水溶液有较大黏度。

（4）在一定条件下能形成凝胶体和薄膜。

增稠剂均属于大分子聚合物，在它们的大分子链上，无论是直链上、支链上或交联的链上，分布有一些酸性、中性或碱性的基团，使之具有各种不同的络合性能。

四、增稠剂的作用

食品增稠剂是食品工业最重要的原料之一，在食品加工中主要起稳定食品“形态”的作用，如悬浮稳定、泡沫稳定、乳化稳定等。此外，它可以改善食品的触感及加工食品的色、香、味和结构等的稳定性。

1. 增稠、分散和稳定作用

食用增稠剂都是水溶性高分子物质，溶于水中有较大的黏度。体系黏度增加后，分散相不容易聚集和凝集，因此体系稳定。增稠剂具有表面活性，可以吸附于分散相的表面，使其具有一定的亲水性而易于在水体系中分散，将液体、浆状食品形成特定形态，并使其稳定、均匀。用于果酱、颗粒状食品（如固体饮料）、各种罐头、软饮料及人造奶油等，可使制品具有令人满意的稠度，黏滑适口。

2. 胶凝作用和凝聚澄清作用

在一定条件下，高分子溶质或胶体粒子相互连接，形成三维空间网状结构，而溶剂小分子充满在网架的空隙中，成为失去流动性的半固体状体系，这种现象称胶凝性。常用作果冻、奶冻、果酱、软糖、仿生食品等食品的胶凝剂和赋形剂，以琼脂最为有效。琼脂凝胶硬度高、弹性小；明胶凝胶坚韧而富有弹性，承压性好，并有营养；卡拉胶凝胶透明度好、易溶解，适用于制作奶冻；果胶具有良好的风味，适合制作果味制品。

增稠剂都是高分子物质，在一定条件下，能同时吸附在多个分散介质体上使其凝聚，从而达到净化的目的。如卡拉胶在果汁类食品中作澄清剂。

3. 保水作用

增稠剂都是亲水性高分子，本身有较强的吸水性。将其加于食品后，可使食品保持一定的水分含量，既提高了出品率，又增加了口感。如在肉制品、面包、糕点等食品中，能起到改良品质作用。

4. 控制结晶作用

增稠剂具有溶水和稳定的特性，能使食品在冻结过程中生成的冰晶细微化，并包含大量微小气泡，使其结构细微均匀，口感光滑。在冰淇淋中可防止冰晶的生长。在糖果中防止糖结晶，即防止“返砂”。

5. 成膜、保鲜作用

增稠剂可使食品表面形成一层保护性薄膜，保护食品不受氧气、微生物的作用，也可以防止冷冻食品、固体粉末食品表面吸湿而导致的质量下降。与食用表面活性剂并用，可用于水果、蔬菜的保鲜。如海藻酸钠、羧甲基纤维素钠、明胶、琼脂均可形成膜。

6. 其他作用

（1）发泡作用　在蛋糕、面包等中可作发泡剂，如明胶发泡能力是鸡蛋的6倍。

（2）矫味作用　可消除食品中的异味，如β-环状糊精，在豆乳中加入2%~5%可显著减少豆腥味。

（3）促进消化作用　多糖类增稠剂不为人体消化吸收，如果胶、瓜尔胶、卡拉胶等，其作用与膳食纤维类似，可以促进肠道蠕动，促进消化。

五、增稠剂的作用原理

食品增稠剂为亲水性高分子胶体物质，增稠剂分子结构中含有许多亲水基团，如羟基、羧基、氨基、羧酸根等，能与水分子发生水化作用，水化后以分子状态高度分散于水中，形成高黏度的单相均匀分散体系——大分子溶液，从而改善食品体系的稳定性。在水合物中，胶体物质分子相互交织形成立体网状结构，介质与溶质被包围在网眼中间，不能自由流动，使得水合物体系成为黏稠态的流体（酱状物）或凝胶（半固态或固态）。由于构成网架的高分子化合物或线性胶粒仍具有一定的柔顺性，所以整个凝胶还具有一定的弹性。胶体水合物中的水分蒸发比较困难，且吸附其上的水分蒸发后，具有成膜现象。

六、影响增稠剂作用效果的因素

增稠剂在体系中表现的黏度，首先取决于增稠剂的来源、结构、分子质量和浓度，其次取决于体系的温度、pH、切变力、其他增稠剂或溶剂的存在等因素。

1. 结构、分子质量与黏度的关系

通常，在溶液中容易形成网状结构或具有较多亲水基团的胶体，具有较高的黏度。

同一增稠剂品种，随着平均分子质量的增加，形成网状结构的几率也增加，故增稠剂的黏度与分子质量密切相关，即分子质量越大，黏度也越大。食品在生产和储存过程中黏度下降，其主要原因是增稠剂降解，分子质量变小。

2. 浓度

多数食品增稠剂在极低浓度或较低浓度时，符合牛顿液体的流变特性，而在较高浓度时呈现假塑性。随着浓度的增高，增稠剂分子占的体积增大，相互作用的几率增加，吸附的水分子增多，含增稠剂的溶液的黏度也增加。

3. pH

溶液的 pH 对增稠剂的黏度和稳定性有很大影响。增稠剂的黏度通常随 pH 发生变化。如海藻酸钠：在 pH 5~10 时，黏度较稳定；pH<4.5 时黏度明显增加，但黏度不稳定；pH 为 2~3 时沉淀析出，其衍生物海藻酸丙二醇酯对酸性稳定。明胶在等电点时黏度最小，而溶液的 pH 对黄原胶的黏度影响小。

多糖类苷键的水解是在酸催化条件下进行的，故在强酸介质的食品中，直链的海藻酸钠和侧链较小的羧甲基纤维素钠等易发生降解造成黏度下降。所以在酸度较高的汽水、发酵乳等食品中，宜选用侧链较大或较多，位阻较大，又不易发生水解的海藻酸丙二醇酯和黄原胶等。而海藻酸钠和羧甲基纤维素钠等则宜在豆乳等接近中性的食品中使用。

4. 温度

一般增稠剂溶液随着温度的升高，黏度下降，很多高分子物质在高温下发生降解，特别是在酸性条件下，更易降解，使黏度发生永久性下降，如海藻酸钠溶液，大约温度每升高 5~6℃，黏度就下降 12%。为避免黏度不可逆的下降，应尽量避免胶体溶液长时间高温受热。但也有例外，在少量 NaCl 存在下，黄原胶的黏度在-4~93℃变化很小；位阻大的黄原胶和海藻酸丙二醇酯，热稳定性较好。

5. 切变力

由于增稠剂分子的高分子质量和分子的刚性，使得在较低的浓度时就具有较高的黏度。切变力的作用是降低分散相颗粒间的相互作用力，造成切变稀化现象，有利于产品的管道运输和分散包装。增稠剂溶液的黏度在施加剪切力（如搅拌、泵压等）后减小；切变力越大，黏度越低；当去除切变力的时候，黏度又恢复，这种现象称之为假塑性或剪切变稀。

6. 增稠剂的协同效应

增稠剂复配使用时，增稠剂之间会产生一种黏度叠加效应，有两种情况。

（1）叠加是增效的　混合体系的黏度大于各组分黏度之和，或者形成更高强度的凝胶，称为黏度协同效应，如卡拉胶与槐豆胶、黄原胶与槐豆胶、羧甲基纤维素钠（CMC）和明胶、卡拉胶和 CMC、刺槐豆胶和 CMC、琼脂和刺槐豆胶等。

（2）叠加是减效的　一种增稠剂的存在使另一种增稠剂黏度减小，称为黏度抗结作用，如阿拉伯胶可降低黄原胶的黏度。

任务实施

一、增稠剂的选择

世界上的食品有成千上万种，人们往往为了不同的目的而需要在其中使用增稠剂，以改善或赋予食品在口味、外观、形状、储存等方面的某种特性，因此在使用增稠剂时、首先必须对食品使用增稠剂的目的有清楚地了解，才能根据不同增稠剂的特性进行选择。如在用于增稠时，首选瓜尔胶、黄原胶；用于胶凝时，可选用凝胶强度较高的琼脂、魔芋胶；用于乳化稳定时，可首先考虑选用阿拉伯胶。在使用海藻酸盐类作增稠剂、凝结剂时，采用中、高黏度胶为宜；若作为分散稳定剂、胶凝剂，一般使用低黏度胶。在选用增稠剂时，同时还需考虑以下因素：①产品形态：凝胶，流动性，硬度，透明、混浊度，悬浮颗粒能力；②产品体系：稠度，风味，原料类型；③产品加工方式：烘焙，油煎，微波，冷冻，再热；④产品储存：时间，风味稳定，水分、油分迁移；⑤经济性。

我国允许适用于食品的增稠剂有 40 余种，现介绍几种常用品种的性质特性便于我们选择合适的增稠剂。

1. 植物性增稠剂

（1）阿拉伯胶　其主要成分为高分子多糖类及其钙盐、镁盐和钾盐。

①性质：白色至淡黄色粒状或粉末。无臭，无味。在水中可逐渐溶解成呈酸性的黏稠状液体，不溶于乙醇。与明胶或清蛋白形成稳定的凝聚层。阿拉伯胶在水中具有高度的溶解性，易溶于冷水和热水中，配制成 0.5g/mL 的水溶液仍具有流动性，这是阿拉伯胶独一无二的特点。

②性能：本品的黏度与浓度和酸碱度有关，为“高浓低黏”型胶体，偏酸性。在 pH6~7 内，黏度最高；溶液中存在乙醇、电解质时，黏度降低；柠檬酸钠则使黏度增大；另外随时间延长，阿拉伯胶溶液的黏度下降。

③安全性：ADI 不作限制性规定。

④应用：根据 GB 2760—2024，可在表 A.2 中编号为 1~48、50~68 的食品类别除外的各类食品中按生产需要适量使用。可与大多数其他水溶性胶复配使用，起保护胶体、稳定作用、胶凝作用、增稠作用。

（2）果胶　其主要成分为部分甲酯化的 D-半乳糖醛酸通过 α-1,4-糖苷键结合形成的一种线性多聚糖。

①性质：白色或带黄色的粉末。几乎无臭，口感黏滑。溶于 20 倍的水则成黏稠状液体，呈弱酸性。不溶于乙醇及其他有机溶剂。耐热性强，在酸性溶液中比在碱性溶液稳定。

②性能：果胶的多聚半乳糖醛酸的长链结构中，其中部分羧基被甲醇酯化为甲氧基。甲氧基含量高于 7%的果胶，称为高酯果胶；果胶中甲氧基含量低于 7%的果胶，称为低酯果胶。甲酯化度越高（甲氧基含量越高），在适宜的糖酸条件下，其胶凝能力越强；低酯果胶的凝胶条件受糖、酸含量影响较小，一定的金属钙离子含量有利于其凝胶形成。

③安全性：ADI 不作限制性规定。

④应用：根据 GB 2760—2024，可在表 A.2 中编号为 1~4、6~9、11~30、33~46、48~49、54~68 的食品类别除外的各类食品中按生产需要适量使用：在果蔬汁（浆）中最大使用量为 3.0g/kg。本品可作增稠剂、胶凝剂、稳定剂、乳化剂等。

a. 用作胶凝剂：果胶作为胶凝剂所形成的凝胶，在结构、外观、色、香、味等影响感官方面，均优于其他食品胶制作的凝胶。

b. 用作增稠剂：高酯果胶的黏度和新鲜果汁相似，使其可应用于某些复合果汁产品，以保持新压榨的果汁的口感。

c. 用作稳定剂：可用于稳定直接酸化或发酵制成的发酵乳制品。

d. 高酯果胶主要应用于高糖高酸性食品，低酯果胶主要应用于一般的或低酸味的食品。

（3）瓜尔胶　是由半乳糖和甘露糖组成的高分子质量水解胶体多糖。

①性质：白色至浅黄褐色自由流动的粉末，无臭，保水性强。在热或冷水中分散形成黏稠液，是天然胶中黏度最大者，添加少量四硼酸钠则变成凝胶。水溶液呈中性，有较好的耐碱性和耐酸性。高温下加热一段时间会发生不可逆降解。

②性能：是一种高效的水溶增稠剂，低浓度即可制成高黏度溶液，具有良好的无机盐兼容性能，能耐受一价金属盐，但高价金属离子的存在可以使溶解度下降；与黄原胶有协同效应，与卡拉胶没有协同效应。黏度随温度增加呈线性降低。

③安全性：ADI 不作限制性规定。

④应用：用作增稠剂，根据 GB 2760—2024，可在表 A.2 中编号为 1～68 的食品类别除外的各类食品中按生产需要适量使用；稀奶油中最大使用量为 1.0g/kg；较大婴儿和幼儿配方食品中最大使用量为 1.0g/L。

2. 海藻类增稠剂

（1）琼脂　又称琼胶、洋菜等，是一种复杂的水溶性多糖化合物，是由红海藻纲的某些海藻提取的亲水性胶体，主要成分是聚半乳糖苷。

①性质：半透明至浅黄色薄膜带状或碎片、颗粒及粉末。无臭或稍有特殊臭味；口感黏滑；不溶于冷水和有机溶剂，溶于沸水，分散形成溶胶，呈中性。含水时柔软而带韧性，不易折断；干燥后发脆而易碎。琼脂的品质以凝胶能力衡量，在凝胶状态不降解、不水解、耐高温。

②性能：凝胶质硬，质地发脆；琼脂在 0.5%的低浓度能形成坚实的凝胶，0.1%以下的浓度不会胶凝而形成黏稠状溶液，1%的琼脂溶胶液在 42℃ 固化。琼脂凝胶耐热性强，耐酸性比明胶和淀粉强，但不如果胶。与卡拉胶复配，可成柔软又弹性的制品；与海藻酸钠复配，凝胶强度下降；与明胶复配，可轻度降低凝胶的破裂强度。

③安全性：ADI 不作限制性规定。

④应用：用作增稠剂，根据 GB 2760—2024，可在表 A.2 中编号为 1～68 的食品类别除外的各类食品中按生产需要适量使用。

（2）海藻酸钠　又名褐藻酸钠、藻胶、海带胶，主要是从褐藻中提取的多糖类，其主要成分是一种直链糖醛酸聚糖，完全由 D-甘露糖醛酸和 L-古洛糖醛酸组成。

①性质：白色或淡黄色的粉末，几乎无臭、无味。溶于水，不溶于乙醇、乙醚、氯仿和酸，溶于水成黏稠胶状液体。黏度在 pH6～9 时稳定，加热到 80℃ 以上则黏度降低。在酸性时易生成凝胶，有吸湿性。

②性能：水溶液与钙离子反应生成海藻酸钙而形成凝胶，添加草酸盐、氟化物、磷酸盐，则可抑制其凝固效果。对重金属离子有络合效果。

③安全性：ADI 不作限制性规定。

④应用：用作增稠剂、稳定剂，根据 GB 2760—2024，可在表 A.2 中编号为 1～4、6～9、11～30、33～49、54～61、63～68 的食品类别除外的各类食品中按生产需要适量使用；赤砂糖、原糖、其他糖和糖浆中最大使用量为 10.0g/kg；其他特殊膳食用食品中最大使用量为 1.0g/kg。

（3）卡拉胶　又称为鹿角菜胶、角叉菜胶，是从某些红藻类海草中提炼出来的亲水性胶体，它的化学结构是由半乳糖及脱水半乳糖所组成的多糖类硫酸酯的钙、钾、钠、铵盐。根据其中硫酸酯结合形态的不同，可分为 κ 型、τ 型和 λ 型。

①性质：白色或浅褐色颗粒或粉末；无臭或微臭；口感黏滑；在冷水中，λ 型卡拉胶溶解，κ 型和 τ 型卡拉胶的钠盐也能溶解。其水溶液具高度黏性和胶凝性，凝胶是热可逆的。可溶于约 80℃水，形成黏性、透明或轻微乳白色易流动溶液；与 30 倍的水混合煮沸 10min 的溶液，冷却后即成胶体；与蛋白质反应起乳化作用。

②性能：其水溶液相当黏稠，黏度比琼脂大，盐能降低其溶液黏度，温度升高，黏度降低；卡拉胶的凝胶强度不及琼脂，但透明度较高，其凝固性受某些阳离子影响，在一定范围内，凝固性随阳离子浓度增大而升高；干燥的粉末状卡拉胶性质稳定，在中性和碱性溶液中非常稳定，即使加热也不水解，而在酸性溶液中，易发生酸催化水解，使凝胶强度和黏度都下降。凝胶状的卡拉胶稳定性好于液体状，在室温下被酸化水解的程度小。

③安全性：ADI 不作限制性规定。

④应用：用作增稠剂、乳化剂、稳定剂，根据 GB 2760—2024，可在表 A. 2 中编号为 1~4、6~9、11~30、32~49、54~61、63~68 的食品类别除外的各类食品中按生产需要适量使用；生干面制品中最大使用量为 8. 0g/kg；赤砂糖、原糖、其他糖和糖浆中最大使用量为 5. 0g/kg；婴幼儿配方食品、婴儿配方食品、较大婴儿和幼儿配方食品、特殊医学用途婴儿配方食品中最大使用量为 0. 3g/L。

3. 动物性增稠剂

（1）明胶　是由动物的皮、骨、软骨、韧带、肌膜等所含有的胶原蛋白，经部分水解后得到的多肽聚合物，含有 18 种氨基酸，是一种水溶性蛋白质。

①性质：无色、白色或浅黄色透明至半透明微带光泽的脆性薄片或粉粒；几乎无臭、无味；不溶于冷水，但能吸水膨胀而软化；溶于热水，冷却后形成凝胶；不溶于乙醇、乙醚及多数非极性有机溶剂。

明胶是两性电解质，在等电点其溶液的黏度最小。其黏度与胶凝力、吸水率有关，黏度小，胶凝力小，吸水率低。

②性能：

a. 明胶的凝胶比琼脂柔软，口感好，富有弹性。

b. 明胶在溶液中能发生水解使分子质量、黏度和胶凝力变小。

c. 明胶的水溶液具有黏性，搅拌会使其黏度降低，静止会使黏度升高。

d. 明胶在水中的溶胀性随 pH 的改变而改变。明胶溶胀时所吸水量随温度的升高和内渗压之间存在的压强差而递增。

e. 明胶具有起泡、稳泡作用，在凝固温度附近起泡力较强。

f. 明胶与琼脂、阿拉伯胶等复配使用，具有协同效应。

③安全性：ADI 不作限制性规定。

④应用：用作增稠剂，根据 GB 2760—2024，可在表 A. 2 中编号为 1~68 的食品类别除外的各类食品中按生产需要适量使用。

（2）甲壳素（Chitin）　又称几丁质，是一种从海洋甲壳类动物的壳中提取出来的多糖物质。

①性质：白色至灰白色片状，无臭，无味，含氮约7.5%，是聚合度较小的一种几丁质，溶于浓盐酸、磷酸、硫酸和乙酸，不溶于碱和其他有机溶剂，也不溶于水。但在水中经高速搅拌，能吸水胀润。在水中能产生比微晶纤维素更好的分散相，并具有较强的吸附脂肪的能力。甲壳素脱去分子中的乙酸基就转变为壳聚糖，溶解性大为改善。壳聚糖为可溶性甲壳素，不溶于水，可溶于部分稀酸。

②性能：甲壳素的溶解过程是一种成盐过程。在溶液中，由脱去乙酰基的甲壳素生成的盐在接近中性时有最大的黏度。溶解于酸中的甲壳素放置时间过长，黏度则降低。少量的酒精会使黏度降低。酒精浓度增加60%以上，有凝胶生成；当酒精浓度超过80%，会生成不易破坏的大块凝胶。壳糖糖溶液中加入1%氯化钠，可使黏度下降一半。为加速溶解，不形成结块，应在高速搅拌下将甲壳素或壳聚特缓缓加入水中。

③安全性：ADI不作限制性规定。

④应用：用作增稠剂、稳定剂，需按GB 2760—2024的规定使用。如在氢化植物油、冷冻饮品（03.04食用冰除外）中最大使用量为2.0g/kg；果酱中最大使用量为5.0g/kg；食醋、液体复合调味料中最大使用量为1.0g/kg；啤酒和麦芽饮料中最大使用量为0.4g/kg。

4. 微生物增稠剂

（1）黄原胶　又名汉生胶，是一种由黄单胞杆菌以碳水化合物为主要原料发酵产生的细胞外酸性杂多糖。是由D-葡萄糖、D-甘露糖和D-葡萄糖醛酸按2∶2∶1组成的多糖类高分子化合物，相对分子质量在100万以上。

①性质：乳白色、淡黄色至浅褐色颗粒或粉末，微臭。易溶于水，不溶于大多数的有机溶剂，低浓度溶液的黏度也很高。对冷、热、氧化剂、酸、碱及各种酶都很稳定。搅拌时黏度下降，静置时黏度升高，在静置时为凝胶，呈假塑性，即随剪切速率增加黏度降低，剪切停止，立即恢复原有黏度。中性时溶液的黏度最稳定。

②性能：具有良好的增稠性和假塑性，不受温度、酸碱度和盐类的影响，具有良好的分散作用、乳化稳定作用和悬浮作用。与其他增稠剂能很好地复配，如与海藻酸钠、淀粉等能很好地互溶；与卡拉胶、槐豆胶复配，可提高弹性；与槐豆胶或瓜尔胶复配，可提高黏性。

③安全性：ADI不作限制性规定。

④应用：用作增稠剂、稳定剂，根据GB 2760—2024，可在表A.2中编号为1~4、6~49、54~61、63~68的食品类别除外的各类食品中按生产需要适量使用；黄油和浓缩黄油中最大使用量为5.0g/kg；生湿面制品中最大使用量为10.0g/kg；生干面制品中最大使用量为4.0g/kg；赤砂糖、原糖、其他糖和糖浆中最大使用量为5.0g/kg；特殊医学用途婴儿配方食品中最大使用量为9.0g/kg。

（2）结冷胶　又名凯可胶、结冷胶，由葡萄糖、葡萄糖醛酸和鼠李糖按2∶1∶1的比例，四个单糖为重复结构单元所组成的线形多聚糖。

①性质：干粉呈米黄色，无特殊的滋味和气味。不溶于非极性有机溶剂，溶于热水及去离子水，水溶液呈中性。

②性能：水溶液具有高黏性和热稳定性，在低浓度（0.05%~0.25%）下就可形成热

可逆凝胶。结冷胶对 Ca^{2+}、Mg^{2+} 特别敏感，且形成的凝胶要比 K^{+}、Na^{+} 等一价离子有效。结冷胶在 pH4.0~10 较稳定，在 pH4.0~7.5 条件下性能最好。不易酶解；胶体具有非常好的透明性及结实性。

③安全性：ADI 不作限制性规定。

④应用：用作增稠剂，根据 GB 2760—2024，可在表 A.2 中编号为 1~68 的食品类别除外的各类食品中按生产需要适量使用。

5. 合成类增稠剂

（1）羧甲基纤维素钠（CMC） 是由天然纤维素经过化学改性得到的一种阴离子型高分子化合物，是葡萄糖聚合度为 100~2000 的纤维素的衍生物。

①性质：为白色或类白色的粉末或纤维状物质，无臭，有吸湿性；易分散于水中形成透明的胶体；不溶于乙醇、氯仿等有机溶剂。其黏度随溶液浓度和温度而变化。60℃以下稳定，在 80℃以上长时间加热会降低黏度。羧甲基纤维素钠的黏度随葡萄糖的聚合度增大而增高，其溶液因盐的存在，黏度降低。

②性能：具有黏性、稳定性、薄膜形成性等。CMC 溶液的黏度随 CMC 的浓度增加而增大，随溶液温度升高而降低，随溶液切变率的升高而降低，当 pH 为 7 时，CMC 溶液的黏度最高，pH4~11 时较稳定。

③安全性：ADI 不作限制性规定。

④应用：用作增稠剂、稳定剂，根据 GB 2760—2024，可在表 A.2 中编号为 1~4、6~68 的食品类别除外的各类食品中按生产需要适量使用。

（2）海藻酸丙二醇酯（PGA） 别名藻朊酸丙二酯、藻酸丙二酯、丙二醇藻蛋白酸酯、褐藻酸丙二醇酯，由海藻酸与环氧丙烷在加热（70℃）、加压和碱性催化剂下生成海藻酸丙二醇酯。

①性质：白色或略带黄白色的纤维状粉末或粗粉，无臭、无味、易溶于水、稀酸溶液，不溶于乙醇、甲醇等有机溶剂。耐酸性强，耐碱性差。

②性能：一般用量为 1%，浓度高时黏度大，温度升高时黏度下降。在 pH3~4，随 pH 降低而黏度增大。在 pH2~3 时最稳定，在 pH7 以上发生水解，黏度显著降低。水溶液在 60℃左右时稳定，100℃时黏度急剧下降。PGA 具有丙二醇基，亲油性大，乳化性强。

③安全性：ADI 不作限制性规定。

④应用：用作增稠剂、乳化剂、稳定剂，需按 GB 2760—2024 的规定使用。如在调制乳、风味发酵乳中最大使用量为 4.0g/kg；果酱、可可制品、胶基糖果、生湿面制品、生干面制品、面包、糕点中最大使用量为 5.0g/kg；蛋白饮料、啤酒和麦芽饮料中最大使用量为 0.3g/kg。

二、果冻的制作

果冻是以食用胶、食糖和（或）甜味剂等为原料，经蒸胶、调配、灌装、杀菌等工序加工而成的胶冻食品。在果冻生产工艺中，关键技术点在于食品增稠剂，即果冻胶凝剂的应用。虽然食品增稠剂的添加量低，但其对于果冻形态的影响具有决定性的作用，赋予了果冻弹性和可塑性。

本任务中，以果冻为载体，以果冻中起胶凝、增稠作用的增稠剂为任务驱动点，以果冻生产真实的工作过程为导向，进行增稠剂的选择及效果评价任务的实施。

增稠剂的安全应用（微课）

（一）果冻中增稠剂的选择

果冻中增稠剂的选择要根据增稠剂的性质、功能，GB 2760—2024 和产品的特性，来合理选择增稠剂。由 GB 2760—2024 查得果冻（16.01）中允许使用的增稠剂如表 5-1 所示。常见增稠剂的特性的比较见表 5-2。

表 5-1　　果冻中允许使用的增稠剂

添加剂名称	功能	最大使用量/(g/kg)	备注
刺云实胶	增稠剂	5.0	
聚葡萄糖	增稠剂、膨松剂、水分保持剂、稳定剂	适量使用	如用于果冻粉，按冲调倍数增加使用量
罗望子多糖胶	增稠剂	2.0	
醋酸酯淀粉	增稠剂	适量使用	
瓜尔胶	增稠剂	适量使用	
果胶	增稠剂	适量使用	
……	……	……	

表 5-2　　常见增稠剂的特性比较

增稠剂的特性	相应特征的各类增稠剂（由强至弱排列次序）
抗酸性	海藻酸丙二醇酯、耐酸 CMC、果胶、黄原胶、海藻酸盐、卡拉胶、琼脂、淀粉等
冷水溶解性	黄原胶、阿拉伯胶、瓜尔胶、海藻酸盐（海藻酸钠、海藻酸钾）、CMC
增稠性	瓜尔胶、黄原胶、刺槐豆胶、果胶、海藻酸盐、卡拉胶、CMC、琼脂、明胶、阿拉伯胶
溶液假塑性	黄原胶、刺槐豆胶、卡拉胶、瓜尔胶、海藻酸盐、海藻酸丙二醇酯
吸水性	瓜尔胶、黄原胶
凝胶性	琼脂、海藻酸盐、明胶、卡拉胶、果胶
凝胶透明度	卡拉胶、明胶、海藻酸盐
凝胶热可逆性	卡拉胶、琼脂、明胶、低酯果胶
凝胶热不可逆性	海藻酸盐、高酯果胶
快速凝胶性	琼脂、果胶

续表

增稠剂的特性	相应特征的各类增稠剂（由强至弱排列次序）
乳化黏附性	阿拉伯胶、黄原胶
口味	果胶、明胶、卡拉胶
乳类稳定剂	卡拉胶、黄原胶、槐豆胶、阿拉伯胶

（1）海藻酸钠　能和 Ca^{2+}形成热不可逆凝胶；凝胶时间和结构可通过 pH、钙盐种类和磷酸盐缓冲剂和螯合剂控制；具有成膜性。

（2）琼脂　热溶液冷却时能形成坚固的热可逆凝胶；凝固温度一般为 40℃以下，熔化温度一般在 60℃以上，随条件而改变。

（3）卡拉胶　在水溶液中，κ-型和 τ-型分别需 K^{+}，Ca^{2+}形成热可逆凝胶，λ-型不凝胶；在牛乳中三者都可凝胶；能稳定蛋白质尤其是乳蛋白，因此特别适合做乳制品的增稠剂和胶凝剂。

（4）果胶　高酯果胶：在 pH 2.0~3.5 和 60%~65% 蔗糖存在时可形成热不可逆凝胶。低酯果胶：在 Ca^{2+}存在时可形成热可逆凝胶；甲酯化程度不同，凝胶快慢也不同。

（5）黄原胶　低浓度能产生高黏度；溶液具有高度假塑性；黏度稳定性高（耐热性、耐酸碱性和耐盐性好）；有很强乳化稳定和悬浮作用。

（6）羧甲基纤维素钠（CMC）　冷水可溶，能产生黏稠溶液，溶液无色、无味，清澈透明，有假塑性；具有成膜性。

（二）增稠剂的复配

由于增稠剂的组成、结构和物理化学特性各异，在食品中应用时，单用一种增稠剂，往往会有这样那样的缺点，而与单体增稠剂相比，复合增稠剂具有明显的优势：通过复合，可以发挥各种单一增稠剂的功能互补、协同增效的效应，从而扩大增稠剂的使用范围或提高其使用功能，而且可降低增稠剂的用量，提高食品的食用安全。

紫甘薯果冻的研制（微课）

应用于果冻中的增稠剂一般要具有增稠、凝胶作用，口感好，耐酸碱，安全无毒等特点。为了提高果冻的增稠效果，在生产中，一般选用功能互补、协同增效的几种增稠剂混合使用。根据果冻中允许使用增稠剂的性质和功能，可以选择黄原胶、卡拉胶和魔芋胶进行复配使用。

（三）果冻的加工工艺

增稠剂+白砂糖干拌混匀 → 加热溶解 → 煮胶 → 配料（果汁、牛乳、果粒、柠檬酸等）→ 搅匀 → 调香、调色 → 装模 → 冷藏定形

（四）果冻的基本配方

果冻的基本配方见表 5-3。

表 5-3　　果冻的基本配方

种类		含量/%
白砂糖		14
果汁		20
柠檬酸		0.3
增稠剂	卡拉胶	0.6
	黄原胶	1
	海藻酸钠	0.4
色素		适量
香精		适量

思考：

为什么要添加增稠剂？

（五）增稠剂的安全应用操作

1. 准——强调的是增稠剂的添加量要准确

由 GB 2760—2024 查询结果，以 500mL 果冻液为例，设计增稠剂在果冻加工中的应用方案，初步设计复合增稠剂配方为：以果冻重为基数，黄原胶 1%、卡拉胶 0.6%、海藻酸钠 0.4%。

增稠剂应用方案示例：黄原胶 5g+卡拉胶 3g+海藻酸钠 2g。

分组通过实验来对比研究不同增稠剂选用方案对果冻品质的影响，从而加深对增稠剂作用原理的理解，培养创新意识。

2. 顺——强调的是增稠剂胶体溶液的制备和增稠剂溶液的添加需要严格按照顺序进行

（1）增稠剂胶体溶液的制备　将准确称重的几种增稠剂与白砂糖混合，混合比例为混合胶体：糖=1：（3~5），用温水溶解，然后借助机械作用将其搅拌分散均匀。

胶体溶液制备设备有混合搅拌机、胶体磨、均质机等。

（2）添加顺序　增稠剂、白砂糖→干混、热水搅拌溶解→煮胶→果汁、酸度调节剂等→着色剂、食用香精。

先将准确称重的几种增稠剂与白砂糖混合，以少量水混合、润湿，再加入所需量的沸水，在 85℃ 以上的水温下用搅拌机使增稠剂充分溶解与分散，制成胶体溶液。再趁热加入果汁、果粒、柠檬酸等，搅拌均匀，最后调香、调色。

增稠剂胶体溶液的制备（微课）

3. 匀——强调的是增稠剂胶体溶液要与辅料充分混合均匀

添加时间：在果冻配料步骤加入，将果汁、果粒、柠檬酸等辅料添加到增稠剂胶体溶液中，搅拌均匀，使增稠剂胶体溶液充分的与辅料混合均匀。

目的：可促进增稠剂与辅料充分混匀，提高增稠剂的凝胶、增稠、保水效果。

增稠剂使用注意事项（微课）

（六）增稠剂使用的注意事项

（1）增稠剂属于亲水性高分子化合物，在具体使用中要根据增稠剂的性质选用合适、适量的增稠剂。

（2）增稠剂有凝胶作用，增稠剂之间有协同效应。

（3）增稠剂的浓度与黏度之间有一定的关系，当浓度较低时，随增稠剂浓度增加，溶液黏度增加。

（4）剪切力对增稠剂溶液黏度有一定影响，增稠剂溶液黏度随搅拌、泵压、传输方法而变化。

（5）增稠剂加入食品体系之前，应在水中充分分散或溶解，制成胶体溶液。某些增稠剂用乙醇、甘油或砂糖糖浆湿润，或预先与3倍以上的砂糖、粉末淀粉糖、乳化剂等混合均匀，可提高增稠剂的溶解性。

三、增稠剂的作用效果评价

（一）果冻组织状态的感官评价

由经验丰富的食品人员10人组成感官鉴评组，就果冻的组织状态进行增稠效果的评价，满分10分，感官评价标准见表5-4。

表5-4　果冻组织状态的感官评价标准

分值/分	8.0~10.0	6.0~7.9	4.0~5.9	0~3.9
组织状态评分标准	呈凝胶状、质地均匀、无杂质和明显凝块、富有弹性	呈凝胶状、质地较均匀、无杂质，有少量凝块、较有弹性	凝胶状差、有析水、无杂质，有明显凝块、弹性差	不呈凝胶状、严重析水、有杂质和明显凝块、无弹性

（二）黏度的测定

1. 样品制备

取卡拉胶、海藻酸钠、黄原胶、果胶、羧甲基纤维素钠等其中几种为增稠剂，分别配制成单一的1%的胶体溶液，或两两复配成1%的胶体溶液，对比测定其黏度。

2. 设备

设备为数显式旋转黏度计，转速的单位是r/min，黏度的单位是mPa·s。选取的转子号越大，转子越小，可测黏度越大，设定的转速越低，可测黏度越大。

3. 测定步骤

（1）调节仪器顶部水平泡到中心位置。

（2）开机预热10min。

（3）估计被测样品的黏度范围，根据量程表选择适当的转子和转速，将选用的转子旋转连接螺杆上。

（4）旋动黏度计升降架，使黏度计缓慢下降，转子逐渐浸入样品中，直至转子上的标记与液面相平，保护架和转子在容器中心，温度探头放入样品中。

（5）转子在样品中浸泡 3min，设定转子和转数，按“确定”键，开始测量。

（6）测量完毕后，按“返回”键，待转子停止转动后，卸下转子，清洗擦干，继续测量下一个样品。

数显式旋转黏度计的使用（微课）

4. 注意事项

（1）每个样品测量两次，如果测量过程需要更换转子或转速，可直接按返回键，更换转子后重新设定转子和转速，按确定键再次测量。

（2）估计不出被测样品的大致黏度时，可先设定为较高的黏度。

（3）每次使用完毕后，应及时将转子卸下，清洗干净，用纸巾擦干后放回转子盒。

（4）仪器升降时应用手托住仪器，防止仪器自重坠落。

相关知识

一、增稠剂在各类食品中的应用

1. 肉制品

增稠剂不仅能赋予肉制品良好的口感，并且可以改善肉制品的结构、质地与持水性，减少油脂析出，提高出品率。目前，肉类工业中常用的增稠剂主要有变性淀粉、明胶、琼脂、黄原胶、卡拉胶、瓜尔胶等。如在火腿肠中添加明胶，可形成透明度良好的光滑表面，同时可增加产品的弹性；在火腿、圆火腿、午餐肉、红肠等肉糜制品中使用黄原胶可明显提高肉制品的嫩度、色泽和风味，还可以提高肉制品的持水性，从而提高出品率。

2. 饮品

增稠剂在饮品中具有增稠、稳定、均质、乳化胶凝、掩蔽、矫味、澄清及泡沫稳定等作用，被广泛应用于饮品加工中。

3. 面制品

增稠剂是一类常用的面条改良剂，可提高面制品的韧性和滑爽性，可以降低面条的蒸煮损失，增加咬劲，改善表面状态，大大提高面条的综合品质。

4. 调味品

增稠剂具有增稠、增浓、稳定、耐盐、抗沉淀等作用，被广泛应用于食品调味料中。

5. 果冻、冰淇淋

增稠剂添加到果冻、冰淇淋中，可起到增稠、胶凝等作用。

6. 烘焙食品

饼干、蛋卷等焙烤食品中添加增稠剂可使破碎率降低 70%～80%，产品外观光滑，防潮性好；面包、蛋糕中添加增稠剂，可使其膨胀、体积增大、质地酥松、减少切片时落下的粒屑，还能防止老化，延长保藏期。

二、稳定剂和凝固剂

（一）定义

稳定剂和凝固剂（微课）

稳定剂和凝固剂：使食品结构稳定或使食品组织结构不变，增强黏性固形物的物质，主要用于豆腐制作和果蔬制品生产中。

功能分类代码：18。

（二）稳定剂和凝固剂的分类

按照用途不同，可以将常用的稳定剂和凝固剂分为以下几类。

1. 凝固剂

凝固剂主要包括钙盐凝固剂（硫酸钙和氯化钙）、镁盐凝固剂（盐卤和卤片）和酸内酯凝固剂（葡萄糖酸-δ-内酯）。凝固剂主要用于豆腐生产，使豆浆凝固为不溶性凝胶状的豆腐脑。用钙盐凝固剂制作的豆腐称为嫩豆腐、石膏豆腐或南豆腐；用镁盐凝固剂制作的豆腐称为老豆腐、卤水豆腐或北豆腐；以酸内酯凝固剂制作的豆腐为内酯豆腐。其主要作用机理是利用其分子所含的钙盐、镁盐或带多电荷的离子团，促进蛋白质变性而凝固。它们通过破坏蛋白质胶体溶液的夹电层，使悬浊液形成凝胶或沉淀。

2. 果蔬硬化剂

果蔬硬化剂包括氯化钙等钙盐类物质，主要用于果蔬产品加工。其主要机理是使果蔬中的可溶性果胶酸与钙离子反应生成凝胶状不溶性果胶酸钙，加强了果胶分子的交联作用，形成凝胶，从而保持果蔬加工制品的脆度和硬度。

3. 螯合剂

螯合剂主要有乙二胺四乙酸二钠、六偏磷酸钠。其主要作用是与多价金属离子结合形成可溶性络合物，用于消除金属离子，防止由金属离子导致的脱色、氧化、酸败、浑浊，以提高食品的质量和稳定性。

4. 罐头除氧剂

罐头除氧剂主要指柠檬酸亚锡二钠，常用于蘑菇等果蔬罐头，能逐渐与罐头中的残留氧发生作用，将 Sn^{2+} 氧化成 Sn^{4+}，起到保护食品色泽和风味、抗氧化、防腐蚀的作用。

5. 保湿剂

保湿剂主要指丙二醇，作为食品中许可使用的有机溶剂，可在糕点、生湿面制品中保持水分，增加面制品的柔韧性、光泽和保水性。

（三）常用的稳定剂和凝固剂的特性

1. 硫酸钙

（1）性质　又称石膏、生石膏，为白色结晶性粉末，无臭，具有涩味，略溶于甘油，难溶于水，加水后成为可塑性浆体，很快凝固。

（2）安全性　ADI 不作限制性规定。

（3）应用　用于豆类制品生产，在熟豆浆中加入石膏，使热变性后的大豆蛋白质凝固，可按生产需要适量使用。此外根据 GB 2760—2024，还可按照规定应用在小麦粉制品、淀粉制品、面包、糕点、腌腊肉制品、肉灌肠类等食品中。

2. 氯化钙

（1）性质　白色坚硬的块状结晶或晶体颗粒，无臭，味微苦，极易吸湿而潮解，易溶于水和乙醇。氯化钙可使可溶性果胶凝固为凝胶状不溶性果胶酸钙，以保持果蔬加工制品的脆度和硬度。

（2）安全性　一般公认安全物质。

（3）应用　可用于豆类制品，按生产需要适量使用，此外根据 GB 2760—2024，还可按照规定应用在水果罐头、果酱、蔬菜罐头、装饰糖果、调味糖浆等食品中。

3. 氯化镁

（1）性质　主要是指以含氯化镁为主的两种物质——盐卤和卤片。盐卤亦称苦卤和卤水，为淡黄色液体，味涩、苦，其主要成分为氯化钠、氯化钾、氯化镁、氯化钙以及硫酸镁、溴化镁等。卤片实际上是氯化镁，为无色单斜结晶，或小片状体或颗粒，无臭，味苦，极易吸湿，极易溶于水和乙醇。可使蛋白质溶胶凝结形成凝胶。

（2）安全性　ADI 不作限制性规定。

（3）应用　可用于豆类制品，制作老豆腐，按生产需要适量使用。此外根据 GB 2760—2024，也可在方便米面制品、冷冻米面制品和复合调味料中按生产需要适量使用。

4. 葡萄糖酸-δ-内酯

（1）性质　白色结晶或白色晶体粉末，几乎无臭，先呈甜味后显酸味，易溶于水，在水中缓慢水解形成葡萄糖酸，能使蛋白质溶胶凝结而形成蛋白质凝胶，其效果优于硫酸钙、氯化钙、盐卤和卤片。并对霉菌和一般细菌有抑制作用。

（2）安全性　ADI 不作限制性规定。

（3）应用　根据 GB 2760—2024，可在表 A. 2 中编号为 1～4、6～68 的食品类别除外的各类食品中按生产需要适量使用。可用于制作内酯豆腐。

5. 丙二醇

（1）性质　无色、清亮、透明黏稠液体，无臭，略有辛辣味和甜味，外观与甘油相似，有吸湿性，能与水、醇等多数有机溶剂任意混合，可溶解于挥发性油类，但与油脂不能混合。对光、热稳定，有可燃性。

（2）安全性　一般公认安全物质。

（3）应用　可作为稳定剂和凝固剂、抗结剂、乳化剂、水分保持剂、增稠剂，根据 GB 2760—2024，可用于生湿面制品，增加弹性，防干燥崩裂，最大使用量为 1. 5g/kg；糕点中最大使用量为 3. 0g/kg。

（四）应用实例——稳定剂和凝固剂在豆腐加工中的应用

豆腐的原料黄豆富含蛋白质，蛋白质含量为 36%～40%，经水浸、磨浆、除渣、加热，得到的蛋白质的胶体（一种介于溶液和悬浊液、乳浊液之间的混合物）。

内酯豆腐的制作（微课）

1. 基本配方

新鲜大豆，稳定剂和凝固剂 2%～3. 5%（以大豆重计）。

2. 稳定剂和凝固剂的作用

使豆乳蛋白质发生凝聚而与水分离。

3. 常用豆腐凝固剂配方

常用豆腐凝固剂配方如表 5-5 所示。

表 5-5　　常用豆腐凝固剂配方

试验号	稳定剂和凝固剂配方（质量比）
1	硫酸钙：葡萄糖酸内酯=1：1
2	硫酸钙：葡萄糖酸内酯=7：3
3	硫酸钙：葡萄糖酸内酯：氯化钠=63：36：1
4	葡萄糖酸内酯：硫酸钙：谷氨酸转氨酶=58：28：14
5	葡萄糖酸内酯：氯化镁：硫酸钙：蔗糖脂肪酸酯：磷酸氢二钾=70：4.84：3：2：0.16

4. 使用方法

大豆→浸泡→磨浆→煮浆→冷却→凝固→豆腐

（1）浸泡　新鲜大豆用 3~4 倍的清水浸泡至大豆表面光滑，无皱皮，断面以浸透不留硬心（白色）为宜，之后与水一起磨碎。一般水温为 5℃时浸泡 24h，10℃时浸泡 18h，18℃时浸泡 12h，27℃时浸泡 8h。

（2）磨浆　把浸泡好的大豆磨浆，使大豆细胞膜完全破裂，蛋白质和其他营养物质随着磨制溶出。

（3）煮浆　用豆浆机将豆浆加热至 90~100℃，过滤得豆乳。

（4）凝固　将各种稳定剂和凝固剂准确称重后按一定比例混合，用水溶解成液体。待豆乳冷却到 30℃时，加入复合稳定剂和凝固剂，搅拌均匀，静置 10~20min，待豆乳中的蛋白质发生凝固，其后将凝固物移入不锈钢模型中，从上方加压脱水后，用水漂白、切开，制得豆腐。

思考题

1. 讨论影响增稠剂作用效果的因素。
2. 讨论乳化剂和增稠剂的异同点。
3. 分析增稠剂使用的注意事项。
4. 课后研创：根据所学内容，自己设计一个增稠剂在其他食品中的应用方案并实践。

增稠剂的选用及效果评价自查试题（在线测试）

任务六

膨松剂的选用及效果评价

学习目标

知识目标

1. 掌握膨松剂的定义、分类、作用。
2. 掌握膨松剂的作用机理和使用注意事项。

能力目标

1. 能正确分析膨松剂的安全性。
2. 能根据产品特点，安全设计出膨松剂的选用方案。
3. 能依据国家标准按加工需求计算面包中膨松剂的添加量并安全规范应用。
4. 能对膨松剂的使用进行作用效果评价。

素质目标

1. 通过分析膨松剂的作用和安全性、复合膨松剂的成分和应用优势，培养团队合作、优势互补、用发展的眼光看待问题的意识。

2. 通过分组设计面包中膨松剂的选用方案，培养独立思考的能力，增强创新创业意识。

3. 在膨松剂的选用及效果评价过程中，培养团队协作能力，树立勤于动手的劳动精神，并积极弘扬安全规范使用膨松剂的职业精神，助力健康中国建设。

必备知识

一、膨松剂的定义

膨松剂（Leavening agent）是在食品加工过程中加入的，能使产品发起形成致密多孔组织，从而使制品具有膨松、柔软或酥脆的物质。多用在以面粉为主要原料的焙烤食品中。

功能分类代码：06。

膨松剂的作用选择（微课）

二、膨松剂的分类

生产中常用的膨松剂有两大类：化学膨松剂和生物膨松剂。化学膨松剂又分单一膨松剂（碱性膨松剂、酸性膨松剂）和复合膨松剂两类。生物膨松剂分为鲜酵母、干酵母和活性干酵母三种。

三、膨松剂的作用

1. 增加食品体积

膨松剂能使食品产生松软的海绵状多孔组织，使之体积膨大，如面包的组织特性是具有海绵状的多孔组织，使面包比面团的体积增加 2~3 倍。

2. 赋予食品松软酥脆的质感

食品入口后，由于具有多孔结构，口感柔松可口，而且能使咀嚼时唾液很快渗入制品的组织中，以溶出制品内可溶性物质，刺激味觉神经，使消费者快速品尝到食品特有的风味。无多孔组织的食品，味觉反应慢，味道平淡。

3. 帮助消化

膨松食品入胃后，就如海绵吸水一样，使各种消化液快速、畅通地进入食品组织，提高了食品的消化率和营养的吸收率。

四、膨松剂的作用原理

不同膨松剂的作用原理是一致的，即通过发酵剂在面团中产生大量二氧化碳气体，在蒸煮或焙烤过程中，二氧化碳受热膨胀，于是面团就变得松软，形成疏松的结构。

任务实施

一、膨松剂的选择

膨松剂在食品生产中具有重要的作用，通常应用于糕点、饼干、面包、馒头等以小麦粉为主的焙烤食品制作过程中，使其体积膨胀、结构疏松，也有利于食品的消化吸收，使其更具有商品价值。

1. 碱性膨松剂

碱性膨松剂主要有碳酸氢钠（钾）和碳酸氢铵两大类。受热产生气体，气体受热膨胀使面坯起发，在内部形成均匀、致密的多孔性组织，从而使制品具有酥脆或松软的特征。碱性膨松剂有如下优点：①低廉、保存性好和使用方便；②不需特殊设备；③生产周期短；④操作简单；⑤ADI 不作限制，按生产需要使用。

不同膨松剂选用效果的比较（微课）

同时具有以下缺点：①反应速度较快，产气过程只能控制面团的温度来调整，有时无法适应生产工艺的要求；②由于碳酸氢钠分解之残留物碳酸钠在高温下将与油脂作用产生皂化反应，使制品品质不良、口味不纯、pH 升高、颜色加深，并破坏组织结构；③碳酸氢铵分解产生的 NH_3 气体易溶于水，形成 NH_4OH，使制品有臭味、pH 升高，对于维生素类有严重的破坏性。

所以碳酸氢钠（钾）和碳酸氢铵应尽可能减少单独使用，碳酸氢铵因产气较多，易造成成品过松，使成品内部或表面出现大的空洞，通常只用于制品中水分含量较少产品，如饼干。

2. 酸性膨松剂

酸性膨松剂包括酒石酸氢钾、硫酸铝钾、硫酸铝铵、磷酸氢钙等酸性盐，主要用作复合膨松剂的酸性成分，不单独作为膨松剂使用，用于中和碱性膨松剂并调节产气速度，同时可避免食品产生不良气味和避免因碱性增大而导致食品品质下降。

3. 复合膨松剂

（1）复合膨松剂的概念　复合膨松剂又称发酵粉、泡打粉，是将上述化学膨松剂中的一种或几种疏松剂同其他成分以一定的比例混合得到的膨松剂。目前，复合膨松剂以其产气均匀、效力高、碱性低等优点在生产中应用最多。一般为白色粉末，遇水混合加热即产生二氧化碳。我国生产的发酵粉多是用碳酸氢钠、硫酸铝钾及淀粉等混合配制而成。

（2）复合膨松剂的组成　复合膨松剂一般由三部分组成：碳酸盐、酸性盐和淀粉等几部分组成。碳酸盐与酸性物质的配比要按反应需要进行调节，若碳酸盐过量，会产生肥皂味；若酸性物质过多，则会带来酸味，甚至还会有苦味。复合膨松剂的化学组成见表6-1。

表6-1　复合膨松剂的化学组成

组成	作用
碳酸盐（20%~40%）	产生 CO_2 气体
酸性盐（35%~50%） 一般由多种酸性盐组成	中和碱性盐，调节产气速度，调整食品酸碱度
填充剂（10%~40%） 一般常用淀粉和脂肪酸	改善膨松剂的保存性，调节气体产生速率，并使气泡分布均匀，脂肪酸还有调整食品酸碱度的功能

（3）复合膨松剂的分类　不同配方配制出来的膨松剂的功能特点是不同的，按产气速度可分为3类。

①快速泡打粉：通常在食品未烘焙前就已经开始作用了，产生气体，在焙烤时常常会出现后劲不足的问题，使产品塌陷。

②慢速泡打粉：在焙烤时，产品的组织开始凝固时才释放 CO_2，往往使产品的膨胀不充分，效果较差。

③双效泡打粉：含有快速和慢速泡打粉，二者混合而制成，克服了上述两种泡打粉的缺陷，可以在加热前后都释放出气体，能够满足产品膨胀的要求。

4. 生物膨松剂（酵母）

生物膨松剂是依靠能产生 CO_2 气体的微生物发酵而产生起发作用的膨松剂，主要是指酵母。酵母不是食品添加剂，是一种单细胞生物，属真菌类，主要用于发酵类面食中。

（1）酵母在制品中的作用

①使面膨胀。酵母中含有丰富的酶，有很强的发酵能力。在发酵过程中产生大量的二氧化碳和乙醇，使制品内部产生多孔性海绵状结构，体积增大。

②改良面筋。面团的发酵除产生二氧化碳以外，还有少量的醛、酒精和有机酸等，这些物质能增加面筋的伸展性和弹力，使面团最终得到细密的气泡和很薄的膜状组织。

③改善风味，增加产品营养价值。面团在发酵过程中产生的酒精、有机酸、酯类等风味物质，烘烤后形发酵制品特有的香味；各种酶的作用使面粉中的营养物质分解，转变成麦芽糖、葡萄糖、胨、肽、氨基酸等；而且酵母本身也是一种营养价值很高的物质。

（2）酵母的种类和特点

①鲜酵母（压榨酵母）：是酵母液除去一定量水分后压榨而成的，含水72%~73%，其主要特点有以下几点。

a. 保质期短，储存条件严格。鲜酵母有效期仅20~30d，需放在-4~4℃的环境贮藏。

b. 活性和发酵力都较低。发酵力一般在650mL左右，发酵速度慢，活性不稳定。

c. 使用前需活化处理，用30~35℃的温水活化10~15min。但其价格便宜。

②活性干酵母：是干酵母的最早形式，由鲜酵母经低温干燥而成。其具有以下特点。

a. 比鲜酵母使用更方便，活性较稳定，发酵力高，可达1300mL。

b. 常温可贮藏一年，保质期6个月以上。

c. 使用前需用温的稀糖水活化。

③即发干酵母（速溶干酵母、速效干酵母）：是一种高活性新型干酵母，具有以下特点。

a. 活性特别高，发酵力高达1300mL以上。

b. 活性稳定。在真空包装条件下可保质3~5年，不用低温贮藏。

c. 发酵速度快，能大大缩短发酵时间，特别适合快速发酵工艺。

二、面包的制作

面包是以小麦粉为主要原料，以膨松剂、鸡蛋、油脂、糖、盐等为辅料，加水调制成面团，经过分割、成型、醒发、焙烤、冷却等过程加工而成的焙烤食品。在面包生产工艺中，关键技术点在于膨松剂，即能使面包产生松软的海绵状多孔组织，体积膨大。

膨松剂的安全应用（微课）

本任务中，以面包为载体，以面包中起膨松作用的膨松剂为任务驱动点，以面包制作真实的工作过程为导向，进行膨松剂的选择及效果评价任务的实施。

（一）面包中膨松剂的选择

面包中膨松剂的选择要根据膨松剂的性质、功能，GB 2760—2024和产品的特性，来合理选择膨松剂。由GB 2760—2024查得面包（07.01）中允许使用的膨松剂如表6-2所示。

表6-2　面包中允许使用的膨松剂

添加剂名称	功能	最大使用量/(g/kg)	备注
酒石酸氢钾	膨松剂	适量使用	
磷酸氢钙	膨松剂	15.0	
磷酸氢二铵	膨松剂	15.0	最大使用量以磷酸根（PO_4^{3-}）计
硫酸铝钾（钾明矾）、硫酸铝铵（铵明矾）	膨松剂、稳定剂	适量使用	铝的残留量（干样品，以Al计）≤100mg/kg
碳酸氢铵	膨松剂	适量使用	
碳酸氢钠	膨松剂、酸度调节剂	适量使用	

酵母可作为生物膨松剂，发酵过程中产生CO_2和乙醇，安全性很高，在生产中按需要适量使用。

（二）膨松剂的复配

由于单一的膨松剂各有优缺点，酵母制品营养高、风味佳，但发酵时间较长，有时制得的成品海绵状结构过于细密、体积不够大；而复合膨松剂则正好相反，发酵速度快、成品体积大，但组织结构疏松，口感风味较差。二者配合正好可以扬长避短，制得理想的产品。应用时，可将酵母活化后，按生产需要添加到混合均匀的面粉和化学膨松剂中。

（三）面包的加工工艺

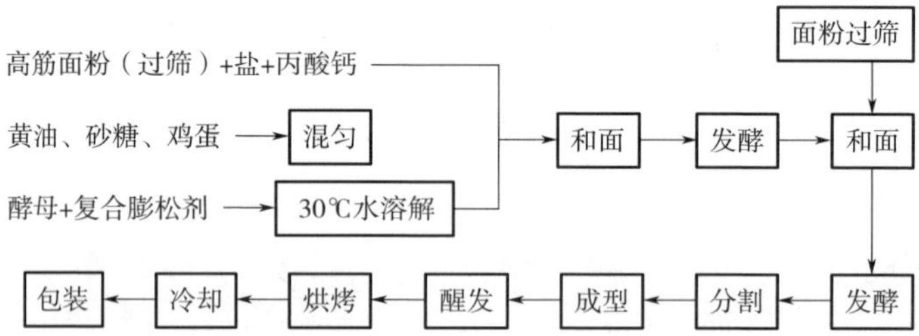

（四）面包的基本配方

面包的基本配方见表6-3。

表6-3　面包的基本配方

种类	质量/g
高筋粉	1000
白砂糖	200
盐	3
黄油	60
乳粉	40
鸡蛋	2个
膨松剂　泡打粉	5
膨松剂　活性干酵母	10
面包改良剂	2
水	500左右

面团的调制
（微课）

思考：
为什么要添加膨松剂？

（五）膨松剂的安全应用操作

1. 准——强调的是膨松剂的添加量要准确

由GB 2760—2024查询结果，以1000g面包粉为例，设计膨松剂在面包加工中的应用方案，初步设计复配膨松剂配方为：以面包粉质量为基数，活性干酵母1%、泡打粉0.5%。

膨松剂应用方案示例：活性干酵母10g、泡打粉5g。

分组通过实验来对比研究不同膨松剂选用方案对面包品质的影响，从而加深对膨松剂作用原理的理解，培养创新意识。

2. 顺——强调的是膨松剂溶液的制备和膨松剂溶液的添加需要严格按照顺序进行

（1）干酵母的活化　干酵母先用30℃左右的适量稀糖水溶解活化。

（2）添加顺序　将面粉、泡打粉、糖、鸡蛋、乳粉加入和面机，慢速搅拌，慢慢加水→无糖颗粒时，加入酵母溶液，快速搅拌→面团表面变光滑，加入黄油，慢速搅拌→黄油被面团完全吸收，加入食盐，慢速搅拌→拉伸面团形成薄膜，和面完毕→静置发酵。

干酵母的活化
（微课）

盐可抑制酵母的活性，从而减缓酵母发酵时间。夏天气温高，酵母活性强，采取盐前加的方式可抑制酵母的过快生长，避免面团调制过程中面包过快醒发，面筋打发不到位；冬天气温低，酵母活性变低，后加盐，可以让酵母在面团中有充分的活化时间。

3. 匀——强调的是膨松剂溶液要与辅料充分混合均匀

添加时间：在第一次面团调制步骤加入，搅拌均匀。

目的：可促进膨松剂与原辅料充分混匀，提高膨松剂的膨松效果。

（六）膨松剂使用的注意事项

1. 温度

温度影响酵母的生长。搅拌时面团的温度一般控制在22~26℃，夏天要用冷水和面，冬天要用温水和面。面团发酵的温度要控制在酵母的最佳生长温度，一般在32~35℃。温度过高（>35℃）时，乳酸菌大量繁殖，面团的酸度增加。

2. 发酵时间

发酵时间过长，面包内的气孔无法保持均匀细密，造成面包内部组织粗糙，面包表皮过厚，影响口感，控制发酵时间不要超过4h。产气基本停止时，应及时烘烤，否则会出现凹陷、收缩成为废品。

3. 膨松剂的添加量

添加量不足，产气少，会导致面包体积过小。添加量过多，产气多，导致面包体积大，但组织结构疏松，口感差。需要根据发酵工艺、产品配方等具体情况进行调整。

4. 盐、糖的添加量

盐或糖的用量过多致使渗透压过高，酵母发酵受到抑制，面包体积过小。在使用前要根据产品配方和生产工艺选择高糖型或低糖型的酵母。

5. 膨松剂的复配

利用各种膨松剂的优势，采用复配方法，扬长避短，制得理想产品。

膨松剂在
油条中的应用
（微课）

三、膨松剂的作用效果评价

（一）面包组织状态的感官评价

由经验丰富的食品人员 10 人组成感官鉴评组，就面包的组织状态进行膨松效果的评价，满分 10 分，感官评价标准见表 6-4。

表 6-4　面包组织状态的感官评价标准

分值/分	8.0~10.0	6.0~7.9	4.0~5.9	0~3.9
组织状态评分标准	细腻，弹性好，气孔均匀，纹理清晰，呈海绵状，切片后不断裂	细腻，有弹性，气孔较均匀，纹理较清晰，呈海绵状，切片后不断裂	粗糙，弹性小，气孔不均匀，纹理较清晰，呈海绵状，切片后断裂多	粗糙，无弹性，气孔不均匀，纹理不清晰，切片后断裂

（二）面包质量体积的测定

质量体积是指单位质量的物质所占有的容积计算公式如下：

$$P(\text{mL/g}) = \frac{\text{面包体积}(V)}{\text{面包质量}(m)}$$

质量体积越大，说明面包的膨松度越大。一般要求面包质量体积≤7.0mL/g。

测定方法：采用 JMTY 面包质量体积测定仪用体积置换法进行测定，即样品室放置面包时，面包所占体积将小米排挤到玻璃刻度管中，标尺上显示的刻度即为面包体积。

面包质量体积的测定（微课）

（1）将面包放在天平上称重，记录质量 m。

（2）将小米倒入比体积测定仪的底箱中，用插板调零点，多余的小米从顶箱倒出，盖紧顶箱。

（3）打开插板，将仪器翻转，整个仪器呈倒置状，使小米全部落入顶箱中，关上插板。

（4）打开底箱，放入待测面包，关上底箱。

（5）将倒置仪器翻起，打开插板，小米自然落下将底箱充满，在标尺上读出小米所示刻度，即为面包体积，记录体积 V。

（6）代入公式，即测得面包质量体积。

相关知识

一、面粉处理剂

（一）定义

面粉处理剂（Flour treatment agents）是一类促进面粉的熟化和提高制品质量的物质。我国许可使用的面粉处理剂包括面粉增筋剂、面粉还原剂和面粉填充剂。面粉漂白剂已于

2011 年 5 月起被禁用。

功能分类代码：13。

面粉处理剂
（微课）

（二）作用

（1）促进面粉熟化，增强新面粉的筋力。新制的面粉，特别是用新小麦磨制的面粉，筋力小，弹性比较弱，没有光泽，面团的吸水能力低，黏性不大，发酵耐力差，极易塌陷，做成的面包体积小，易收缩变形，组织不均匀。因此，新面粉必须经过后熟或促熟过程。现在，国内外均采用加入促熟剂的办法增强新面粉的筋力，克服以上缺点。这类促熟剂也称为增筋剂。

（2）面粉处理剂主要是一些氧化剂，不仅具有氧化漂白作用，还能将面筋蛋白中的巯基氧化，有利于蛋白质网状结构的形成，提高面食制品的质量。

（3）抑制面粉中蛋白质分解酶的作用，改善面团的弹性、延伸性等。

（4）具有还原作用的 L-半胱氨酸盐酸盐能促进面筋蛋白网状结构的形成，防止面团老化，缩短发酵时间。

（三）常用面粉处理剂的特性

GB 2760—2024 中规定，目前允许使用的面粉处理剂主要有 L-半胱氨酸盐酸盐、碳酸钙、碳酸镁和抗坏血酸。

1. L-半胱氨酸盐酸盐

（1）性质　无色至白色结晶性粉末，略有异臭和酸味。溶于水、醇、氨水和乙酸，水溶液为酸性，不溶于苯、乙醚、丙酮等。具有还原性，有抗氧化和防止非酶褐变作用。

（2）性能　面粉还原剂，面制品发酵促进剂，可加速谷蛋白形成，防止老化，缩短发酵时间。

（3）安全性　小白鼠经口 LD_{50}>3460mg/kg 体重。

（4）应用　GB 2760—2024 规定：用于生湿面制品（仅限拉面），最大使用量为 0.3g/kg；发酵面制品，最大使用量为 0.06g/kg；冷冻米面制品，最大使用量为 0.6g/kg。

2. 碳酸镁

（1）性质　因结晶条件不同有轻质和重质之分，一般为轻质。常温时为三水盐。轻质碳酸镁为白色松散粉末或易碎块状，无臭。在空气中稳定，加热至 700℃ 产生二氧化碳，生成氧化镁，几乎不溶于水，但在水中引起轻微碱性反应。不溶于乙醇，可被稀酸溶解并冒泡。

（2）性能　面粉填充剂，是一种面粉处理剂的载体，除具有使微量的面粉处理剂分散均匀的作用外，尚具有膨松剂、稳定剂、抗结剂等作用。

（3）安全性　ADI 不作限制性规定。

（4）应用　GB 2760—2024 规定：用于小麦粉，最大使用量为 1.5g/kg；固体饮料，最大使用量为 10g/kg。

二、抗结剂

（一）定义

抗结剂（Anticaking agent）是用来防止颗粒或粉状食品聚集结块，保持其松散或自由流动状态的物质。我国许可使用的抗结剂主要有以下 9 种：亚铁氰化钾、亚铁氰化钠、酒石酸铁、磷酸三钙、二氧化硅、硅酸钙、柠檬酸铁铵、微晶纤维素、纤维素。

功能分类代码：02。

（二）分类

抗结剂种类繁多，按照其化学性质可分为以下几类：硅酸盐、硬脂酸盐、铁盐、磷酸盐和其他。硅酸盐如二氧化硅、硅酸钙；硬脂酸盐如硬脂酸镁、硬脂酸钙、硬脂酸钾；铁盐如柠檬酸铁铵、亚铁氰化钾、亚铁氰化钠、酒石酸铁；磷酸盐如磷酸三钙；其他如碳酸镁、纤维素、聚甘油脂肪酸酯。

抗结剂（微课）

（三）特点

抗结剂具有颗粒细小（2~9μm）、比表面积大（310~675m^2/g）、质量体积大（80~465m^3/kg）、呈微小多孔状、吸附能力高的特点。作用原理是吸附引起结块的水分或液体油脂，从而使颗粒或粉末食品的表面保持干爽、无油腻，达到防止食品结块的目的。其本质都是改善基料流动性和提高其抗结块能力。

（四）作用

（1）提供物理阻隔作用。

（2）通过与主基料颗粒竞争吸湿，改善主基料颗粒的吸湿结块倾向。

（3）通过消除主基料表面的静电荷和分子作用力来提高主基料颗粒的流动性，防止结块。

（4）通过改变主基料结晶体的晶格，形成一种易碎的晶体结构，改善其流动性。

（五）常用抗结剂的特性

1. 亚铁氰化钾（黄血盐钾）

（1）性质　浅黄色单斜体结晶或粉末，无臭，略有咸味，常温下稳定，加热至 70℃开始失去结晶水，100℃时完全失去结晶水而变为具有吸湿性的白色粉末，强烈灼烧时分解（400℃以上），放出氮气，生成氰化钾和碳化铁。遇酸生成氢氰酸，遇碱生成氰化钠，与铁盐溶液生成普鲁氏沉淀。溶于水，水溶液遇光则分解为氢氧化铁，不溶于乙醇和乙醚。

（2）安全性　由于分子中的氰根与铁结合牢固，因此亚铁氰化钾毒性极低。ADI：0~0.025mg/kg 体重。

（3）应用　用作抗结剂，GB 2760—2024 规定：用于盐及代盐制品，最大使用量为

0.01g/kg，以亚铁氰根计。具体使用时，可配制成 0.25～0.5g/100mL 的水溶液，喷入 100kg 食盐中。

2. 二氧化硅

（1）性质　无定形物质，无臭，无味，分胶体硅和湿法硅两种。胶体硅为白色、蓬松、无砂的精细粉末；湿法硅为白色、蓬松粉末或白色微孔泡状颗粒。

（2）性能　具有优良的化学和物理稳定性，一般条件下不与其他物质发生反应，吸湿或易从空气中吸收水分，不溶于水、酸和有机溶剂，溶于氢氟酸和热的浓碱液。

（3）安全性　大鼠经口 LD_{50}≥5g/kg 体重。

（4）应用　用作抗结剂。需按 GB 2760—2024 的规定使用，应用于乳粉和奶油粉及其调制产品中（01.03.01 除外），最大使用量为 15.0g/kg；冷冻饮品（03.04 食用冰除外），最大使用量为 0.5g/kg；原粮，最大使用量为 1.2g/kg；盐及代盐制品、香辛料、固体复合调味料，最大使用量为 20.0g/kg；固体饮料，最大使用量为 15.0g/kg 等。

3. 微晶纤维素（纤维素胶、结晶纤维素）

（1）性质　白色细小结晶粉末，无臭，无味，可压成片状，并可在水中迅速分散。不溶于水、稀酸、稀碱溶液和大多数有机溶剂。

（2）安全性　ADI 不作限制性规定。

（3）应用　用作抗结剂、增稠剂、稳定剂，根据 GB 2760—2024，可在表 A.2 中编号为 1～4、6～68 的食品类别除外的各类食品中按生产需要适量使用。

（六）应用实例——二氧化硅在奶茶粉中的应用及效果评价

1. 原料配方

鲜牛乳，80%；茶叶，5%～10%；精盐，0.8%；糖粉，5%～10%；二氧化硅，1.0%。

2. 工艺流程

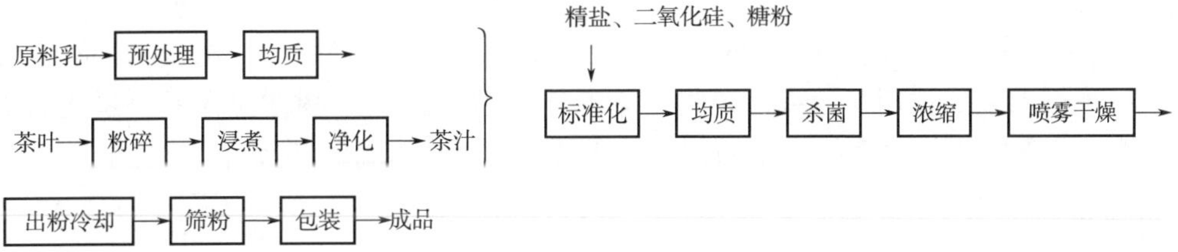

3. 制作方法

（1）茶浸煮　以 50℃ 水浸泡 10～20min，然后加热煮沸 30min 即可，可浸煮 2～3 次。

（2）标准化　按配方比例将鲜牛乳、茶汁、精盐、糖粉、二氧化硅混合。

（3）均质　在温度 60～65℃，压力 11.77～14.70MPa 条件下充分混合。

（4）喷雾干燥　喷雾干燥塔进风温度 140～180℃，排风温度 80～85℃，使含水量≤3.7%。

4. 效果评价

室温下，定期观察奶茶粉的结块情况。

膨松剂的选用及效果评价自查试题（在线测试）

思考题

1. 讨论膨松剂的类别和各自的特性。

2. 分析比较生物膨松剂和化学膨松剂在使用中的差异。
3. 分析膨松剂使用的注意事项。
4. 课后研创：根据所学内容，自己设计一个膨松剂在其他食品中的应用方案并实践。

任务七

香料香精的选用及效果评价

学习目标

知识目标

1. 掌握香料、香精的定义、分类、组成、作用。
2. 掌握香料、香精的呈香原因和使用注意事项。

能力目标

1. 能正确分析香料、香精的安全性。
2. 能根据产品特点，安全设计出香精的选用方案。
3. 能依据国家标准按加工需求计算冰淇淋中香精的添加量并安全规范应用。
4. 能对香精的使用进行作用效果评价。

素质目标

1. 通过了解天然色素的历史及中国工程院院士孙宝国的科研之路，培养民族自豪感、工匠精神、科学精神和创新理念。

2. 通过分组设计冰淇淋中香精的选用方案，培养独立思考的能力，增强创新创业意识。

3. 在香料香精的选用及效果评价中，培养团队协作能力，树立勤于动手的劳动精神，并积极弘扬安全规范使用香料、香精的职业精神，助力健康中国建设。

必备知识

一、食品用香料、香精的定义

香料香精的定义和作用（微课）

凡是能够刺激人们嗅觉器官而引起快感的纯天然或人造合成物质统称为香料（Perfume）。

食品用香料（Food perfume）是指能够用于调配食品香精，并使食品增香的物质，是生产香精的主要原料。除少数香料外，大多数的香料不能直接（少数直接）、单独作为香精使用。

食品用香精（Flavor）是由各种食品香料和许可使用的附加剂调配与加工而成的混合型食用香料，又称调和香料。因此，食用香精是由香料组成的复合食品添加剂，在生产中直接使用。

功能分类代码：21。

二、食品用香料、香精的分类

（一）香料的分类

1. 按香料来源分类

（1）天然香料　用纯物理方法（如蒸馏、压榨、萃取、吸附等）从天然芳香植物或动物原料中分离得到的物质，安全性高，香味纯正，其编码以“N”开头。有动物性天然香料（麝香、灵猫香等）和植物性天然香料（苦杏仁油、丁香油等）之分。具有以下特点：成分复杂，由多种化合物组成；形态多样，如精油、浸膏、香膏、香脂、净（浸）油、油树脂、酊剂等；品种较多。

（2）天然等同香料

①单离香料：用物理或化学的方法从天然香料中分离的单体香料化合物，例如薄荷醇就是从薄荷油中分离的单离香料。

②合成香料：通过化学合成的方法制取的香料化合物（如酮类香料、酯类香料、醛类香料等）。

单离香料与合成香料除来源不同外，结构上并无本质区别。这些物质与供人类消费的天然产品（不管是否加工过）中存在的物质在化学结构上是相同的。具有以下特点：成分单一，往往是天然香料中的主要赋香成分，如麦芽酚、香兰素等；是调配香精的重要原料；品种多，占食用香料的大多数。

（3）人造香料　用化学合成方法得到的、在供人类消费的天然产品（不管是否加工过）中尚未发现的香味物质，其编码以“S”开头。具有以下特点：成分单一，如乙基麦芽酚、乙基香兰素；品种相对较少。

2. 按香料组成分类

（1）单体香料　是单一化学成分香料，通常作为调和香料的原料。有时也指没有经过人为调和的精油等天然香料。

（2）调和香料　是指经调配而成的混合香料，可满足单体香料香气单调、很难满足产品要求的缺点。

3. 按香料香型分类

按香料香型可分为：柑橘型香料、果香型香料、薄荷型香料、豆香型香料、奶香型香料、肉香型香料、坚果型香料等。

（二）香精的分类

1. 按香精剂型分类

（1）液体香精

①水溶性香精：是将各种食用香料调配成的香基溶解在蒸馏水或40%～60%稀乙醇中，或需要时再加入酊剂等香料萃取物制成的产品。该类香精能溶解或分散在水中，有轻快的香气，使用量一般为0.1%～1%，但因耐热性差，水溶性香精适用于碳酸饮料、冰淇淋、其他冷饮品、酒等加香温度较低，加香后无需经高温操作工艺的产品。

②油溶性香精：是将各种食用香料用油溶性溶剂稀释，并经调香等工序制成。该类香

精香味浓，难以在水中分散溶解，耐热，留香性能好，通常用于焙烤食品和糖果等食品的赋香。

③乳化香精：是将食用香精、食用油、比重调节剂、抗氧化剂、脂溶性防腐剂等组成的油相（内相）和由乳化剂、着色剂、水溶性防腐剂、增调剂、酸度调节剂和蒸馏水等组成的水相（外相），经乳化、高压均质等工序制成稳定的乳化体。乳化的效果可以抑制香精的挥发；可使油溶性香味剂溶于水中，降低成本。特点是加入水溶液中能迅速分散并使之呈浑浊状态。

该类香精主要用于软饮料和冷饮等产品的加香、增味、着色或使之混浊。乳化香精不宜久藏，受冻后会导致破乳而产生两相分离。

④ 水油两用型香精：用丙二醇作溶剂，将水溶、油溶两种香精调制而成。香气沉着持久，风味柔和自然。这类香精可溶于水或油中，且具有一定的耐热能力，因此适用面较广，可用于碳酸饮料、果汁饮料、乳饮料、冰淇淋、软糖、果酱等产品。

（2）固体香精　也称粉末香精，这类香精适用于粉状食品加香，如固体饮料粉、果冻粉、方便汤料等，也可用于饼干、糕点、膨化食品等产品。

①粉末香精：是将食用香料和乳糖等载体简单混合，使香料吸附在载体上制成。特点是香味物质吸附在载体的表面，所以香气浓郁，且贮运方便；但易吸潮结块，香气容易散失和氧化变质。因此仅适用于不易挥发和氧化的香味物质。常用于熟肉食品、罐头食品、方便食品或饼干、糕点等食品中。

②微胶囊香精：是主要的一种粉末香精的，由香精基制成乳化香精后再经喷雾干燥而成。特点是香料被赋形剂包围覆盖，因此稳定性、分散性较好；对香精中易氧化、挥发的芳香物质可起到很好的保护作用。适用于粉末状食品如固体饮料、果冻粉等。

2. 按香精香型分类

按香精香型分，主要有花香型、果香型、坚果香型、酒香型、乳香型、薄荷型、豆香型、肉香型、蔬菜香型、焙烤香型等。还可进一步细分：如肉香型又可分为猪肉香型、牛肉香型和鸡肉香型等；果香型可按水果品种分为苹果、桃子、杏子、香蕉、菠萝、荔枝等。同一种水果香精还可以分为若干种，如苹果香精可分为青苹果香型、香蕉苹果香型、红富士苹果香型等。

3. 按香精用途分类

按香精用途分，主要有饮料用、糖果用、焙烤食品用、肉制品用、乳制品用、酒用、调味品用、方便食品用等。还可细分，如乳制品用香精可分为牛乳香精、发酵乳香精、奶油香精、奶酪香精等。

三、食品用香料、香精的组成

（一）香料的组成

香料是由一种或多种具有气味的有机物质组成。有机物具有气味者甚多，其气味与分子结构密切相关，有气味物质的分子内含有一个或数个发香团，这些发香团在分子内以不同的方式结合，使香料具有不同类型的香气和香味。

（二）香精的组成

食用香精由香精基和其他成分（附加剂）组成。香精基是由几十种食用香料组成的具有一定香型的混合物，经调香确定，是食用香精的灵魂。香精基有四种成分组成法和三种成分组成法。

1. 四种成分组成法

四种成分组成法是将食用香精中各种呈香、呈味成分，按它们在香精中的不同作用划分为四类：主香剂、协调剂、变调剂和定香剂。

（1）主香剂　又称头香剂或香基，是香精的特征性香料，构成香精的主体香味，决定着香精的香型。主香剂可以是精油、浸膏、合成香料或它们的混合物，可以是一种或多种。其作用是确定香精的香型，确定香精配方时首先要根据所调配香精的香型确定与其香型一致的主合成香料或它们的混合香剂。其用量不一定最多，例如菠萝香精中，菠萝主香剂仅占7%。

（2）协调剂　又称合香剂、调香剂。香气与主香剂属于同一类型，其作用是协调各种成分的香气，使主香剂香气更加明显突出。协调剂可以是精油、浸膏、合成香料或它们的混合物。常见的一些协调剂有：橙子香精常用乙醛作协调剂，可以增加天然感、果香和果汁味；草莓、葡萄香精常用乙酸乙酯作协调剂以增加天然感；苹果香精用β-甲基-β-苯基缩水甘油酸乙酯作协调香料以增加果香。

（3）变调剂　又称矫香剂，香型与主香剂不属于同一类型，其作用是使香精变化格调，能使香味更为美妙，别具风格。如：在薄荷香精中常用香兰素作变调香料；在调配香草香精时常用己酸丙酯作变调香料；在草莓香精中常用茉莉油作变调香料。

（4）定香剂　又称保香剂，它的作用是调节香料中各组分的挥发度，使各种香料成分挥发均匀，防止快速蒸发，使香精香气更加持久，保持其香气和香味。一般分为两类：一类是特征定香香料，其特点是沸点较高，在香精中的浓度大，远高于它们的阈值，当香精稀释后它们仍能保持其特征香味，如香兰素、乙基香兰素、麦芽酚、乙基麦芽酚、胡椒醛等；另一类是物理定香香料，其特点是沸点较高，不一定有香味，在香精配方中的作用是降低蒸气压，提高沸点，从而增加香精的热稳定性。当香精用于加工温度超过100℃的热加工食品时，一般要添加物理定香香料，如植物油、硬脂酸丁酯等。

2. 三种成分组成法

三种成分组成法是按香料在香精中的挥发性不同划分为三类，即头香香料、体香香料和底香香料。

（1）头香香料　属于挥发度高、扩散力强的香料，在评香纸上留香时间<2h。头香赋予人最初的优美感，作为对香精的第一印象很重要，一般占20%~30%。

（2）体香香料　具有中等挥发度，在评香纸上留香时间为2~6h，构成香精香气特征，是香精香气最重要的组成部分，占35%~45%。

（3）底香香料　亦称尾香，挥发度低，富有保留性，在评香纸上残留时间>6h，是构成香精香气特征的一部分，占25%~35%。

3. 其他成分（附加剂）

香精基是一种高浓度、挥发性大的物质，不适合单独用于生产。为了使香精能成为均匀一体的适用产品，并达到规定的浓度，还需要添加合适剂量的附加剂，如稀释剂、载体及其他食品添加剂。

（1）稀释剂　和香精基配成液态香精，起稀释作用，使香精成为均一产品并达到规定浓度。常用溶剂有食用乙醇、蒸馏水、丙二醇、丙三醇、甘油、精练植物油等。

（2）载体　和香精基配制成固态香精，主要用于吸附或喷雾干燥的粉末状食品香精中。常用载体有变性淀粉、乳糖、卵磷脂、蔗糖、葡萄糖、糊精、食盐、羧甲基纤维素钠盐、果胶等。

（3）其他食品添加剂　附加剂中除了稀释剂或载体外，还可添加其他的食品添加剂，包括抗氧化剂、螯合剂、防腐剂、乳化剂、抗结剂等。常用抗氧化剂有：生育酚、抗坏血酸及钠盐、叔丁基羟基茴香醚、茶多酚、植酸、卵磷脂等。常用的螯合剂有：乙酸钠、乙二胺四乙酸二钠、六偏磷酸钠、硫酸锌等。常用的防腐剂有：苯甲酸及钠盐、山梨酸及钾盐、肉桂醛等。常用的乳化剂有：单硬脂酸甘油酯、硬脂酰乳酸钙、改性大豆磷脂等。常用的抗结剂有：碳酸镁、磷酸三钙、硬脂酸钙等。

四、食品用香料、香精的作用

香料、香精对增加食品的花色品种和提高食品的质量起着至关重要的作用。

1. 赋香作用

有些食品本身没有什么香味，如糖块、饼干、配制白酒、碳酸饮料等，通过调香能够使食品产生香味，增进食欲，满足人们对食品香味的需求。

2. 矫味作用

某些食品食用时具有难闻和难以接受的气味，如羊肉，可通过选用合适的香料、香精改变或抑制其气味，使人们乐意接受和食用。

3. 稳定作用

天然产品的香气受地理、季节、气候、土壤、种植、加工等因素的影响，香气很难达到一致，加香后可以对天然产品的香气起到较好的统一和稳定作用。

4. 辅助作用

某些食品如高级酒、高级点心、天然果汁等，原始产品香气不足，需要选用与其香气相适应的香精来辅助提高香气。

5. 补充作用

水果罐头、果脯、果酱等产品在生产加工过程中，如加热、脱臭、抽真空等，会使部分香味成分挥发损失，需要选用与其产品相同的香精进行增香，使其特征性香气得到补充和强化。

6. 替代作用

由于成本过高、原料供应不足、加工工艺复杂等原因，直接用天然产品作为香味源有困难，可以用相应的香料、香精代替部分或全部。

7. 防腐作用

目前已经发现近300种天然香料具有杀菌、防腐、治疗作用。如八角、花椒提取的精油具有杀菌、防虫作用；天竺葵叶中提取的精油，具有玫瑰香气和镇静作用；迷迭香精油具有青草清凉气味和提神醒脑作用。

高等职业教育食品智能加工技术专业教材

食品添加剂应用技术
任务工单

姚 芳 郑 义 主编

中国轻工业出版社 | 全国百佳图书出版单位

前　言

食品添加剂应用技术是高职高专食品类相关专业的一门技术性、应用性、实践性很强的专业课程。本任务工单配套食品添加剂应用技术教材，立足于高等职业教育学生在各类食品加工企业的工作特点，本着“以就业为导向、以应用为主线、强化实践训练”的高等职业教育特色，通过任务引领型的项目学习，使学生能熟练使用 GB 2760—2024 查询食品添加剂，设计食品添加剂选用方案，分析食品添加剂在典型产品中的应用技术，研究产品配方，确定食品添加剂的安全操作工艺，安全规范应用食品添加剂，评价使用效果，并对易超标的添加剂如防腐剂、着色剂进行含量检测。

本任务工单基于食品添加剂选用、效果评价和安全检测工作环节组织内容，通过工作任务的设置，将理论知识点融入实践任务中，共包括 14 个常规任务和 7 个拓展任务。每个实训任务包括实训目标、仪器设备、知识准备（配方、工艺等）、实施过程记录（查询标准写出食品添加剂的允许添加量和残留量、设计添加剂选用方案、计算添加量、绘制产品加工工艺流程、配制添加剂溶液、记录添加时间和添加方法、评价使用效果）、添加剂选用方案参考、任务考核等环节。在任务实施过程环节，强调在理解知识的基础上实践和应用，突出岗位职业技能，培养学生在食品生产过程中针对配方设计、产品研发、生产管理、质量监控等岗位所需的食品添加剂相关实践操作工作能力；在任务考核环节，将食品安全意识、食品合规意识、科技创新精神、工匠精神等综合素养要求融入其中，激励学生树立崇尚劳动、敬业守信、团队协作的职业素养。在任务工单的引导下，学生应尽量独立去完成每个任务的各个工作环节，达到学习目标。

本任务工单主要由江苏农牧科技职业学院姚芳和吴平编写，并得到了许多同行、企业专家等多方的帮助和指导，在此一并表示衷心的感谢！由于编者水平有限，难免会有疏漏或不妥之处，恳请同行和读者批评指正。

编者

目 录 CONTENTS

拓展任务工单

任务工单 1　食品添加剂使用标准检索

学习模块	食品添加剂使用标准的检索及安全管理		
实训地点		学时	2
实施目标	1. 能正确解读 GB 2760—2024《食品安全国家标准　食品添加剂使用标准》。 2. 会检索食品添加剂的使用范围和最大使用量。 3. 会检索各种食品中允许添加的食品添加剂和最大使用量。		
实训材料	GB 2760—2024《食品安全国家标准　食品添加剂使用标准》、教材、手机。		

实施过程记录

1. 根据添加剂种类进行检索

（1）查询 GB 2760—2024 表 A. 1，填写硫酸钙（石膏）和乳酸允许添加的食品种类（各选择五种）。

添加剂名称	允许添加的食品种类	食品分类号	最大使用量/(g/kg)	备注
硫酸钙				
乳酸				

（2）查询 GB 2760—2024 表 A. 2，判断硫酸钙（石膏）和乳酸是否是表 A. 2 中列的种类。

（3）结论。

2. 根据食品种类进行检索

（1）查阅 GB 2760—2024 附录 E，定位发酵乳、蜂蜜、皮蛋、速溶咖啡、雪碧在分类表中的代号（由小到大）。

食品	1	2	3
发酵乳			
蜂蜜			
皮蛋			
速溶咖啡			
雪碧			

（2）查阅表 A. 1 中允许所选食品使用的添加剂品种及使用条件（五种食品任选一种）。

食品	允许使用品种	最大使用量/(g/kg)

（3）查阅选择食品的上一级中允许使用的添加剂品种及使用条件，直至分类系统第一级。

食品	上一级允许使用品种	最大使用量/(g/kg)	第一级允许使用品种	最大使用量/(g/kg)

（4）汇总（2）和（3）的结果。

食品	允许使用添加剂品种	最大使用量/（g/kg）

（5）结论。

任务考核

序号	工作任务	评价指标	分值比例/%
1	辩论安全性	1. 会分析选中添加剂在食品中添加的必要性。 2. 会分析食品添加剂存在的危害性。	10
2	查询标准	1. 会正确使用 GB 2760—2024 对某食品添加剂进行检索。 2. 会正确使用 GB 2760—2024 对某种食品中允许添加的食品添加剂进行检索。	60
3	数据记录	能及时、准确记录食品添加剂选用参数。	10
4	综合素养	1. 具有食品安全意识、食品合规意识。 2. 工作服整洁；规范操作；团队协作；创新精神。	20

考核分数：________________　考核教师：________________　日期：________________

任务工单 2　食品添加剂的安全管理和选用方案设计

学习模块	食品添加剂使用标准的检索及安全管理		
实训地点		学时	2
实施目标	能够根据 GB 2760—2024《食品安全国家标准　食品添加剂使用标准》进行食品添加剂选用方案的设计。		
实训材料	GB 2760—2024《食品安全国家标准　食品添加剂使用标准》、教材、手机。		

实施过程记录

1. 食品中可使用添加剂种类的检索

根据 GB 2760—2024，检索一种食品（例如面包、植物油、花生乳饮料、腊肠、蜜饯）中允许使用的添加剂。

食品分类号：______________________________。

添加剂名称	功能	最大使用量/(g/kg)	备注

续表

添加剂名称	功能	最大使用量/(g/kg)	备注

2. 对每种功能的食品添加剂在该食品中的重要性进行比较

3. 对该食品中最重要添加剂的性质进行比较

名称	特性	最大使用量/(g/kg)

4. 食品添加剂的选用方案设计

添加剂名称	功能	最大使用量/(g/kg)

5. 结果评价

讨论该食品中添加剂的选用是否满足该食品加工的基本要求。

任务考核

序号	工作任务	评价指标	分值比例/%
1	辩论安全性	1. 会分析选中添加剂在食品中添加的必要性。 2. 会分析食品添加剂存在的危害性。	10
2	查询标准	会正确使用 GB 2760—2024 查询某添加剂在某食品中的最大添加量和残留量。	30
3	设计方案	1. 能根据 GB 2760—2024，设计出食品中添加剂的选用方案，其中添加剂均是允许使用的，添加量不超过最大添加量。 2. 会对所添加的重要添加剂的性质进行比较。	30
4	数据记录	能及时、准确记录食品添加剂选用参数。	10
5	综合素养	1. 具有食品安全意识、操作安全意识、食品合规意识； 2. 工作服整洁；规范操作；团队协作；创新精神。	20

考核分数：____________ 考核教师：____________ 日期：____________

任务工单 3　护色剂在腊肠中的选用及效果评价

学习模块	食品添加剂的选用及效果评价		
实训地点		学时	4
实训目标	1. 能根据产品特点，安全设计出护色剂的选用方案。 2. 能依据国家标准按加工需求计算腊肠中发色剂的添加量并安全规范应用。 3. 能对护色剂的使用进行作用效果评价。		
仪器设备	天平、刀、不锈钢盆、切片机、斩拌机、灌肠机、50mL 烧杯、小玻棒、量筒、不锈钢晾晒架、分光光度计、打浆机、离心机。		
腊肠制作的基础配方	瘦肉 800g、肥肉 200g、食盐 30g、白砂糖 50g、味精 1g、五香粉 1g、蒜姜粉 1g、料酒 20mL、护色剂。		
腊肠的制作	(1) 切丁：将肉清洗干净后，瘦肉用切片机切两次，注意第二次切片时，把第一次切得肉片纵向放置于刀片上，将瘦肉切成丁状；肥肉人工切丁，切成 0.6cm^3 左右大小。 (2) 护色剂配制：按照护色剂选用方案准确称取护色剂，用少量水溶解。 (3) 拌料：把称好配比的肥瘦肉（2∶8）放入不锈钢锅中，撒上精盐，搅拌均匀，添加护色剂溶液，搅拌均匀，再添加白砂糖、料酒、味精、五香粉等辅料，搅拌均匀至混合物形成粘着物。量大时用斩拌机搅拌，量少人工搅拌。 (4) 腌制：拌好原辅料后腌制 30min 左右。 (5) 灌肠：把腌制后的原辅料再次搅拌均匀，装入灌肠机，穿好肠衣，排气，灌肠．注意灌肉量均匀适度，防止肠体不均匀和灌入过量。 (6) 晾晒：每 10~15cm 扎一结，把制成的鲜香肠挂在晾晒架上晾晒。		

实施过程记录

1. 根据 GB 2760—2024 和 GB/T 23493—2022《中式香肠质量标准》填写下表

香肠中亚硝酸盐允许添加量/(g/100g)	
香肠中亚硝酸盐允许残留量/(g/100g)	

2. **护色剂选用方案的设计**

护色剂	添加量/(g/100g)									
	1	2	3	4	5	6	7	8	9	10
亚硝酸盐										
异抗坏血酸										
葡萄糖										
红曲米										

3. **护色剂的添加量**

护色剂		
试样的质量 m/g		

4. **绘制腊肠制作的工艺流程图**

5. **护色剂溶液的配制记录**

6. **护色剂溶液的添加记录**

添加时间：

添加方法：

7. 护色剂选用效果评价

（1）根据感官评价和护色率对护色剂在腊肠中的应用效果进行评价。

试验号	护色剂选用方案号	护色率/%	感官评价
1			
2			
3			
4			
5			
6			
7			
8			
9			
10			

（2）结论。

护色剂选用方案参考

试验号	护色剂选用方案
1	空白
2	$NaNO_2$ 0. 05g/kg
3	$NaNO_2$ 0. 1g/kg
4	$NaNO_2$ 0. 15g/kg
5	$NaNO_2$ 0. 1g/kg+异抗坏血酸钠 0. 5g/kg
6	$NaNO_2$ 0. 1g/kg+异抗坏血酸钠 0. 5g/kg+葡萄糖 5g/kg
7	红曲米 2g/kg

续表

试验号	护色剂选用方案
8	红曲米 4g/kg
9	$NaNO_2$ 0. 1g/kg +红曲米 2g/kg
10	$NaNO_2$ 0. 1g/kg +红曲米 2g/kg+ 异抗坏血酸钠 0. 5g/kg+葡萄糖 5g/kg

任务考核

序号	工作任务	评价指标	分值比例/%
1	辩论安全性	1. 会分析亚硝酸钠在腊肠中添加的必要性。 2. 会分析亚硝酸钠存在的危害性。	10
2	查询标准	会正确使用 GB 2760—2024 查询亚硝酸钠在腊肠中的最大添加量和残留量。	10
3	设计方案	能根据 GB 2760—2024，设计出腊肠中护色剂的选用方案，选用的护色剂均是允许使用的，添加量不超过最大添加量。	10
4	准确称量	1. 能根据肉重和使用方案，计算出护色剂的用量。 2. 会正确使用分析天平进行称量。	10
5	添加顺序	1. 亚硝酸钠的领用顺序要正确，双人、双锁、核销。 2. 亚硝酸钠在肉中的添加顺序要正确。	10
6	混合均匀	亚硝酸钠与原料肉要充分混合均匀。	10
7	效果评价	1. 会对腊肠的颜色进行感官评价。 2. 会测定亚硝酸钠在腊肠中的护色率。	10
8	数据记录	能及时、准确记录操作过程中的数据参数。	10
9	综合素养	1. 具有食品安全意识、操作安全意识、食品合规意识。 2. 工作服整洁；规范操作；团队协作；创新精神。 3. 试验后及时整理、清洗相关的器皿和仪器设备。	20

考核分数：____________ 考核教师：____________ 日期：____________

任务工单 4　乳化剂在乳饮料中的选用及效果评价

学习模块	食品添加剂的选用及效果评价		
实训地点		学时	4
实训目标	1. 能根据产品特点，安全设计出乳化剂的选用方案。 2. 能依据国家标准按加工需求计算乳饮料中乳化剂的添加量并安全规范应用。 3. 能对乳化剂的使用进行作用效果评价。		
仪器设备	天平、量筒、烧杯、水浴锅、高速乳化均质机、杀菌锅、玻璃瓶、电风扇、分光光度计、移液管。		
乳饮料制作的基础配方	原料乳 30%、白砂糖 12%、果汁 4%、柠檬酸 0.2%、乳化剂、羧甲基纤维素钠。		
乳饮料的制作	（1）乳化剂溶液的配制：将准确称重的几种乳化增稠剂与白砂糖混合，先以少量水混合、润湿，再加入所需量的水，并适当加热至 60℃，用乳化设备高速搅拌机使乳化剂充分溶解与分散。 （2）果汁酸溶液的配制：将柠檬酸溶解与果汁中，配成酸含量≤2.0%的溶液。 （3）配料：原料乳经 60℃预热后，在高速搅拌的情况下，将乳化剂溶液与原料乳混合均匀，冷却至室温，在缓慢滴加果汁酸溶液，防止因饮料局部过度酸化而引起的蛋白质沉淀。 （4）均质：配制好的乳饮料经 60℃ 预热后，在 5000r/min 的高速乳化均质机内均质 1min。 （5）杀菌：常压下预热 10~15min，杀菌温度 95℃，时间 10min。 （6）冷却：尽快分段冷却至室温。		

实施过程记录

1. 根据 GB 2760—2024 和 GB/T 21732—2008《含乳饮料》填写下表

乳饮料中允许使用的乳化剂	各种乳化剂允许添加量/（g/kg）

2. 乳化剂选用方案的设计

乳化剂	添加量/（g/100g）									
	1	2	3	4	5	6	7	8	9	10

3. 乳化剂的添加量

乳化剂				
试样的质量 m/g				

4. 绘制乳饮料制作的工艺流程图

5. 乳化剂溶液的配制记录

6. 乳化剂的添加记录

添加时间：

添加方法：

7. 乳化剂选用效果评价

（1）根据感官评价和乳化效率对乳化剂在乳饮料中的应用效果进行评价。

试验号	乳化剂选用方案	乳化效率/%	感官评价
1			
2			
3			
4			
5			
6			
7			
8			
9			
10			

（2）结论。

乳化剂选用方案参考

乳化剂	添加量/（g/100g）									
	1	2	3	4	5	6	7	8	9	10
蔗糖脂肪酸酯（15）	0	0.15	0	0	0	0.05	0.075	0.1	0.075	0.075
单硬脂酸甘油酯（3.8）	0	0	0.15	0	0	0.1	0.075	0.05	0.075	0.075
海藻酸丙二醇酯	0	0	0	0.4	0	0	0	0	0	0.2
羧甲基纤维素钠	0	0.35	0.35	0.35	0.35	0.35	0.35	0.35	0	0.35

任务考核

序号	工作任务	评价指标	分值比例/%
1	辩论安全性	1. 会分析乳化剂在乳饮料中添加的必要性。 2. 会分析乳化剂存在的危害性。	10
2	查询标准	会正确使用 GB 2760—2024 查询乳化剂在乳饮料中的最大添加量和残留量。	10
3	设计方案	能根据 GB 2760—2024，设计出乳饮料中乳化剂的选用方案，选用的乳化剂均是允许使用的，添加量不超过最大添加量。	10
4	准确称量	1. 能根据乳饮料重和使用方案，计算出乳化剂的用量。 2. 会正确使用分析天平进行称量。	10
5	添加顺序	乳化剂在乳饮料中的添加顺序要正确。	10
6	混合均匀	乳化剂与原料乳要充分混合均匀。	10
7	效果评价	1. 会对乳饮料的组织状态进行感官评价。 2. 会测定乳化剂在乳饮料中的乳化效率。	10
8	数据记录	能及时、准确记录操作过程中的数据参数。	10
9	综合素养	1. 具有食品安全意识、操作安全意识、食品合规意识。 2. 工作服整洁；规范操作；团队协作；创新精神。 3. 试验后及时整理、清洗相关的玻璃器皿和仪器设备。	20

考核分数：____________ 考核教师：____________ 日期：____________

任务工单 5　增稠剂在果冻中的选用及效果评价

学习模块	食品添加剂的选用及效果评价		
实训地点		学时	4
实施目标	1. 能根据产品特点，安全设计出增稠剂的选用方案。 2. 能依据国家标准按加工需求计算果冻中增稠剂的添加量并安全规范应用。 3. 能对增稠剂的使用进行作用效果评价。		
仪器设备	天平、量筒、烧杯、组织捣碎机、玻璃棒、不锈钢锅、电磁炉、旋转黏度计。		
果冻制作的基础配方	增稠剂 10~15g、白砂糖 75g、果汁 100mL、柠檬酸 1.5g、蒸馏水 400mL。		
果冻的制作	(1) 增稠剂溶液的配制：将准确称重的几种增稠剂与白砂糖混合，先以少量水混合、润湿，再加入所需量的水，加热搅拌溶解，煮沸溶胶，边煮边搅拌，使增稠剂完全溶解。 (2) 果汁酸溶液的配制：将柠檬酸溶解于果汁中，配成酸含量≤2.0%的溶液。 (3) 配料：熄火后，倒入果汁酸溶液或牛乳或果粒，搅拌均匀。 (4) 装模冷藏：倒入模具内，放进冰箱冷藏成型。		

实施过程记录

1. 根据 GB 2760—2024 和 GB 19299—2015《食品安全国家标准　果冻》填写下表

果冻中允许使用的增稠剂	各种增稠剂允许添加量/（g/kg）

2. **增稠剂选用方案的设计**

增稠剂	添加量/(g/100g)									
	1	2	3	4	5	6	7	8	9	10

3. **增稠剂的添加量**

增稠剂				
试样的质量 m/g				

4. **绘制果冻制作的工艺流程图**

5. **增稠剂溶液的配制记录**

6. **增稠剂的添加记录**

添加时间：

添加方法：

7. **增稠剂选用效果评价**

（1）根据感官评价和黏度对增稠剂在果冻中的应用效果进行评价。

试验号	增稠剂选用方案	黏度/mPa·s	感官评价
1			
2			
3			
4			
5			
6			
7			
8			
9			
10			

（2）结论。

增稠剂选用方案参考

增稠剂	添加量/(g/100g)									
	1	2	3	4	5	6	7	8	9	10
黄原胶	2	0	0	0	1	1	1	1	1	1
卡拉胶	0	2	0	0	1	0	0	0	0.6	0.6
果胶	0	0	2	0	0	1	0	0.5	0.4	0
海藻酸钠	0	0	0	2	0	0	1	0.5	0	0.4

其中，1~7号方案适用于研究相同浓度下，不同增稠剂方案的黏度比较。8~10号方案为果冻中增稠剂的复配比例，500mL样品中，增稠剂总添加量2.5%，即添加12.5g时凝胶效果较好。根据凝胶效果，增减增稠剂的总添加量（2%~3%）。

任务考核

序号	工作任务	评价指标	分值比例/%
1	辩论安全性	1. 会分析增稠剂在果冻中添加的必要性。 2. 会分析增稠剂存在的危害性。	10
2	查询标准	会正确使用 GB 2760—2024 查询增稠剂在果冻中的最大添加量和残留量。	10
3	设计方案	能根据 GB 2760—2024，设计出果冻中增稠剂的选用方案，选用的增稠剂均是允许使用的，添加量不超过最大添加量。	10
4	准确称量	1. 能根据果冻溶液重和使用方案，计算出增稠剂的用量。 2. 会正确使用分析天平进行称量。	10
5	添加顺序	增稠剂在果冻中的添加顺序要正确。	10
6	混合均匀	增稠剂要充分搅拌溶解均匀。	10
7	效果评价	1. 会对果冻的组织状态进行感官评价。 2. 会测定增稠剂在果冻中的黏度。	10
8	数据记录	能及时、准确记录操作过程中的数据参数。	10
9	综合素养	1. 具有食品安全意识、操作安全意识、食品合规意识。 2. 工作服整洁；规范操作；团队协作；创新精神。 3. 试验后及时整理、清洗相关的玻璃器皿和仪器设备。	20

考核分数：________________ 考核教师：________________ 日期：________________

任务工单6　膨松剂在面包中的选用及效果评价

学习模块	食品添加剂的选用及效果评价		
实训地点		学时	4
实施目标	1. 能根据产品特点，安全设计出膨松剂的选用方案。 2. 能依据国家标准按加工需求计算面包中膨松剂的添加量并安全规范应用。 3. 能对膨松剂的使用进行作用效果评价。		
仪器设备	和面机、温度计、台称、天平、不锈钢切刀、烤模、醒发箱、烤箱、比容仪。		
面包制作的基础配方	面包粉1kg、盐6g、白砂糖180g、乳粉40g、黄油60g、鸡蛋50g、活性干酵母10g、面包改良剂2g、水500g左右（按比例增加使用量）。		
面包的制作	（1）膨松剂溶液的制备：活性干酵母先用30℃左右的适量稀糖水溶解活化，复合膨松剂加水溶解搅拌均匀。 （2）和面：将全部的面粉、盐、乳粉、鸡蛋等原料投入和面机中，开动机器，慢速搅拌，慢慢加水，待形成面团时加糖，搅拌均匀后，一边搅拌一边倒入酵母液和复合膨松剂溶液，至15min左右面筋完全析出时加入奶油或油脂，搅拌成面团后待用。 （3）发酵：面团置于32~34℃、相对湿度为80%~95%的醒发箱中发酵，面团中心温度不超过32℃，静止发酵0.5~1.5h，观察发酵成熟即可取出。 （4）成型：发酵好的面团按要求切成每个60g的面坯，用手搓圆，挤压除去面团内的气体，按产品形状制成不同形式，装入涂有一层油脂的烤模中。 （5）醒发：装有生坯的烤模，置于醒发箱内，箱内温度为36~38℃，相对湿度为80%~90%，醒发时间为60~90min，观察生坯发起的最高点略高出烤模上口即醒发成熟，立即取出。 （6）烘烤：取出的生坯应立即置于烤盘上，推入炉温已预热至200℃左右的烘箱内烘烤，至面包烤熟立即取出。烘烤总时间一般为12~20min，翻盘一次，注意烘烤温度在180~200℃之间（面火180℃，底火205℃）。 （7）冷却：出炉的面包待稍冷后脱出烤模，置于空气中自然冷却至室温。		

实施过程记录

1. **根据 GB 2760—2024 和 GB/T 20981—2021《面包质量通则》填写下表**

面包中允许使用的膨松剂	各种膨松剂允许添加量

2. 膨松剂选用方案的设计

膨松剂	添加量（g/100g）									
	1	2	3	4	5	6	7	8	9	10

3. **膨松剂的添加量**

膨松剂				
质量 m/g				

4. **绘制面包制作的工艺流程图**

5. 膨松剂溶液的配制记录

6. 膨松剂的添加记录

添加时间：

添加方法：

7. 膨松剂选用效果评价

（1）根据感官评价和质量体积对膨松剂在面包中的应用效果进行评价。

试验号	膨松剂选用方案	质量体积/（mL/g）	感官评价
1			
2			
3			
4			
5			

（2）结论。

膨松剂选用方案参考

膨松剂	添加量（g/100g）				
	1	2	3	4	5
活性干酵母	0.7	1.0	1.3	0	0.6
双效泡打粉	0	0	0	1	0.4

任务考核

序号	工作任务	评价指标	分值比例/%
1	辩论安全性	1. 会分析膨松剂在面包中添加的必要性。 2. 会分析膨松剂存在的危害性。	10
2	查询标准	会正确使用 GB 2760—2024 查询膨松剂在面包中的最大添加量和残留量。	10
3	设计方案	能根据 GB 2760—2024，设计出面包中膨松剂的选用方案，选用的膨松剂均是允许使用的，添加量不超过最大添加量。	10
4	准确称量	1. 能根据面粉重和使用方案，计算出膨松剂的用量。 2. 会正确使用分析天平进行称量。	10
5	添加顺序	膨松剂在面包中的添加顺序要正确。	10
6	混合均匀	膨松剂与面粉等原料要充分混合均匀。	10
7	效果评价	1. 会对面包的组织状态进行感官评价。 2. 会测定面包的比容。	10
8	数据记录	能及时、准确记录操作过程中的数据参数。	10
9	综合素养	1. 具有食品安全意识、操作安全意识、食品合规意识。 2. 工作服整洁；规范操作；团队协作；创新精神。 3. 试验后及时整理、清洗相关的玻璃器皿和仪器设备。	20

考核分数：____________ 考核教师：____________ 日期：____________

任务工单 7 食用香精在冰淇淋中的选用及效果评价

学习模块	食品添加剂的选用及效果评价		
实训地点		学时	4
实训目标	1. 能根据产品特点，安全设计出香精的选用方案。 2. 能依据国家标准按加工需求计算冰淇淋中香精的添加量并安全规范应用。 3. 能对香精的使用进行作用效果评价。		
仪器设备	天平、量筒、烧杯、玻璃棒、不锈钢盆、不锈钢锅、冰箱、冰淇淋机。		
冰淇淋制作的基础配方	食用香精、原味冰淇淋、纯牛乳、蒸馏水。		
冰淇淋的制作	（1）食用香精溶液的配制：将食用香精用蒸馏水配制成10%的溶液。 （2）配料：将食用香精溶液加入水、牛乳、乳饮料、冰淇淋等样品中，边滴边搅拌。 （3）闻香：在各样品的最佳食用温度下闻其香味。		

实施过程记录

1. **根据** GB 2760—2024 **和** GB/T 31114—2014**《冷冻饮品　冰淇淋》填写下表**

冰淇淋中允许使用的食用香精	各种食用香精允许添加量

2. 食用香精选用方案的设计

食用香料、香精	添加量（g/100g）							
	水	水	乳	乳	乳饮料	乳饮料	冰淇淋	冰淇淋

3. 相同食用香精选用方案在不同样品中的添加量

样品				
香精的质量 m/g				

4. 绘制冰淇淋制作的工艺流程图

5. 食用香精溶液的配制记录

6. 食用香精的添加记录

添加时间：

添加方法：

7. 食用香精选用效果评价

（1）根据感官评价对食用香精在不同样品中的应用效果进行评价。

试验号	样品	食用香精选用方案	感官评价
1			
2			
3			
4			
5			
6			
7			
8			

（2）结论。

食用香精选用方案参考

食用香料、香精	添加量/（g/100g）							
	水	水	乳	乳	乳饮料	乳饮料	冰淇淋	冰淇淋
草莓	0.1	0	0.1	0.05	0.1	0	0.1	0
香草	0	0.05	0	0	0	0.1	0	0
抹茶	0	0.05	0	0	0	0	0	0.05
巧克力	0	0	0	0.1	0	0.05	0	0.1

任务考核

序号	工作任务	评价指标	分值比例/%
1	辩论安全性	1. 会分析食用香料、香精在食品中添加的必要性。 2. 会分析食用香料、香精存在的危害性。	10
2	查询标准	会正确使用 GB 2760—2024 查询食用香料、香精在冰淇淋等食品中的最大添加量和残留量。	10
3	设计方案	能根据 GB 2760—2024，设计出冰淇淋等食品中食用香料、香精的选用方案。	10
4	准确称量	1. 能根据样品重和使用方案，计算出食用香料、香精的用量。 2. 会正确使用分析天平进行称量。	10
5	添加顺序	食用香料、香精在样品中的添加顺序要正确。	10
6	混合均匀	食用香料、香精要与样品充分搅拌均匀。	10
7	效果评价	会对样品的风味进行感官评价。	10
8	数据记录	能及时、准确记录操作过程中的数据参数。	10
9	综合素养	1. 具有食品安全意识、操作安全意识、食品合规意识。 2. 工作服整洁；规范操作；团队协作；创新精神。 3. 试验后及时整理，清洗相关的玻璃器皿和仪器。	20

考核分数：________________ 考核教师：________________ 日期：________________

任务工单 8 防腐剂在酱油中的选用及效果评价

学习模块	食品添加剂的选用及效果评价		
实训地点		学时	4
实训目标	1. 能根据产品特点，安全设计出防腐剂的选用方案。 2. 能依据国家标准按加工需求计算酱油中防腐剂的添加量并安全规范应用。 3. 能对防腐剂的使用进行作用效果评价。		
仪器设备	天平、量筒、烧杯、玻璃瓶、带橡胶塞试管、酒精灯、微生物平板、无菌纱布、无菌离心管、无菌移液器、旋涡振荡器。		
实训材料	无添加酱油、苯甲酸钠、山梨酸钾、双乙酸钠、无菌生理盐水。		
实训步骤	（1）分别取 100mL 酱油，置于 4 个烧杯中。 （2）每个烧杯内加入一定质量的苯甲酸钠。 （3）置于恒温培养箱内培养 48~72h。 （4）对其进行菌落计数。		

实施过程记录

1. 根据 GB 2760—2024 和 GB 2717—2018《食品安全国家标准　酱油》填写下表

酱油中允许使用的防腐剂	各种防腐剂允许添加量/（g/kg）

2. **防腐剂选用方案的设计**

防腐剂	添加量/(g/100g)									
	1	2	3	4	5	6	7	8	9	10

3. **不同浓度防腐剂（如苯甲酸钠）在酱油中的添加量**

不同浓度				
防腐剂的质量 m/g				

4. **绘制酱油制作的工艺流程图**

5. **防腐剂溶液的配制记录**

6. **防腐剂的添加记录**

添加时间：

添加方法：

7. **防腐剂选用效果评价**

（1）根据菌落总数对不同浓度防腐剂在酱油中的应用效果进行评价。将酱油生产分为4组，其中一组作为对照组（不添加防腐剂），其他三组添加不同浓度的防腐剂（如0.02%苯甲酸钠、0.06%苯甲酸钠、0.1%苯甲酸钠）。通过保温培养，对其进行菌落计数，填入下表。

试验号	防腐剂选用方案	菌落总数
1		
2		
3		
4		

（2）结论。

防腐剂选用方案参考

防腐剂	添加量/(g/100g)									
	1	2	3	4	5	6	7	8	9	10
苯甲酸钠	0	0.02	0.06	0.1	0	0	0	0	0	0
山梨酸钾	0	0	0	0	0.02	0.06	0.1	0	0	0
双乙酸钠	0	0	0	0	0	0	0	0.08	0.16	0.24

任务考核

序号	工作任务	评价指标	分值比例/%
1	辩论安全性	1. 会分析防腐剂在酱油中添加的必要性。 2. 会分析防腐剂超标可能出现的负面影响。	10
2	查询标准	会正确使用 GB 2760—2024 查询防腐剂在酱油中的最大添加量。	10
3	设计方案	能根据 GB 2760—2024，设计出酱油中防腐剂的应用方案，其中防腐剂均是允许使用的，添加量不超过最大添加量。	10
4	准确称量	1. 能根据样品质量和使用方案，计算出防腐剂的用量。 2. 会正确使用分析天平进行称量。	10
5	添加顺序	1. 防腐剂的配制顺序要正确，根据溶解性进行溶解。 2. 防腐剂在酱油中的添加顺序要正确。	10
6	混合均匀	防腐剂与酱油要充分混合均匀。	10
7	效果评价	能评价酱油中防腐剂的防腐能力，会测定菌落总数。	10
8	数据记录	能及时、准确记录操作过程中的数据参数。	10
9	综合素养	1. 具有食品安全意识、操作安全意识、食品合规意识。 2. 实验服整洁；检测规范操作；团队协作；创新精神。 3. 试验后及时整理、清洗相关的玻璃器皿和仪器设备。	20

考核分数：______________ 考核教师：______________ 日期：______________

任务工单 9　抗氧化剂在油脂中的选用及效果评价

学习模块	食品添加剂的选用及效果评价		
实训地点		学时	4
实施目标	1. 能根据产品特点，安全设计出抗氧化剂的选用方案。 2. 能依据国家标准按加工需求计算油脂中抗氧化剂的添加量。 3. 能对抗氧化剂的使用进行作用效果评价。		
仪器设备	电热恒温干燥箱、天平、恒温水浴振荡器、碘量瓶、酸式滴定管、烧杯等。		
实训材料	大豆油、BHA、BHT、柠檬酸、抗坏血酸钠、三氯甲烷-冰乙酸混合液（40+60）、0.01mol/L $Na_2S_2O_3$ 标准溶液、淀粉指示剂 10g/L、饱和碘化钾溶液。		
实训步骤	（1）每组准备 3 个 250mL 烧杯并依次编号，各加入 100g 大豆油，1 号烧杯为空白，其他 2 个烧杯分别按试验方案加入抗氧化剂。 （2）将已加入抗氧化物质的油脂样品在 70℃下加热搅拌 30min，使加入物充分溶解。 （3）试样转移至棕色试剂瓶，密封，置于 60℃恒温箱保存。 （4）每隔 24h 分别摇匀搅拌 2min，并交换它们在恒温箱中的位置，定期取 2g 样品测定油脂过氧化值（POV）。 （5）效果评价：过氧化值（POV）按 GB 5009.227—2023 的方法测定。		

实施过程记录

1. 根据 GB 2760—2024 和 GB/T 1535—2017《大豆油》填写下表

大豆油中允许使用的抗氧化剂	各种抗氧化剂允许添加量/（g/kg）

2. 油脂中抗氧化剂应用方案设计

组别	抗氧化剂应用方案/(g/100g)		
	1	2	3
A			
B			
C			
D			
E			

3. 不同抗氧化剂在大豆油中的添加量

组别	100mL 油中抗氧化剂添加量/g		
	1	2	3
A			
B			
C			
D			
E			

4. 绘制过氧化值（POV）测定的工艺流程图

5. 抗氧化剂溶液的配制和添加记录

6. 过氧化值（POV）的计算公式

7. 同一组别大豆油中过氧化值（POV）的测定

时间/d	0		3		6		9		12	
组别	*V*	POV	*V*	POV	*V*	POV	*V*	POV	*V*	POV
1										
2										
3										

8. 相同天数不同组别大豆油中过氧化值（POV）的测定

组别	样品 1		样品 2		样品 3	
	V	POV	*V*	POV	*V*	POV
A						
B						
C						
D						
E						

9. 根据油脂的过氧化值测定结果比较不同方案抗氧化剂对油脂的抗氧化效果

抗氧化剂应用方案参考

组别	1	2	3
A	空白 0	BHA 0. 1g/kg	BHT 0. 2g/kg
B	BHT 0. 2g/kg	BHA 0. 2g/kg	TBHQ 0. 2g/kg
C	BHT 0. 2g/kg	BHT 0. 1g/kg+BHA 0. 1g/kg	BHT 0. 1g/kg+TBHQ 0. 1g/kg
D	BHT 0. 2g/kg	BHT 0. 2g/kg+柠檬酸 0. 05g/kg	BHT 0. 2g/kg+抗坏血酸钠 0. 05g/kg
E	BHT 0. 2g/kg	BHT 0. 1g/kg+ TBHQ 0. 1g/kg	BHT 0. 1g/kg+TBHQ 0. 1g/kg+抗坏血酸钠 0. 05g/kg

任务考核

序号	工作任务	评价指标	分值比例/%
1	辩论安全性	1. 会分析抗氧化剂在油脂中添加的必要性。 2. 会分析抗氧化剂的潜在负面影响。	10
2	查询标准	会正确使用 GB 2760—2024 查询抗氧化剂在油脂中的添加量。	10
3	设计方案	能根据 GB 2760—2024，设计出油脂中抗氧化剂的应用方案，其中抗氧化剂均是允许使用的，添加量不超过最大添加量。	10
4	准确称量	1. 能根据油重和使用方案，计算出抗氧化剂的用量。 2. 会正确使用分析天平进行称量。	10
5	添加顺序	1. 抗氧化剂溶液配制顺序要正确。 2. 抗氧化剂在油脂中的添加顺序要正确。	10
6	混合均匀	抗氧化剂与油脂要充分混合均匀。	10
7	效果评价	1. 会对油脂的色泽进行感官评价。 2. 会测定油脂中的过氧化值。	10
8	数据记录	能及时、准确记录操作过程中的数据参数。	10
9	综合素养	1. 具有食品安全意识、操作安全意识、食品合规意识。 2. 实验服整洁；规范操作；团队协作；创新精神。 3. 试验后及时整理、清洗相关的玻璃器皿，有机废液倾倒进废液桶中。	20

考核分数：__________ 考核教师：__________ 日期：__________

任务工单 10　酶制剂在果汁中的选用及效果评价

学习模块	食品添加剂的选用及效果评价		
实训地点		学时	4
实施目标	1. 能根据产品特点，设计出酶制剂的选用方案。 2. 能依据国家标准按加工需求计算果汁中酶制剂的添加量并安全规范应用。 3. 能对酶制剂的使用进行作用效果评价。		
仪器设备	天平、量筒、烧杯、容量瓶、组织捣碎机、玻璃棒、磁力搅拌水浴箱、分析天平、不锈钢锅、电炉、离心机、分光光度计、温度计、秒表等。		
实训材料	果胶酶、纤维素酶、α-淀粉酶、橙子。		
果汁的制作	（1）漂烫、打浆：将橙子洗净，去皮，去籽，掰成小块，于不锈钢煮锅中沸水热烫 2~5min，冷却后用组织捣碎机打浆。 （2）酶解澄清：按试验方案直接将酶制剂加入到待澄清的果浆中，搅拌均匀，在适宜的温度（如 55℃）下，静置不同的时间（如 20、40、60min）后灭酶（90℃ 灭酶 5min），其间要适当搅拌。研究添加相同酶制剂不同酶解时间和添加不同酶制剂方案酶解 40min 对果汁澄清效果的影响。 （3）过滤/离心：将酶解后的果汁样品配平后，4000r/min 离心 5min，取上清液，量取上清液的体积。计算出汁率，并测定澄清度。		

实施过程记录

1. 根据 GB 2760—2024 和 GB/T 31121—2014《果蔬汁类及其饮料》填写下表

果汁中允许使用的酶制剂	各种酶制剂允许添加量

2. 酶制剂选用方案的设计

酶制剂	添加量/(g/100g)									
	1	2	3	4	5	6	7	8	9	10

3. 酶制剂的添加量

酶制剂				
质量 m/g				

4. 绘制果汁制作的工艺流程图

5. 酶制剂的配制记录

6. 酶制剂的添加记录

添加时间：

添加方法：

7. **酶制剂选用效果评价**

（1）根据感官评价、澄清度、出汁率对酶制剂在果汁中的应用效果进行评价。

①不同酶解时间对果汁澄清效果的影响。

测定指标	酶解时间/min							
	0	20	40	60	80	100	120	140
澄清度 T 值								
出汁率								
澄清效果（评分）								

②添加不同酶制剂方案酶解 40min 对果汁澄清效果的影响。

测定指标	酶制剂应用方案试验号							
	1	2	3	4	5	6	7	8
澄清度 T 值								
出汁率								
澄清效果（评分）								

（2）结论。

酶制剂选用方案参考

酶制剂	添加量/（g/100g）									
	1	2	3	4	5	6	7	8	9	10
果胶酶	0	0.06	0	0	0.03	0.03	0	0.02	0.02	0.02
纤维素酶	0	0	0.06	0	0.03	0	0.03	0.02	0.02	0.02
α-淀粉酶	0	0	0	0.06	0	0.03	0.03	0.02	0.02	0.02
酶解时间/min	40	40	40	40	40	40	40	20	40	60

任务考核

序号	工作任务	评价指标	分值比例/%
1	辩论安全性	1. 会分析酶制剂在果汁中添加的必要性。 2. 会分析酶制剂存在的危害性。	10
2	查询标准	会正确使用 GB 2760—2024 查询酶制剂在果汁中的最大添加量和残留量。	10
3	设计方案	能根据 GB 2760—2024，设计出果汁中酶制剂的选用方案，选用的酶制剂均是允许使用的，添加量不超过最大添加量。	10
4	准确称量	1. 能根据果汁重和使用方案，计算出酶制剂的用量。 2. 会正确使用分析天平进行称量。	10
5	添加顺序	酶制剂在果汁中的添加顺序要正确。	10
6	混合均匀	酶制剂要与果汁充分搅拌均匀。	10
7	效果评价	1. 会对果汁进行感官评价。 2. 会测定果汁的出汁率和澄清度。	10
8	数据记录	能及时、准确记录操作过程中的数据参数。	10
9	综合素养	1. 具有食品安全意识、操作安全意识、食品合规意识。 2. 工作服整洁；规范操作；团队协作；创新精神。 3. 试验后及时整理、清洗相关的玻璃器皿和仪器设备。	20

考核分数：____________ 考核教师：____________ 日期：____________

任务工单 11 护色剂亚硝酸钠的测定

学习模块	食品添加剂的综合选用		
实训地点		学时	4
实施目标	1. 能正确对样品进行预处理。 2. 能正确使用分光光度法测定亚硝酸盐含量。 3. 能正确处理数据，并评价样品中亚硝酸钠是否超标。		
仪器设备	小型绞肉机或组织捣碎机或研钵、可见分光光度计、天平（感量为 0.1mg 和 1mg）、250mL 具塞锥形瓶、200mL 容量瓶、玻璃棒；50mL 带塞比色管、比色架、量筒、1mL 刻度吸管 2 根、2mL 刻度吸管 2 根、5mL 刻度吸管 3 根、50mL 刻度吸管 1 根、15mL 刻度吸管 1 根。		
实训试剂	亚铁氰化钾溶液（106g/L）、乙酸锌溶液（220g/L）、饱和硼砂溶液（50g/L）、对氨基苯磺酸溶液（4g/L）、盐酸萘乙二胺溶液（2g/L）、亚硝酸钠标准使用液（5.0μg/mL）（现配现用）。		
实训步骤	（1）样品预处理（亚硝酸钠提取，提取液净化）。 （2）标准曲线绘制。 （3）样品测定。 （4）检测结果处理和判断。		

实施过程记录

1. 根据 GB 2760—2024 和 GB/T 20712—2022《火腿肠质量通则》填写下表

火腿肠中亚硝酸钠允许添加量/（g/kg）	
火腿肠中亚硝酸钠允许残留量/（g/kg）	

2. 样品预处理记录

3. 样品称量数据记录

次数	1	2
试样的质量 m/g		

4. 样品稀释记录

5. 数据记录与处理

（1）比色皿的校正

测定波长：538nm　　　　比色皿厚度：1cm

比色皿编号	1	2	3	4
吸光度校正值				

（2）标准曲线的绘制

测定波长：538nm　　　　比色皿厚度：1cm

比色管编号	亚硝酸钠标准使用液（5.0μg/mL）								
	1	2	3	4	5	6	7	8	9
取标样体积/mL	0	0.2	0.4	0.6	0.8	1.0	1.5	2.0	2.5
亚硝酸钠的量/μg	0	1	2	3	4	5	7.5	10	12.5
亚硝酸钠浓度/(μg/mL)	0	0.02	0.04	0.06	0.08	0.10	0.15	0.2	0.25
吸光度 A									
校正后吸光度 $A_{校}$									
标准曲线									

（3）样品的测定

样品的质量 m/g		
样品处理液总体积 V_0/mL	200	
测定次数	1	2
测定用样液体积 V_1/mL		
样液吸光度值 A_1		
校正后吸光度 $A_{1校}$		
样液中亚硝酸钠质量 m_1/μg		
样品中亚硝酸钠含量 X_1/(mg/kg)		
测定结果平均值/(mg/kg)		
标准规定分析结果的精密度	在重复性条件下获得的两次独立测定结果的绝对差值不得超过算术平均值的10%。	
本次实验分析结果的精密度		

注：结果以重复性条件下获得的两次独立测定结果的算术平均值表示，保留两位有效数字。

（1）计算公式

（2）计算过程

6. 检测报告

样品名称			检测目的		
规格型号			检测日期		
生产日期			报告日期		
生产单位			样品状态		
检测依据			样品来源		
检验结果					
序号	检测项目	单位	技术要求	检测结果	单项判定
1					
2					
判定依据					
检测结论					
备注					
主检			审核		

任务考核

序号	工作任务	评价指标	分值比例/%
1	辩论安全性	会分析各种试剂在亚硝酸钠测定中的作用原理。	5
2	查询标准	会正确使用 GB 2760—2024 查询亚硝酸钠在火腿肠中的最大添加量和残留量。	5
3	设计方案	能根据 GB 5009. 33—2016，设计出亚硝酸钠的测定步骤，并准备相应的仪器试剂。	5
4	准确称量	1. 能根据亚硝酸钠测定的步骤，准确规范的称量标准品亚硝酸钠和样品的质量，准确量取亚硝酸钠标准使用液体积。 2. 会正确使用分析天平进行称量。	15
5	测定含量	能正确使用分光光度法测定亚硝酸钠含量。	20
6	结果评价	1. 会绘制标准曲线。 2. 能正确处理数据，并评价样品中亚硝酸钠是否超标。	20
7	数据记录	能及时、准确记录操作过程中的数据参数。	10
8	综合素养	1. 具有食品安全意识、操作安全意识、食品合规意识。 2. 工作服整洁；规范操作；团队协作；创新精神。 3. 试验后及时整理、清洗相关的玻璃器皿和仪器设备。	20

考核分数：________________ 考核教师：________________ 日期：________________

任务工单 12　防腐剂苯甲酸和甜味剂糖精钠的测定

学习模块	食品添加剂的综合选用		
实训地点		学时	4
实施目标	1. 能正确对样品进行预处理。 2. 能正确使用高效液相色谱法测定苯甲酸和糖精钠的含量。 3. 能正确处理数据，并评价样品中防腐剂苯甲酸和甜味剂糖精钠是否超标。		
仪器设备	高效液相色谱仪（配紫外检测器）、分析天平（感量为 0.001g 和 0.0001g）、涡旋振荡器、离心机（转速>8000r/min）；匀浆机；恒温水浴锅；超声波发生器、0.22μm 水相微孔滤膜、50mL 塑料离心管。		
实训试剂	亚铁氰化钾溶液（92g/L），乙酸锌溶液（183g/L），无水乙醇，甲醇，乙酸铵溶液（20mmol/L），甲酸-乙酸铵溶液（2mmol/甲酸+20mmol/L 乙酸铵），苯甲酸、糖精钠标准储备液（浓度为 1000mg/L），苯甲酸、糖精钠标准混合使用液（200mg/L）：取上述储备液 10.0mL，放入 50mL 容量瓶中，加水至刻度；苯甲酸、糖精钠混合标准系列工作溶液，经 0.22μm 滤膜过滤后备用。		
实训步骤	（1）样品预处理（试样制备，胶基糖果试样中苯甲酸的提取）。 （2）标准曲线制作。 （3）试样的测定。 （4）检测结果处理和结果判断。		

实施过程记录

1. 根据 GB 2760—2024 和 GB/T 10023—2017《糖果　胶基糖果》填写下表

胶基糖果中苯甲酸钠允许添加量/(g/kg)	
胶基糖果中苯甲酸钠允许残留量/(g/kg)	

2. 样品称量数据记录

次数	1	2
试样的质量 m/g		

3. 样品预处理记录

4. 结果记录并分析处理

<table>
<tr><td>项目名称</td><td></td><td colspan="2">样品名称</td><td colspan="2"></td><td colspan="2">接样日期</td><td colspan="2"></td></tr>
<tr><td>设备</td><td colspan="5"></td><td colspan="2">检验日期</td><td colspan="2"></td></tr>
<tr><td colspan="2">检验依据</td><td colspan="8">GB 5009.28—2016（第一法）</td></tr>
<tr><td colspan="2">进样量</td><td colspan="2"></td><td colspan="4">测定波长</td><td colspan="2">230nm</td></tr>
<tr><td colspan="2">标准使用液浓度/(mg/L)</td><td>0.00</td><td>1.00</td><td>5.00</td><td>10.0</td><td>20.0</td><td>50.0</td><td>100</td><td>200</td></tr>
<tr><td colspan="2">保留时间</td><td></td><td></td><td></td><td></td><td></td><td></td><td></td><td></td></tr>
<tr><td colspan="2">峰面积</td><td></td><td></td><td></td><td></td><td></td><td></td><td></td><td></td></tr>
<tr><td colspan="2">测定次数</td><td colspan="4">1</td><td colspan="4">2</td></tr>
<tr><td colspan="2">样品的质量 m/g</td><td colspan="4"></td><td colspan="4"></td></tr>
<tr><td colspan="2">样品定容体积 V/mL</td><td colspan="4"></td><td colspan="4"></td></tr>
<tr><td colspan="2">样品中苯甲酸、糖精钠保留时间</td><td colspan="4"></td><td colspan="4"></td></tr>
<tr><td colspan="2">样品中苯甲酸、糖精钠峰面积</td><td colspan="4"></td><td colspan="4"></td></tr>
<tr><td colspan="2">由标准曲线得出的样液中苯甲酸、糖精钠的浓度 ρ/（mg/L）</td><td colspan="8"></td></tr>
<tr><td colspan="2">样品中苯甲酸、糖精钠含量 X/(g/kg)</td><td colspan="4"></td><td colspan="4"></td></tr>
<tr><td colspan="2">测定结果平均值 $\bar{X}$/(g/kg)</td><td colspan="8"></td></tr>
<tr><td colspan="2">本次实验分析结果精密度</td><td colspan="8">在重复性条件下获得的两次独立测定结果的绝对差值不得超过算术平均值的 10%。</td></tr>
</table>

注：结果以重复性条件下获得的两次独立测定结果的算术平均值表示，保留 3 位有效数字。

（1）计算公式：

（2）计算过程：

5. 检测报告

样品名称			检测目的		
规格型号			检测日期		
生产日期			报告日期		
生产单位			样品状态		
检测依据			样品来源		
检验结果					
序号	检测项目	单位	技术要求	检测结果	单项判定
1					
2					
判定依据					
检测结论					
备注					
主检			审核		

任务考核

序号	工作任务	评价指标	分值比例/%
1	辩论安全性	会分析各种试剂在苯甲酸钠测定中的作用。	5
2	查询标准	会正确使用 GB 2760—2024 查询苯甲酸、糖精钠在胶基糖果中的最大添加量和残留量。	5
3	设计方案	能根据 GB 5009. 28—2016，设计出苯甲酸的测定步骤，并准备相应的仪器试剂。	5
4	准确称量	1. 能根据苯甲酸钠测定的步骤，准确规范的称量胶基糖果的质量和标准品苯甲酸钠的质量。 2. 会正确使用分析天平进行称量。	15
5	测定含量	能正确使用高效液相法测定苯甲酸含量。	20
6	结果评价	1. 会制作标准曲线，标准曲线的线性高。 2. 能正确处理数据，并评价样品中苯甲酸是否超标。	20
7	数据记录	能及时、准确记录操作过程中的数据参数。	10
8	综合素养	1. 具有食品安全意识、操作安全意识、食品合规意识。 2. 工作服整洁；规范操作；团队协作；创新精神。 3. 试验后及时整理、清洗相关的玻璃器皿和仪器设备。	20

考核分数：＿＿＿＿＿＿＿＿＿＿　　考核教师：＿＿＿＿＿＿＿＿＿＿　　日期：＿＿＿＿＿＿＿＿＿＿

任务工单 13　着色剂日落黄的测定

学习模块	食品添加剂的综合选用		
实训地点		学时	6
实施目标	1. 能正确对样品进行预处理。 2. 能正确使用高效液相色谱法测定日落黄含量。 3. 能正确处理数据，并评价样品中着色剂日落黄是否超标。		
仪器设备	高效液相色谱仪（带二极管阵列检测器）、天平（感量分别为 1mg 和 0.1mg）、pH 计、电动搅拌器（转速范围为 30~2000r/min）、涡旋混合器、超声波发生器或恒温摇床、高速离心机（转速不小于 15000r/min）、固相萃取装置、氮气浓缩装置、固相萃取柱、针筒过滤器、PVDF（聚偏氟乙烯）或 PTFE（聚四氟乙烯）滤膜（孔径为 0.45μm）等。		
实训试剂	乙醇氨水溶液、5%甲醇水溶液、2%氨水甲醇溶液、乙酸铵溶液（20mmol/L）、乙酸铵缓冲溶液（pH9.0）；2%甲酸水溶液、日落黄标准储备液（1.0mg/mL）、混合标准中间液（50.0μg/mL）、标准系列工作液等。		
实训步骤	（1）样品预处理（果蔬汁饮料中着色剂的提取、净化）。 （2）标准曲线制作。 （3）试样的测定。 （4）检测结果处理和结果判断。		

实施过程记录

1. 根据 GB 2760—2024 和 NY/T 434—2016《绿色食品　果蔬汁饮料》填写下表

果蔬汁饮料中日落黄允许添加量/(g/kg)	
果蔬汁饮料中日落黄允许残留量/(g/kg)	

2. 样品称量数据记录

次数	1	2
试样的质量 m/g		

3. 样品预处理记录

4. 结果记录并分析处理

样品名称				接样日期			
设备				检验日期			
检验依据	GB 5009. 35—2023						
进样量			测定波长				
标准使用液浓度/(μg /mL)	0	0. 2	0. 5	1. 0	2. 0	5. 0	10. 0
保留时间							
峰面积							
测定次数	1				2		
样品的质量 m/g							
样品定容体积 V_1/mL							
样品中日落黄保留时间							
样品中日落黄峰面积							
由标准曲线得出的样液中日落黄的浓度 c/（μg/mL）							
样品中日落黄含量 X/（g/kg）							
测定结果平均值 $\overline{X}$/（g/kg）							
本次实验分析结果精密度	在重复性条件下获得的两次独立测定结果的绝对差值不得超过算术平均值的 10%。						

注：结果以重复性条件下获得的两次独立测定结果的算术平均值表示，保留 3 位有效数字。

（1）计算公式：

（2）计算过程：

5. 检测报告

着色剂日落黄测定的检测报告

<table>
<tr><td>样品名称</td><td colspan="2"></td><td>检测目的</td><td colspan="2"></td></tr>
<tr><td>规格型号</td><td colspan="2"></td><td>检测日期</td><td colspan="2"></td></tr>
<tr><td>生产日期</td><td colspan="2"></td><td>报告日期</td><td colspan="2"></td></tr>
<tr><td>生产单位</td><td colspan="2"></td><td>样品状态</td><td colspan="2"></td></tr>
<tr><td>检测依据</td><td colspan="2"></td><td>样品来源</td><td colspan="2"></td></tr>
<tr><td colspan="6">检验结果</td></tr>
<tr><td>序号</td><td>检测项目</td><td>单位</td><td>技术要求</td><td>检测结果</td><td>单项判定</td></tr>
<tr><td>1</td><td></td><td></td><td></td><td></td><td></td></tr>
<tr><td>2</td><td></td><td></td><td></td><td></td><td></td></tr>
<tr><td>判定依据</td><td colspan="5"></td></tr>
<tr><td>检测结论</td><td colspan="5"></td></tr>
<tr><td>备注</td><td colspan="5"></td></tr>
<tr><td>主检</td><td colspan="2"></td><td>审核</td><td colspan="2"></td></tr>
</table>

任务考核

序号	工作任务	评价指标	分值比例/%
1	辩论安全性	会分析各种试剂在日落黄测定中的作用。	5
2	查询标准	会正确使用 GB 2760—2024 查询日落黄在果蔬汁饮料中的最大添加量和残留量。	5
3	设计方案	能根据 GB 5009. 35—2023，设计出日落黄的测定步骤，并准备相应的仪器试剂。	5
4	准确称量	1. 能根据日落黄测定的步骤，准确规范的称量果蔬汁饮料的质量和标准品日落黄的质量。 2. 会正确使用分析天平进行称量。	15
5	测定含量	能正确使用高效液相法测定日落黄含量。	20
6	结果评价	1. 会制作标准曲线，标准曲线的线性高。 2. 能正确处理数据，并评价样品中日落黄是否超标。	20
7	数据记录	能及时、准确记录操作过程中的数据参数。	10
8	综合素养	1. 具有食品安全意识、操作安全意识、食品合规意识。 2. 工作服整洁；规范操作；团队协作；创新精神。 3. 试验后及时整理、清洗相关的玻璃器皿和仪器设备。	20

考核分数：____________ 考核教师：____________ 日期：____________

任务工单 14 漂白剂在蜜饯中的选用及效果评价

学习模块	食品添加剂的综合选用		
实训地点		学时	4
实施目标	1. 能根据产品特点，安全设计出漂白剂的选用方案。 2. 能依据国家标准，按蜜饯加工需求计算食品中漂白剂的添加量。 3. 能对漂白剂的使用进行作用效果评价。		
仪器设备	天平、量筒、烧杯、恒温水浴锅、玻璃棒、烘箱、手持式色度仪。		
实训材料	蜜饯，漂白剂：亚硫酸氢钠、焦亚硫酸钠、低亚硫酸钠等。		
实训步骤	（1）漂白溶液的配制：按方案准确称量相应的漂白剂，按原料和蒸馏水 1∶20 的比例，加入蒸馏水，配制成漂白剂溶液。 （2）漂白：将蜜饯切碎，在漂白剂溶液里加入相应量的蜜饯，保鲜膜封口，在 50℃水浴锅中漂白一定时间。 （3）烘干：用同等量的蒸馏水，清洗蜜饯 2 遍，沥干，在 80℃烘箱中烘干 30min。 （4）评价：对漂白后的蜜饯进行感官评定，并测定色度 *Lab* 值。		

实施过程记录

1. 根据 GB 2760—2024 和 GB 14884—2016《食品安全国家标准 蜜饯》填写下表

蜜饯中允许使用的漂白剂						
各种漂白剂允许添加量/（g/kg）						
各种漂白剂允许残留量/（g/kg）						

2. 漂白剂选用方案的设计

漂白剂	添加量/（g/100g）									
	1	2	3	4	5	6	7	8	9	10
亚硫酸氢钠										
焦亚硫酸钠										
低亚硫酸钠										

3. **漂白剂的添加量（__________ mL 溶液）**

漂白剂					
质量 m/g					

4. **绘制蜜饯漂白实验的工艺流程**

5. **漂白剂的添加记录**

添加时间：

添加方法：

6. **漂白剂选用效果评价**

（1）不同漂白剂方案漂白 30min 对蜜饯漂白效果的影响。

测定指标	漂白剂应用方案试验号							
	1	2	3	4	5	6	7	8
L（亮暗）								
a（红绿）								
b（黄蓝）								
漂白效果（评分）								

（2）添加__________ g/100g __________相同漂白剂不同漂白时间对蜜饯漂白效果的影响。

测定指标	漂白时间/min							
	0	10	20	30	40	50	60	70
L（亮暗）								
a（红绿）								
b（黄蓝）								
漂白效果（评分）								

（3）结论。

漂白剂应用方案参考

采用 3 种浓度的两种不同的漂白剂对蜜饯进行漂白，假设蜜饯质量为 10g，用 1∶20 的漂白剂溶液浸泡，漂白溶液需要 200mL，3 种不同浓度的漂白剂溶液配制如下表所示。

漂白剂	添加量/(g/100g)									
	1	2	3	4	5	6	7	8	9	10
亚硫酸氢钠	0	0.04	0.07	0.10	0	0	0	0	0	0
焦亚硫酸钠	0	0	0	0	0.04	0.07	0.10	0	0	0
低亚硫酸钠	0	0	0	0	0	0	0	0.04	0.07	0.10

任务考核

序号	工作任务	评价指标	分值比例/%
1	辩论安全性	会分析漂白剂在蜜饯中添加的安全性。	10
2	查询标准	会正确使用 GB 2760—2024 查询漂白剂在蜜饯中的最大添加量和残留量。	10
3	设计方案	能根据 GB 2760—2024，设计出蜜饯中漂白剂的应用方案，其中漂白剂均是允许使用的，添加量不超过最大添加量	10
4	准确称量	1. 能根据蜜饯质量和使用方案，计算出漂白剂的用量。 2. 会正确使用分析天平进行称量。	10
5	添加顺序	1. 漂白剂的溶解顺序要正确。 2. 漂白剂在蜜饯中的添加顺序要正确。	10
6	混合均匀	漂白剂与蜜饯要充分混合均匀。	10
7	效果评价	1. 会对蜜饯的颜色进行感官评价。 2. 会测定漂白后蜜饯的色度 LAB 值。	10
8	数据记录	能及时、准确记录操作过程中的数据参数。	10
9	综合素养	1. 具有食品安全意识、操作安全意识、食品合规意识。 2. 实验服整洁；规范操作；团队协作；创新精神。 3. 试验后及时整理、清洗玻璃器皿和仪器设备。	20

考核分数：＿＿＿＿＿＿＿＿＿＿　考核教师：＿＿＿＿＿＿＿＿＿＿　日期：＿＿＿＿＿＿＿＿＿＿

食品添加剂应用技术
任务工单

五、食品用香料、香精的呈香原因

1. 化学结构

发香物质一般属于有机化合物。发香物质发香的原因、香味的差异和强度的不同，主要在于其发香基团、碳链结构、取代基相对位置及分子中原子空间排布的不同。

（1）发香基团　发香基团决定了气味的种类。发香基团包括含氧基团，如羟基、醛基、酮基、羧基、醚基、苯氧基、酯基、内酯基等；含氮基团，如氨基、亚氨基、硝基、肼基等；含芳香基团，如芳香醇、芳香醛、芳香脂、酚类及酚醚等；含硫、磷、砷等原子的化合物及杂环化合物。单纯的碳氢化合物极少具有怡人的香味。

（2）碳链结构　分子中碳原子数目、双键数目、支链、碳链结构等均对香味产生影响。

①不饱和化合物常比饱和化合物的香气强。双键能增强气味强度，三键的增强能力更强，甚至产生刺激性气味。例如：丙醇（$CH_3—CH_2—CH_2OH$）香味平淡，而丙烯醇（$CH_2═CHCH_2OH$）香味强烈，苯丙醛（$C_6H_5—CH_2—CH_2—CHO$）则具有刺激性香味。

②一般来说，分子中碳原子数在10~15时香味最强。碳原子个数对醇、醛等化合物的香气有明显的影响。C_1~C_3的低级醇具有轻快的酒香香气；C_4~C_6的醇具有麻醉性气味；C_6~C_9的醇具有清新果香；C_{14}以上的高碳醇几乎无气味。低碳醛具有强烈的刺激性气味；C_8~C_{12}的醛具有花香、果香和油脂气味，常作为头香；C_{16}以上的高碳醛几乎无气味。

③环烃族化合物在水果、蔬菜、调料及合成香料中呈现特殊的清香。杂环化合物的香气种类多样，气味强烈。

（3）取代基的相对位置　取代基的相对位置对香气的影响很大，尤其对于芳香族化合物影响更大。例如，香兰素是香兰气味，而异香兰素是大茴香味。

（4）分子中原子的空间排布　同一种化合物不同的同分异构体，往往气味不同。例如，顺式结构的叶香醇比反式结构的橙花醇要香得多，不对称碳原子引起的左旋和右旋异构体的香气强弱也不同。

（5）杂环化合物中的杂原子　有机的硫化物多有臭味，含氢的化合物也多有臭味。吲哚也称粪臭素，但它极度稀释后呈茉莉香味。这些杂环化合物对香味都有一定特别的影响，例如甲硫醚与挥发性脂肪酸、酮类形成乳香；某些含氧与含硫和氮的杂环化合物有肉类香味。

2. 物理特性

香味的产生与发香物质的物理特性有关，其在一定程度上取决于该物质的蒸气压、溶解性、扩散性、吸附性及表面张力等。香料化合物的相对分子质量一般在50~300。

任务实施

一、食品用香料、香精的选择

人们对食用香料、香精认识上有两个误区。一是食品不应该加香精或加香精不好。现代生活水平的提高和生活节奏的加快使人们越来越喜爱食用快捷方便的加工食品，并且希望食品香味要可口、香味要丰富多样，这些必须通过添加食用香精才能实现。二是外国人不吃和很少吃添加了食用香精的食品。食用香精是“舶来品”，越是发达国家食用香精人均消费量越高。

目前食用香精香料已经广泛应用到食品生产的各个领域，它不仅改善了食品质量，弥补食品的风味缺陷，增加食品的色香味，提高了人们的生活质量和品位，同时也促进了食品工业的快速发展。

（一）香料、香精的安全性

食用香料和香精种类很多，但在食品中的使用量一般很少，添加过多除了会影响到食品的安全性外，也会使人们难以接受，因此，食用香料、香精又被称为“自我限量”的食品添加剂。

食用香精是由多种香料经过调和而成，种类与数量很难限定，GB 2760—2024 中仅对食品用香料的使用规定、使用范围和允许使用的香料名单进行了规定，食品用香料、香精的使用范围是除了 GB 2760—2024 表 B. 1 之外的各类食品，最大使用量为按生产需要适量使用。香精只要由 GB 2760—2024 表 B. 2 允许使用的食品用天然香料和 GB 2760—2024 表 B. 3 允许使用的食品用合成香料调制而成，就是安全的。

（二）香料、香精品质的评价

香料的品质是调香的基础，是生产质优价廉香精的先决条件。一般用香比强值、留香值、香品值，综合评价分数确定香料的品质。

1. 香比强值

将 100%苯乙醇的香比强值定为 1，其他常用香料在 100%时的香比强值通过多人的感官检验确定。该值反映香料或香精的香气强度，能直接看出一个香料或香精对加香产品的香气贡献。

2. 留香值

把香气在不到 1d 就嗅不到的香料系数定为“1”，超过 100d 还能嗅到香气的系数定为“100”，其余的香料留香 Nd 其留香值即为 N。可定量描述香料的留香能力。

3. 香品值

由多位专家组成评香小组，每位专家分别给与香料一个评价分数，最低为 0 分，最高 100 分，去掉最高分和最低分后取平均，即为该香料的香品值。

香料本来是无所谓“品位”的，如吲哚，直接嗅闻时有鸡粪一样的恶臭味，稀释到 1%以下的浓度时却有茉莉花一样的香气。因此如果要给每一个香料一个“品位值”的话，只能放在一个香气范围内考察它的“表现”，例如乙酸苄酯一般都用于调配茉莉香精使用，我们就看它本身像不像茉莉花香，很像的话“分数”给得高一些，不太像的话“分数”就给得低一些。香品值就是按这个思路创造出来的。

4. 综合评价分数

在科研和生产实践中人们用 P 表示香品值，用 β 表示香比强值，L 表示留香值，用 Z 表示综合评价分数，然后用公式 $Z=(P\times\beta\times L)\div 1000$ 计算一个香料或香精的综合评价分数。

在调香过程中，明确香料和香精的“三值”“综合评价分数”等参数，对于确定香料、香精的用量、成本等都很有参考价值。一般情况下，Z 越高，该香料或香精的实用价值也越高，价格越高。常见香料的质量参数见表 7-1。

表 7-1 一些香料的质量参数

香料名称	香比强值	香品值	留香值	综合评分
苯甲醛	1000	40	1	40
薄荷醇	1000	80	1	80
大茴香醇	50	80	47	188
丁酸乙酯	100	80	1	8
丁香酚	400	15	16	96
柠檬醛	400	10	60	240
香兰素	100	10	100	100
肉豆蔻油	500	70	11	385
香柠檬油	150	90	6	81
大茴香油	300	40	7	84
柠檬油	300	100	8	240

（三）香料使用的局限性

食品的加香（增香），除烹调外，单独使用香料的情况不多，因为各种食品的独特风味是由许多风味成分相辅相成而形成的，如鸡肉的风味成分达 220 种，花生 350 种，可可 323 种，咖啡 450 种。能单独使用的香料只有香兰素、乙基香兰素、麦芽酚、乙基麦芽酚等少数几种。

通过各种方式获得的天然香料，往往在处理的过程中丢失了某些成分，使得香料制品不能真正反映出其当初原料中的风味特色，故不能直接加香；而单体香料则更无法使人在感官上得到满意的效果。故一般采用不同香料配制香精，在食品应用中直接添加香精。

（四）香料、香精的选择原则

食品香料和食品香精的关系是原料和产品的关系。食品香料一般不直接在食品中使用，而是调制成食品香精以后再添加到食品中。

1. 根据市场和消费趋势的变化，选择适宜或创造新型的香精和香料

由于消费者口味是不断变化的，这要求香料、香精的品种不断更新或增加。随着食品工业的发展，在原有的加香产品如饮料、冷饮、肉类、糖果、焙烤制品等食品基础上，出现各种人造肉、糕点、快餐等食品，扩大了食用香料和香精的应用范围。因此，要根据消费变化趋势选择合适的香精和香料。

2. 明确需要加香与调香食品的香味成分

（1）产品本身没有香味，完全依靠添加香料、香精使食品产生香味。

（2）由于食品本身的香味部分丧失，或因某些特殊生产工艺而缺少特征性香味。为了增强或改善该类产品香型，使之具有特征性香味，需要添加某些单体香料或使用成品香精。

（3）使用香料、香精来掩盖或修饰产品本身具有的不良风味，如辣味、苦味、辛味、涩味等。

每种食品都有其不同的特性，应选择不同的食用香料、香精来满足消费者对食品香味的要求。

香料香精的选择
（微课）

3. 避免食用香料、香精与食品成分之间的反应

食品中加入香料后，食品中的主要成分糖、脂、蛋白质等都可能与香料发生吸附、包结等作用，一些加工工序（如受热、压力变化等）有时加速这类反应，从而影响香料的表现，即加入香精、香料后，产品的香气不明显，有时甚至出现非香精、香料本身的香气。只有设法避免该类反应的发生，才能达到预期赋香效果。

4. 了解各类香精的特点及应用范围

（1）香辛料在正常使用范围内无毒，但感官上要求干燥、无霉变、无虫蛀、无杂质、无污染、具有应有的香味。

（2）水溶性香精易于挥发，故适用于冷饮及配制酒；在果汁及水果罐头生产中，香精应在加工后期即冷却后添加；水溶性香精使用中计量要准、分布要均匀，并注意不得与碱性物质混合使用，以防止色变等影响。

（3）油溶性香精适用于饼干、糕点、面包等焙烤食品和糖果食品的生产。油溶性香精虽耐热性好，但高温下也有挥发，故饼干等焙烤食品在生产中其使用量要稍高些，且不可直接接触化学膨松剂等碱性物质；糖果生产中的防挥发问题，虽不可过早加入香精，但过晚加入会因糖坯黏度增大难以搅匀，故应掌握好添加的时机。

香精、香料是否适合使用需要通过感官评价，比较加香食品的香气、香味、持香状况，以及香精、香料对加香食品质地（如泡泡糖的硬度、吹泡性等）、色泽的影响，对光、热稳定性以及与其他食品原料的配伍性等的应用效果。

二、冰淇淋的制作

冰淇淋是以饮用水、乳和（或）乳制品、蛋制品、水果制品、豆制品、食糖、食用植物油等的一种或多种为原辅料，添加或不添加食品添加剂和（或）食品营养强化剂，经混合、灭菌、均质、冷却、老化、冻结、硬化等工艺制成的体积膨胀的冷冻饮品。在冰淇淋的制作中，添加香精，具有赋香、增香、矫味、稳定、提高商品价值、满足消费者不同风味需求等作用。

本任务中，以冰淇淋为载体，以冰淇淋中起调香作用的香精为任务驱动点，以冰淇淋生产真实的工作过程为导向，进行香精的选择及效果评价任务的实施。

（一）冰淇淋中香料、香精的选择

冰淇淋中香料、香精的选择要根据香料、香精的性质、功能，GB 2760—2024 和产品的特性，来合理选择。由 GB 2760—2024 查得冰淇淋（03.01）不是表 B.1 中的食品，故可以按生产需要适量使用食品用香料、香精。

在冰淇淋生产中，不同风味的产品主要是通过添加香精来体现产品的风味特点，应用于冰淇淋的食用香精大多是水溶性的香精，也有一些油溶性的香精。水溶性香精主要是以乙醇溶液为溶剂，所用的呈香香料也可溶解于醇类溶剂中，能很好地与以水为主体的产品相混溶。

用于冰淇淋的食用香精必须要适合产品的下列特殊性：①香精应与冰淇淋固有的奶香味能很好地配合；②由于冰淇淋的品尝温度在0℃左右，且有100%的膨胀率，因此要使用呈香阈值较大的香精。在实际应用中，使用如香草、椰子、哈密瓜、香芋、红豆沙、草莓等香精都能调配出美味的冰淇淋产品。

（二）冰淇淋的加工工艺

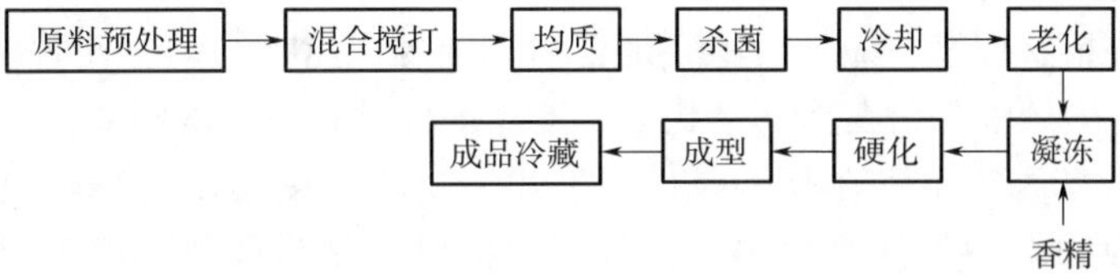

（三）冰淇淋的基本配方

冰淇淋的基本配方见表7-2。

表7-2　冰淇淋的基本配方

种类	质量/g
牛乳	500
奶油	150
香精	1
蛋黄	5个
乳化稳定剂	2
白砂糖	125

思考：

为什么要添加香精？

（四）香料、香精的安全应用操作

1. 准——强调的是香料、香精的添加量要准确

由于香料、香精作用十分灵敏，加少影响效果，加多会适得其反。故香料、香精的使用量要控制得当，为“自我限量”食品添加剂。香精虽为液体，但为了控制用量，计量时一般要采用重量法，这样可排除相对密度和温度不同所引起的误差。在冰淇淋的生产中直接选用香精来调香。

分组通过实验来对比研究不同香精选用方案对冰淇淋风味的影响，从而加深对香精呈味作用的理解，培养创新意识。

举例说明：根据资料，在冰淇淋调香试验中可选择相同含量0.20%的香草、哈密瓜和草莓三种香精和不同含量（0.10%、0.20%、0.30%）的香草香精来比较冰淇淋的调香效果。

2. 顺——强调的是香精的添加需要严格按照添加顺序进行

添加顺序：冰淇淋的原辅料预处理（①蛋黄倒入盆内用搅拌机打散，②白砂糖和乳化稳定剂混匀溶解，③牛乳加热煮沸，④奶油用搅拌机搅拌发起）→②倒入①中搅拌至乳黄色，③慢慢边搅拌边加入①中，加入④混合搅打→均质→加热杀菌→冷却老化→加入香精混合均匀→凝冻搅打→硬化成型。

香精一般易受碱性条件、抗氧化剂、金属离子等影响，会导致香精的氧化还原、聚合、水解，最后变质。要防止这类物质与香精的直接接触。如果上述影响物质必须添加在食品中，一定要分别添加。冰淇淋生产中其他的各种配料在第二步骤混合搅拌就已经加入，香精是最后单独加入的，保证了香精性质的稳定。

3. 匀——强调的是香精要与辅料充分混合均匀

添加时间：香精易挥发，应尽可能在加工后期加入，搅拌均匀，使香精充分的与原辅料混合均匀。冰淇淋生产中香精在冷却老化后，凝冻前，搅打冰淇淋时添加。

添加温度：香精香料不宜在高温条件下使用，也不是使用温度越低越好。低温香精溶解性下降，不易赋香均匀，甚至发生香精分层而析出结晶等现象。冰淇淋生产中香精的添加温度为2~4℃。

目的：可促进香精与原辅料充分混匀，提高香精的调香效果。

（五）香料、香精使用的注意事项

香料香精的安全应用（微课）

香料、香精用于食品中仅限于加香，禁止用于其他目的。禁止使用腐烂变质的原料制成的天然香料，也不得将香精、香料用在腐烂、变质的食品中。在使用香料、香精过程中应注意以下几点。

1. 选择合适的添加时机

香料、香精都有一定的挥发性，对必须加热的食品应尽可能在加热冷却后，或在加工处理的后期添加，以减少挥发损失。应尽量减少食品暴露在外的面积，或避开此工序再添加香料、香精。对加压、减压加工的食品应根据具体情况适当增加用量。对要经过真空脱臭处理的香料、香精，应在脱臭后添加，对遇到空气易氧化的香料、香精，可适当添加抗氧化剂或使用微胶囊香精。

2. 要有正确的添加顺序

一般的香料、香精在碱性食品中不稳定，一些使用碱性膨松剂的焙烤食品使用香料、香精时要注意应分别添加，防止碱性物质与香料、香精发生反应，防止影响食品的色、香、味。如香兰素与碳酸氢钠接触后会失去香味，变成红棕色。多种香料、香精混合使用时，应先加香味较淡的，再加香味较浓的。

3. 掌握合适的添加量

食品生产中，香料、香精的用量要适当，用量过少，影响效果，用量过多，可能改变味道和带来不良的效果。这就要求掌握准确的用量和注意称量准确。液体香精用质量法比用量杯、量筒计量要准确。

4. 要混合均匀

香料、香精与其他原料混合时，要搅拌均匀，使其在食品中均匀分布，使香味充分均匀地渗透到食品中，能使香味一致。

5. 注意香味剂与食品环境的协调

香精、香料加入食品后，受到食品的原料、其他食品添加剂、加工过程以及消费者感觉的影响，其香味会改变，对食品的作用效果也不尽相同。所以香料、香精在使用前必须做预备试验，注意使香味剂与食品环境相协调，找到在食品加工中的最佳使用效果。

香料香精的调香效果评价（微课）

三、食品用香料、香精的作用效果评价

香精的作用直接影响冰淇淋的调香效果。由经验丰富的食品人员10人组成感官鉴评组，就冰淇淋的气味进行调香效果的评价，满分10分，感官评价标准见表7-3。

表7-3　冰淇淋风味的感官评价标准

分值/分	8.0~10.0	6.0~7.9	4.0~5.9	0~3.9
风味评分标准	滋味协调，香味柔和、纯正，无异味	具有产品固有滋味和香味，无异味	滋味较协调，香味较淡或较浓	滋味不协调，香味很淡或很浓

相关知识

一、天然香料的提取剂型

我国芳香植物资源丰富，种类繁多，天然香料应用历史悠久，最早是使用天然食用香料物质掩盖食品存放期间产生的异味，天然食用香料在食品中可提供赋香、矫味、抑臭等功能，其提取物的剂型主要有以下九种。

1. 精油

精油是从香料植物中提取的挥发性油状液体，如薄荷油、甜橙油等，常用提取方法为水蒸气蒸馏法和压榨法。

2. 浸膏

浸膏是用挥发性溶剂（非水溶剂）浸提芳香植物原料，然后蒸馏回收溶剂所得到的香料制品（即蒸馏残留物）。在浸膏中除含有精油外，尚含有相当量的植物蜡、色素等杂质，所以在室温下多数浸膏呈深色膏状或蜡状，是植物性天然香料的主要品种，如茉莉浸膏、玫瑰浸膏、桂花浸膏。

3. 香膏

香膏是香料植物由于生理或病理的原因，渗出的带有香成分的膏状物。大部分呈半固态或黏稠液状态，如秘鲁香膏、吐鲁香膏。

4. 香脂

采用精制动物脂肪或精制植物油脂吸收鲜花中的芳香成分，直至饱和，这种被芳香成分所饱和的脂肪或油脂统称为香脂，如秘鲁香脂。

5. 油树脂

油树脂是用溶剂（如超临界CO_2）萃取辛香料植物原料，然后除去溶剂所得到的香料

制品，如辣椒油树脂、大蒜油树脂、生姜油树脂。油树脂属于浸膏的范畴。

6. 净（浸）油

用乙醇萃取浸膏、香脂或树脂所得到的萃取液，经过冷冻处理，滤去不溶的蜡质等杂质，再经减压蒸馏蒸去乙醇，所得到的流动或半流动的透明液体通称为净油。净油比较纯净，其香气、色泽及溶解度都优于浸膏，如茉莉净油、桂花净油、玫瑰净油。

7. 酊剂

酊剂亦称乙醇溶液，是以乙醇为溶剂，在室温或加热条件下，浸提植物原料、天然树脂或动物分泌物，所得到的乙醇浸出液，经冷却、澄清、过滤而得到的产品，如香荚兰酊、海狸酊、小茴香酊。

8. 树脂

树脂分为天然树脂和经过加工的树脂。天然树脂是植物渗出来的萜类化合物，因受空气氧化而形成的固态或半固态物质。经加工的树脂是指将天然树脂中的精油去除后的制品，是调配化妆品和香水的佳品。

9. 香树脂

用烃类溶剂浸提植物树脂类或香膏类物质而得到的具有特征香气的浓缩萃取物。

二、常用的合成香料

合成香料一般不直接用于食品加香，多以配制食用香精。直接添加的合成香料有香兰素、乙基香兰素、麦芽酚、乙基麦芽酚等少数几种。

1. 香兰素

香兰素别名香兰醛、香荚兰素、香草醛。

（1）性质　白色至微黄色的结晶，具有香荚兰豆的香气，味微甜。易溶于乙醇、乙醚、氯仿、冰乙酸及热挥发油，溶解于热水。在空气中能缓慢氧化，遇碱会变色。乙基香兰素的香气是香兰素的3~4倍。

（2）安全性　ADI：0~10mg/kg体重。

（3）应用　配制各种食用香精或直接使用，为食品赋香剂；是配制香草型香精的主要原料；可单独应用于饼干、糕点、冷饮、糖果等食品的增香，尤其是含乳制品。通常以温水溶解后添加，以防止赋香不均或结块而影响风味。

2. 苯甲醛

苯甲醛又称安息香醛、人造苦杏仁油。

（1）性质　纯品为无色液体，普通品为无色至淡黄色液体，有苦杏仁的特殊芳香气味。性质不稳定，遇空气逐渐氧化成苯甲酸，还原可变成苯甲醇。微溶于水，与乙醇混溶。

（2）安全性　ADI：0~5mg/kg体重，有低毒，对神经有麻醉作用，对皮肤有刺激作用。

（3）应用　广泛用于配制杏仁、樱桃等食用香精。

3. 柠檬醛

（1）性质　纯品为无色或淡黄色液体，有强烈的类似无萜柠檬油的香气。不溶于水，溶于乙醇，与大多数天然和合成香料互溶。

（2）安全性　ADI：0~5mg/kg 体重。

（3）用途　用于配制柠檬油、白柠檬油、橘子油、香橙、苹果等各种果香型香精。广泛用于清凉饮料、糖果、冰淇淋、焙烤制品等食品的赋香。

4. 麦芽酚

（1）性质　白色或微黄色结晶或结晶粉末，有焦甜香气。易溶于热水、乙醇，麦芽酚水溶液有弱酸性，在酸性条件下增香效果好。对咸味无作用，对酸味、甜味有增强作用，对苦味、涩味有消杀作用。

（2）安全性　ADI：0~1mg/kg 体重。

（3）用途　用于配制各种水果型香精或直接使用，对一些香味起增效作用，也可作为香味改良剂和定香剂使用。

三、香精的调制

食用香精是由数种甚至数十种食用香料调配与加工而成。配制香精前，应先评价各种香料的香气品质，确定用量，再通过反复混合实验以确定最佳配方，这个过程称作调香。

1. 香精配方的确定

（1）明确所配香精的香型、香韵、用途和档次。

（2）考虑香精组成，即哪些香料可以作主香剂、协调剂、变调剂和定香剂。

（3）根据香料的挥发度，确定香精组成的比例，一般头香香料占 20%~30%，体香香料占 35%~45%，基香香料占 25%~35%。

（4）提出香精配方初步方案。

（5）正式调配。

2. 水溶性香精的配制

水溶性香精是将各种香精和稀释剂按一定比例以适当顺序互相混溶，经充分搅拌，再经过过滤而成。香精若经一定成熟期储存，其香气往往更为圆熟。一种香精可以有几个配方，香型相同，香料组分、含量可以有很大差别。如玫瑰花香精配方 1 可以有 10%苯乙醇、丁香油、桂醇等 25 种原料，可配方 2 就只有 10%苯乙醛、香茅醇、丁香醇等 10 种原料。

例如：10%~20%的香基+不同比例的乙醇、水等添加剂→混合→溶解→冷却或搅拌→过滤→着色→陈化→加热→成品。

3. 油溶性香精的配制

油溶性香精通常是取 10%~20%香基，以 85%~90%植物油、丙二醇等作为溶剂调和得到的成品。

4. 乳化香精的配制

乳化香精一般是用食用香料、食用油、密度调节剂、抗氧化剂、防腐剂等混合制成油相，用乳化剂、防腐剂、酸度调节剂、着色剂等溶于水制成水相。然后将油相和水相混合，用高压均质器乳化、均质制成乳状液。

5. 粉末香精的配制

（1）载体与香料混合　将香料与乳糖一类的载体进行简单地混合，使香料附着在载体上，即得该种香精。

（2）喷雾干燥法 即采用与乳化香精同样的方法制成乳化液，然后进行喷雾干燥，获得被食用胶等赋形剂包裹的球状粉末香精。可防止氧化和挥发，香精的稳定性和分散性较好。

（3）薄膜干燥法 将香料分散于糊精、天然树胶或糖类溶液中，然后在减压下用薄膜干燥机干燥成粉末。缺点是除去水分需要较长时间，香料易挥发变质。

（4）微胶囊技术 主要是以β-环糊精等为包结材料，从分子水平上进行微胶囊化包埋。

四、香料、香精在主要食品中的应用

1. 碳酸饮料

碳酸饮料的香味完全来自于香精。一般澄清型产品使用水溶性香精，混浊型产品用乳化香精。在生产中，香精一般在配制糖浆工序的后期添加。工艺顺序即将溶解后的热糖浆经过滤打入配制罐，再按顺序加入柠檬酸、色素、乳化剂、稳定剂等配料，最后在糖浆温度较低时，把经滤纸过滤的香精加入。用量可根据种类不同自行掌握，一般在0.05%~0.2%。

2. 冰棍和冰淇淋

在冰棍和冰淇淋生产中，使用最多的是香荚兰、草莓、巧克力、柠檬、橘子等香精。

生产冰棍时，应在料液冷却时添加香精，一般用量0.02%~0.1%。料液打入冷却罐后，待料液温度降到10~16℃时，再加入柠檬酸香精等。

生产冰淇淋时，应在凝冻前（打冰淇淋时）添加香精。当凝冻机内的料液在搅拌下开始凝冻时，可加入香精、色素等，凝冻完毕就可以成型。冰淇淋中使用香精种类不同，用量一般在0.05%~0.1%。

3. 糖果及巧克力制品

糖果制品的香味几乎完全来自于添加的香精。硬糖加香多使用柠檬、橘子、草莓、菠萝、葡萄等水果型香精，也有使用咖啡、巧克力、薄荷等香精。香精应在冷却调和时加入，当糖膏倒在冷却台，温度降到105~110℃时，依次加入酸度调节剂、色素和香精。其中香精要在最后加入，以防挥发损失。

软糖加香亦多用水果型香精。香精和酸度调节剂的添加要在最后阶段进行，一般在糖浆温度降到80℃以下时添加。产品用胶影响加香效果，使用果胶的产品香味最佳，琼脂次之，动物胶最差。口香糖所用的香精要求在口中有持续性，一般使用的香精浓度较高，约为1%。如能用微胶囊香精，产品加香后留香效果更好。

巧克力及其制品均以可可豆为原料制成，产品本身已有巧克力香味，为了增加巧克力的花色品种，常使用奶油香精、香兰素等。

4. 肉类制品

目前，大部分肉类香精、香料模仿各种肉类制品的香味调配制成。肉类香精使用时，一般在挤压前先把3/4的香精及其他调味料先混入原料中，然后将混合料送入挤压工序。剩余1/4香料喷涂在成品表面。这样制作的成品肉香均匀一致，味感好。

5. 焙烤制品

目前，用于焙烤制品加香的主要是油溶性香精。常用的有杏味、奶油味、巧克力味等香精以及香兰素，现在也开始使用牛肉、猪肉、鸡肉、火腿香精等。香精在面包中的用量为0.04%~0.1%，饼干、糕点中为0.05%~0.15%。香精加入焙烤制品中有四种方法：一是把香料、香精添加在面团中再烘烤；二是把香料、香精喷洒在刚出炉的制品上；三是把制品涂油后在喷洒香料、香精；四是把香料、香精混在夹心或包衣之中。

饼干是在出炉后温度降到40~50℃时加香。对于高甜度饼干，香料、香精的使用量较少；而对于甜度低的韧性饼干，耐嚼，需要添加较大的量。

6. 酒类制品

酒用香精在白酒中使用量最大。以白酒香精为例，香型一般是仿名酒的香型，勾兑出酱香型、浓香型、清香型、米香型、凤香型、特香型、药香型、豉香型、芝麻香型、老白干香型等十多种。醇类是白酒的主要香味物质，乙醇是标志性物质，甲醇毒性很大，在酒中含量越少越好。

思考题

1. 讨论香料、香精的安全性。
2. 分析食品用香料、香精的呈香原因。
3. 分析香料、香精使用的注意事项。
4. 课后研创：根据所学内容，自己设计一个香精在其他食品中的应用方案并实践。

香料香精的选用及效果评价
自查试题（在线测试）

任务八
防腐剂的选用及效果评价

学习目标

知识目标

1. 知道防腐剂的概念、分类、性质。
2. 知道防腐剂的作用原理及影响防腐剂防腐效果的因素。

能力目标

1. 能正确分析防腐剂的安全性。
2. 能根据产品特点，安全设计出防腐剂的选用方案。
3. 能依据国家标准按加工需求计算酱油中防腐剂的添加量并安全规范应用。
4. 能对防腐剂的使用进行作用效果评价。

素质目标

1. 通过学习防腐剂的安全性评价，培养辩证思考能力；通过分析食品腐败变质的过程，理解小问题要及时改正、防微杜渐的道理，培养良好的职业道德和正确的价值观。

2. 通过分组设计酱油中防腐的选用方案，培养独立思考的能力，增强创新创业意识。

3. 在防腐剂的选用及效果评价过程中，培养团队协作能力，树立勤于动手的劳动精神，并积极弘扬安全规范使用防腐剂的职业精神，助力健康中国建设。

防腐剂的定义（微课）

防腐剂的分类（微课）

必备知识

一、防腐剂的定义

防腐剂（Preservative）是指能阻止或抑制微生物的繁殖，延长食品保存期的食品添加剂，主要利用化学的方法来杀死有害微生物或抑制微生物的生长，从而制止腐败或延缓腐败的时间。

食品中具有同样作用的调味品如食盐、糖、醋、香辛料等不包括在内，作为食品容器消毒灭菌的消毒剂亦不在此列。

功能分类代码：17。

二、防腐剂的种类

（一）按来源分类

1. 有机防腐剂

绝大多数防腐剂为有机防腐剂，如苯甲酸及其钠盐、山梨酸及其钾盐、对羟基苯甲酸酯类及其钠盐、丙酸及其钠盐和钙盐、单辛酸甘油酯、双乙酸钠、脱氢乙酸及其钠盐等。

2. 无机防腐剂

无机防腐剂主要包括亚硫酸及其盐类、硝酸盐及亚硝酸盐、二氧化碳等。

3. 生物防腐剂

生物防腐剂主要是指由微生物产生的具有防腐作用的物质，如乳酸链球菌素、纳他霉素、ε-聚赖氨酸盐酸盐、溶菌酶等。

（二）按作用效果分类

1. 抑菌剂

抑菌剂指仅具有抑制微生物生长繁殖的食品添加剂。

2. 杀菌剂

杀菌剂指能够杀死微生物生长繁殖的食品添加剂。

（三）其他

1. 酸型防腐剂

种类：苯甲酸、山梨酸、丙酸、脱氢醋酸及其盐类。

特点：未解离酸分子的防腐功能最强，防腐效果随 pH 而定，体系酸性越强，防腐效果越好。在碱性条件下几乎无效。

2. 酯型防腐剂

种类：对羟基苯甲酸酯类及其钠盐。

特点：杀菌作用较酸型防腐剂强，防腐效果受 pH 影响小。

3. 无机防腐剂

种类：亚硫酸及其盐类、硝酸盐及亚硝酸盐、二氧化碳等。

特点：防腐不是其第一功能，需要严格控制其最大使用量。

4. 生物防腐剂

种类：由微生物的代谢产物中提取而得，如乳酸链球菌素、纳他霉素。

特点：抑菌范围较窄，应用面较小，但安全性高。

5. 天然提取物

种类：从动、植物组织中提取的物质，如鱼精蛋白、壳聚糖、蜂胶、野茉莉提取物、ε-聚赖氨酸、连翘提取物、大蒜提取物、紫苏叶提取物、茶多酚等。

特点：安全性高，发展较快。

三、防腐剂的作用原理

影响细胞的亚结构如细胞壁、细胞膜、与代谢有关的酶、蛋白质合成系统和遗传物质等。由于每个亚结构对于菌体都是必需的，因此防腐剂只要作用于其中一个亚结构便可达到抑菌的目的。

1. 对微生物细胞壁和细胞膜产生一定的效应

如当孢子发芽膨胀时，乳酸链球菌素作为阳离子表面活性剂影响细菌孢膜和抑制革兰氏阳性细菌的孢壁质合成。对营养细胞的作用点是细胞质膜，它可以使细胞质膜中巯基失活，可使最重要的细胞物质如三磷酸腺苷渗出，更严重时可导致细胞溶解。

2. 对细胞原生质部分的遗传机制产生效应

作用于遗传物质或结构，进而影响到遗传物质的复制、转录、蛋白质的翻译等。

3. 对细胞中功能蛋白或酶产生一定的效应

（1）作用于功能蛋白　蛋白质变性（如亚硫酸盐能使蛋白质中的二硫键断裂，从而导致细胞蛋白质产生变性）。

（2）作用于酶　影响酶的活性，从而干扰微生物正常代谢（如亚硫酸盐）。

防腐剂的原理（微课）

四、影响防腐剂作用效果的因素

影响防腐剂效果的因素（微课）

1. 防腐剂的溶解与分散

（1）制止或延缓食品外部发生腐败（如水果、薯类、冷冻食品等）　只要将防腐剂均匀地分散在食品表面即可。

（2）制止或延缓食品内部发生腐败（如罐头、焙烤食品、饮料等）　要求防腐剂均匀分散于食品之中。此时，要注意防腐剂的溶解分散特性。易溶于水的：以水作溶剂；易溶于有机溶剂的：一般用不同浓度的食用酒精作溶剂；水、乙醇不溶或难溶的：①使用分散剂分散；②化学改性防腐剂，以增加溶解度。

2. pH

对于酸型防腐剂，在含水或水溶液体系中，其防腐作用主要依靠未解离的酸对微生物的作用，而解离出来的 H^+ 作用较小。pH 低，未离解酸浓度高，防腐效果佳。

3. 水分活度（A_w）

在水中加入电解质或可溶性物质，并达到一定浓度，可降低体系的 A_w，对防腐剂产生增效作用。允许微生物生长的最低 A_w 见表 8-1。

表 8-1　允许微生物生长的最低 A_w

微生物种类	A_w	微生物种类	A_w
一般细菌	>0.90	青霉	1.0~0.9
大肠埃希氏菌	0.96	毛霉	0.93
葡萄球菌	0.88	一般酵母菌	0.95~0.87
一般霉菌	>0.75		

各种微生物必须在各自的 A_w 以上才能正常生长。针对不同食品体系易生长微生物种类的不同，控制食品体系的 A_w，达到抑制微生物生长的目的。

4. 食品中的成分

（1）食品中成分会对防腐剂产生增效影响，如食盐、碳水化合物和酒精等。

（2）食品中成分与防腐剂起化学反应，可能使防腐剂部分或全部失效，或产生副作用。

（3）防腐剂还会被食品中的微生物分解利用而失去作用。

5. 防腐剂的复配协同作用

各种防腐剂都有一定作用范围，没有任何一种防腐剂能够在食品中抵抗可能出现的所有腐败性微生物。由医学知识可知，许多微生物都会对一定的防腐剂产生抗药性，这两种情况都使防腐剂效果下降。为了弥补单一使用防腐剂的缺陷，可将不同作用范围的防腐剂进行配合使用。防腐剂的配合使用扩大了作用范围，增强了抗微生物的效果。

（1）增效效应　相同防腐效果时，混合防腐剂的抑菌浓度比各单一防腐剂之和低。

（2）相加效应　相同防腐效果时，混合防腐剂的抑菌浓度与各单一防腐剂之和相同。

（3）拮抗（对抗）效应　相同防腐效果时，混合防腐剂的抑菌浓度比各单一防腐剂之和高。

前两种效应是我们所希望的，后一种效应是我们要防止的。在混合防腐剂的应用中，一般是同类型的防腐剂并用，如酸型防腐剂与其盐，同种酸的几种酯。

任务实施

一、防腐剂的选择

使用防腐剂时，了解所用防腐剂的抗菌谱，最低抑菌浓度和食品所带的腐败性菌类，做到有的放矢。了解所用防腐剂的物理化学性质，如 pH 和溶解性等，以便正确合理使用。了解食品加工、贮藏条件及期限，以便使防腐剂达到最有效的作用。

常用的防腐剂都属于安全性高的食品添加剂，从 ADI 看，安全性顺序为：丙酸钙及丙酸钠>乳酸链球菌素>山梨酸及其钾盐>尼泊金酯>苯甲酸及其钠盐。

1. 苯甲酸及其钠盐

（1）性质　化学合成防腐剂，苯甲酸微溶于水，苯甲酸钠易溶于水。酸性条件下稳定，中性和碱性条件下不稳定；pH 下降，防腐作用上升。

（2）防腐特性

①广谱抗菌剂：对大多数细菌、霉菌、酵母菌均有作用，能随水蒸气挥发。

②抗菌作用强：在 pH<4 时，最低抑菌浓度（Minimum Inhibitory Concentration，简称 MIC）为 0.05%~0.1%。

常用防腐剂的特性（微课）

③酸型防腐剂：未解离苯甲酸（$pK_a=4.2$）的抗菌作用最强，最适 pH 2.5~4.0，随酸度增加效果增强，常用于保藏高酸性食品。

（3）安全性　具有一定挥发性，长期接触会刺激皮肤，吸入量过多后易引起咳嗽、打喷嚏、头晕等症状。大部分在体内可与甘氨酸形成马尿酸，剩余的与葡萄糖醛酸形成葡萄糖苷酸，从尿中排出。

（4）应用　需按 GB 2760—2024 规定使用，如风味冰、冰棍类中最大使用量为 1.0g/kg；蜜饯凉果中最大使用量为 0.5g/kg；胶基糖果中最大使用量为 1.5g/kg；酱油中最大使用量为 1.0g/kg 等。

2. 山梨酸及其钾盐

（1）性质　化学合成防腐剂，山梨酸微溶于水，山梨酸钾易溶于水。酸性条件下稳定，中性和碱性条件下不稳定；pH 下降，防腐作用上升。

（2）防腐特性

①广谱抗菌剂：对霉菌、酵母菌有强的抑制作用，对部分细菌（好气性细菌）有效。对肉毒梭菌有抑制作用。

②酸型防腐剂：未解离山梨酸的防腐作用最强；最适 pH<6，随 pH 增加效果减弱。

③协同作用好：与其他防腐剂合并应用有较好的协同作用。

（3）安全性　具有一定挥发性，长期接触会刺激皮肤，易导致过敏。参与正常脂肪酸代谢，主要产物为 CO_2。

（4）应用　需按 GB 2760—2024 规定使用，如干酪、再制干酪及干酪类似品中最大使用量为 1.0g/kg；蜜饯中最大使用量为 0.5g/kg；胶基糖果中最大使用量为 1.5g/kg；酱油中最大使用量为 1.0g/kg；饮料类［包装饮用水、果蔬汁（浆）除外］中最大使用量为 0.5g/kg；熟肉制品（肉罐头类除外）中最大使用量为 0.075g/kg（其中肉灌肠类为 1.5g/kg）等。

3. 丙酸及其钠盐、钙盐

（1）性质　化学合成防腐剂，丙酸钙及丙酸钠都易溶于水。酸性条件下稳定，中性和碱性条件下不稳定；pH 下降，防腐作用上升。

（2）防腐特性

①抗菌谱：窄，对霉菌效果好，对细菌、酵母菌作用弱。

②适用范围：适合面包、糕点的防腐，能非常有效地抑制引起面包霉变和发黏的霉菌；对引起面包产生黏丝状物质的好气性芽孢杆菌有抑制效果，对酵母菌几乎无效。

③酸型防腐剂：未解离的丙酸防腐作用最强，最佳 pH<5.5，酸性越强，防腐效果越好。

（3）安全性　是人体正常代谢的中间产物，可完全代谢和利用，安全无毒。

（4）应用　需按 GB 2760—2024 规定使用，如豆类制品中最大使用量为 2.5g/kg；原粮中最大使用量为 1.8g/kg；面包、糕点、食醋、酱油中最大使用量为 2.5g/kg 等。

4. 对羟基苯甲酸酯类及其钠盐（尼泊金酯）

（1）性质　由对羟基苯甲酸和相应的醇反应而得，化学合成防腐剂。水溶性低，但易溶于乙醇。溶解性与酯基团有关：在水中，酯基团越大，防腐效果越好，水溶性越低，醇溶性越高。

（2）防腐特性

①广谱抗菌剂：对霉菌、酵母菌与细菌都有广泛的抗菌作用，对前两者作用强，对细菌作用弱；对细菌而言，对革兰氏阳性菌的效果比革兰氏阴性菌强；总体抗菌性比苯甲酸、山梨酸等酸型防腐剂强。抗菌作用与酯基团有关：随着酯基团增大，其抗菌性增高。对肉毒梭菌有抑制作用。

②酯型防腐剂：未离解的形式防腐效果最强；抗菌作用受 pH 影响小，最佳 pH 4~8。

（3）安全性　能在体内快速水解、化合，并从尿中排出；安全性与酯基团大小有关，越大，安全性越高。

（4）应用　需按 GB 2760—2024 规定使用，如经表面处理的鲜水果、经表面处理的新鲜蔬菜中最大使用量为 0.012g/kg；食醋、酱油、酿造酱、调味酱、液体复合调味料、果蔬汁（浆）类饮料中最大使用量为 0.25g/kg；碳酸饮料中最大使用量为 0.2g/kg 等。

5. 乳酸链球菌素/乳链菌肽/尼生素

（1）性质　由乳酸链球菌合成的由 34 个氨基酸组成的多肽类活性物质，已发现有 A、B、C、D、E 和 Z 多种天然防腐剂。水溶性与 pH 有关，酸性条件下溶解，中性和碱性条件下不溶；酸性越强，溶解度越大。酸性条件下稳定，中性和碱性条件下不稳定；热稳定性随着 pH 的增加而减弱；pH 下降，防腐作用上升。

（2）防腐特性

①抗菌谱：窄，对革兰氏阳性菌有强烈的抑制作用。能有效地杀死或抑制引起食品腐败的革兰氏阳性菌，如乳酸杆菌、肉毒杆菌、葡萄球菌、李斯特菌、耐热腐败菌等。特别是对产生孢子的细菌，如芽孢杆菌、梭状芽孢杆菌、嗜热芽孢杆菌、致死肉毒芽孢杆菌、细菌孢子等有很强的抑制作用。

②协同作用好：与其他防腐剂合并应用有较好的协同增效作用，获得较宽的抑菌谱。

③酸型防腐剂：防腐效果受 pH 影响，最适 pH 2~5。

（3）安全性　在消化道中很快被蛋白水解酶消化成氨基酸。不会在体内残留，也不会改变肠道正常菌群，安全性高。

（4）应用　需按 GB 2760—2024 规定使用，如乳及乳制品（巴氏杀菌乳、灭菌乳和高温杀菌乳、发酵乳、乳粉和奶油粉、稀奶油、特殊膳食用食品涉及品种除外）中最大使用量为 0.5g/kg；腌渍的蔬菜、加工食用菌和藻类（食用菌和藻类罐头除外）中最大使用量为 0.5g/kg；面包、糕点中最大使用量为 0.3g/kg；预制肉制品、熟肉制品（肉罐头类除外）、熟制水产品（可直接食用）中最大使用量为 0.5g/kg；酱油、酿造酱、复合调味料中最大使用量为 0.2g/kg 等。

二、酱油的制作

酱油以大豆和（或）脱脂大豆、小麦和（或）麸皮为原料，经微生物发酵制成的具有特殊色、香、味的液体调味品。酿造酱油中富含多种营养物质，在常温下保存容易滋生微生物，腐败变质。在酱油中添加防腐剂能有效抑制微生物的繁殖，延长保质期，提高酱油的食用安全性。

本任务中，以酱油为载体，以酱油中起防腐作用的防腐剂为任务驱动点，以酱油生产真实的工作过程为导向，进行防腐剂的选择及效果评价任务的实施。

（一）酱油中防腐剂的选择

酱油中防腐剂的选择要根据防腐剂的性质、功能，GB 2760—2024 和产品的特性，来合理选择防腐剂。由 GB 2760—2024 查得酱油（12.04）中允许使用的防腐剂如表 8-2 所示。

表 8-2　酱油中允许使用的防腐剂

添加剂名称	功能	最大使用量/(g/kg)	备注
苯甲酸及其钠盐	防腐剂	1.0	以苯甲酸计
丙酸及其钠盐、钙盐	防腐剂	2.5	以丙酸计
对羟基苯甲酸酯类及其钠盐（对羟基苯甲酸甲酯钠、对羟基苯甲酸乙酯及其钠盐）	防腐剂	0.25	以对羟基苯甲酸计
乳酸链球菌素	防腐剂	0.2	
山梨酸及其钾盐	防腐剂、抗氧化剂	1.0	以山梨酸计
ε-聚赖氨酸盐酸盐	防腐剂	0.5	
双乙酸钠（又名二醋酸钠）	防腐剂	2.5	

（二）酱油的加工工艺

1. 酿造酱油

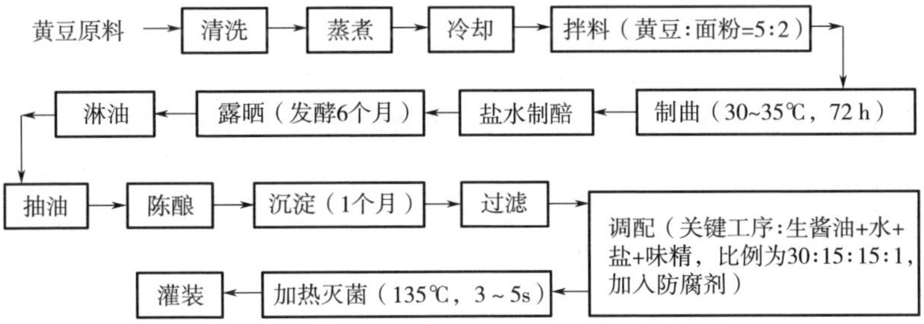

2. 配制酱油

（三）防腐剂的安全应用操作

1. 准——强调的是防腐剂的查询、称量和计算要准确

以 1L 酱油为例，由 GB 2760—2024 食品添加剂在线查询系统查得苯甲酸及其钠盐的最大使用量为 1.0g/kg（以苯甲酸计），现可取苯甲酸及其钠盐的使用量为 0~1.0g/kg，即 1L 酱油中可精确称取 0~1.0g 苯甲酸及其钠盐。

防腐剂添加的三种方法（微课）

2. 顺——强调的是防腐剂的配制需严格地按照一定顺序进行

对于苯甲酸及其钠盐或山梨酸及其钾盐等水溶性防腐剂来说，可用少量水溶解后，再尽早添加到食品原料中，越早添加防腐效果越好。

对于不溶于水的防腐剂来说，例如脱氢乙酸防腐剂。可用少量乙醇进行溶解后，再添加进食品原料中。

3. 匀——强调的是防腐剂要与食品原料充分混合均匀

在食品原料加工中均匀地添加已溶解后的防腐剂，充分搅拌或混合均匀，保证食用安全。

防腐剂的复配和添加（微课）

（四）防腐剂使用的注意事项

1. 减少原料染菌的机会

食品加工用的原料应保持新鲜、干净、所使用的容器、设备等应彻底消毒，尽量减少原料被污染的机会。原料中含菌数越少，所加防腐剂的防腐效果就越好。若含菌数太多，即使添加防腐剂，食品仍易腐败。如果食品已变质，则加入任何防腐剂也无济于事，这个过程是不可逆转的。

2. 确定合理的添加时机

防腐剂是在原料中添加还是添加到半成品中，或者添加在成品表面，应根据产品的工艺特性及食品的保存期限等来确定，不同产品的添加时机可有不同。一定要保证食品处于良好的卫生条件下添加防腐剂，即加入时间应在微生物生长的诱导期，如已进入对数增殖期，则防腐效果将大打折扣。

3. 适当增加食品的酸度

不同防腐剂的防腐效果，受基质 pH 的影响较大。一般来说，对酸性防腐剂只有未离解的酸才具有抗菌作用，它能够通过微生物细胞的半透膜在细胞内部产生作用，防腐剂的作用浓度远低于 1%。酸性防腐剂通常在 pH 较低的食品中防腐效果较好。此外，在低 pH 的食品中，细菌也不易生长。因此，如果能在不影响食品风味的前提下增加食品的酸度，可减少防腐剂的用量。

4. 与热处理并用

热处理可减少微生物的数量。因此，加热后再添加防腐剂，可使防腐剂发挥最大的功效。如果在加热前添加防腐剂，则可减少加热的时间。但是，必须注意加热的温度不应太高，否则防腐剂会与水蒸气一起挥发掉而失去防腐作用。

5. 分布均匀

防腐剂必须均匀分布于食品中，尤其在生产时更应注意。对于水溶性好的防腐剂，可先溶于水，或直接加入食品中充分混匀；对于难溶于水的防腐剂，可将其溶于乙醇等食品级有机溶剂中，然后在充分搅拌下加入食品中。有些防腐剂并不一定要求完全溶解于食品中，可根据食品的特性，将防腐剂添加于食品表面或喷洒于食品包装纸上。

三、防腐剂的抑菌效果评价

1. 材料

未添加防腐剂与添加防腐剂的酱油、无菌生理盐水、带橡胶塞试管、酒精灯、微生物平板、无菌纱布、无菌离心管、无菌移液器、旋涡振荡器等。

2. 步骤

将不同条件的酱油样品通过量取 1mL 体积后，加入 9 倍体积的无菌生理盐水，经过旋涡振荡器充分均质混匀后，得到悬浊液、溶液或者乳浊液。有的初始混悬液中含有较大的样品颗粒时，应将其水平静置沉淀。这样得到的是初级（初始）混悬液（10^{-1}）。再取一特定体积的初级混悬液，加入 9 倍特定体积的无菌生理盐水充分混匀，这样就将初级混悬液进行了十倍稀释操作（10^{-2}），然后依次再进行下去（10^{-3}，$10^{-4}\cdots10^{-n}$），得到一系列的稀释液，直至得到满足目标微生物培养要求的稀释液。这样的操作叫次级十倍梯度稀释，得到的一系列稀释液被统称为次级十倍梯度稀释液。

3. 培养

将梯度稀释一定倍数后的样品液体均匀涂布于微生物平板上，置于 37℃ 下培养 36~48h，进行菌落计数。

4. 微生物指标限量

根据 GB 2717—2018《食品安全国家标准　酱油》中的规定，添加防腐剂后，微生物限量要求如表 8-3 所示。

表 8-3　　酱油中微生物限量

项目	采样方案*及限量				检验方法
	n	c	m	M	
菌落总数/(CFU/mL)	5	2	5×10^3	5×10^4	GB 4789.2—2022
大肠杆菌/(CFU/mL)	5	2	10	10^2	GB 4789.3—2016 平板计数法

注：*样品的采样及处理按 GB 4789.1—2016 执行。n：指一批产品的采样个数。c：指该批产品的检样中，结果超过合格菌数限量的最大允许检样数。m：指合格菌数限量，将可接受与不可接受的数量区别开。M：指附加条件，判定为合格的菌数限量，表示边缘的可接受数与边缘的不可接受数之间的界限。

相关知识

一、食品防腐剂的应用

（一）防腐剂应具备的条件

（1）性质稳定　在一定时间内化学结构不变且有效，使用中无毒，在机体内（分解或不分解）也无毒。

（2）本身无刺激性和异味　即防腐剂对食品的风味和口感无影响。

（3）在低浓度下仍有抑菌作用　即防腐剂应有高效的性质，可降低防腐剂的使用量，保证消费者摄入的主要为食品，而不是防腐剂。

（4）价格合理，使用方便　即对食品的制造成本影响不大，使用时不需特殊的设备和操作。

防腐剂在肉罐头加工中的选用（微课）

（二）防腐剂与物理防腐方法的结合

1. 防腐剂与加热处理

实践证明，在防腐剂存在下杀灭微生物所需温度，比无防腐剂存在时低得多，所需时间也短得多。山梨酸或苯甲酸与加热方法合用，可使酵母菌的失活时间缩短 30%～80%。防腐剂与加热处理相结合的效果见表 8-4。

表 8-4　防腐剂与加热处理相结合的效果

对羟基苯甲酸添加量	56℃下酵母菌数量减少 1/50 所时间/min
0	90
0.1‰	48
0.5%	4

2. 防腐剂与冷冻处理

冷冻可限制微生物的增殖，加入防腐剂一般都能延长食品冷冻冷藏的保存期。在室温条件下，不足以防止食品腐败变质的防腐剂用量，在冷冻条件下是足量的。

3. 防腐剂与辐照处理

实验发现，防腐剂与辐照之间存在着增效作用，如在苹果、蔬菜、果汁、干酪和其他乳制品中使用山梨酸，可降低辐照保鲜处理的辐照剂量，有利于减少和防止辐照的副作用。

二、新型防腐剂

1. 纳他霉素

（1）性能　是一种由链霉菌发酵产生的天然抗真菌化合物，在 pH 为 3～9 时活性最佳，该产品对霉菌、酵母及丝状真菌有极强的抑制或杀灭作用。和化学防腐剂山梨酸钾相比，纳他霉素对霉菌和酵母的抑制功效是后者的 100～200 倍。

（2）抑菌机理　与细胞膜上的麦角甾醇结合，形成复合体从而改变细胞膜结构和渗透性，引起胞内电解质、氨基酸等物质泄漏，进一步使细胞死亡。

（3）应用　主要用作防腐剂，需按 GB 2760—2024 规定使用，如在干酪、再制干酪及干酪类似品，最大使用量为 0.3g/kg，表面使用，残留量<10mg/kg；糕点，酱卤肉制品，熏、烧、烤肉类、油炸肉类，西式火腿类，肉灌肠类，发酵肉制品类中最大使用量为 0.3g/kg，

表面使用，混悬液喷雾或浸泡，残留量<10mg/kg；发酵酒（葡萄酒除外），最大使用量为0.01g/L。

2. ε-聚赖氨酸

（1）性能　是一种由链霉菌属的放线菌产生的代谢产物，为一种具有抑菌功效的多肽，抑菌谱广。对酵母属的尖锐假丝酵母菌、法红酵母菌、产膜毕氏酵母、玫瑰掷孢酵母，革兰氏阳性菌中的耐热脂肪芽孢杆菌、凝结芽孢杆菌、枯草芽孢杆菌，革兰氏阴性菌中的产气节杆菌、大肠杆菌等都有明显的抑制和杀灭作用。对革兰氏阳性的微球菌、保加利亚乳杆菌、热链球菌，革兰氏阴性的大肠杆菌、沙门氏菌以及酵母菌的生长有明显抑制效果。热稳定性高，水溶性好，在中性至微酸性范围内有较好的抑菌效果，最适 pH 为 5~8。

（2）抑菌机理　①作用于细胞壁和细胞膜系统；②作用于遗传物质或遗传微粒结构；③作用于酶或功能蛋白。

（3）应用　主要用作防腐剂，需按 GB 2760—2024 规定使用，如用于焙烤食品，最大使用量为 0.15g/kg；用于熟肉食品，最大使用量为 0.25g/kg；用于果蔬汁类及其饮料，最大使用量为 0.2g/L。

3. 壳聚糖（脱乙酰甲壳素）

（1）性能　壳聚糖是天然多糖甲壳素脱除部分乙酰基的产物，是一种天然的碱性多糖。微溶于水，具有可降解性、成膜性、生物相容性、抗菌和抗肿瘤等多种性能。

壳聚糖对薄状菌属、脉孢菌属、座线孢菌属等 32 种真菌具有抑制作用，抗真菌性与壳聚糖颗粒的大小成反比。对大肠杆菌、荧光假单胞菌、金黄色葡萄球菌、枯草芽孢杆菌等有良好的抑制作用，并且还能抑制鲜活食品的生理变化。

（2）抑菌机理　①与细菌细胞膜上的负电荷相互作用，改变其电位，破坏细胞膜完整性；②与细菌内部的酶与蛋白质相互作用，降低其活性，阻断其正常代谢。

（3）应用　主要用作增稠剂、被膜剂，需按 GB 2760—2024 规定使用，如用于西式火腿（熏烤、烟熏、蒸煮火腿）类、肉灌肠类中最大使用量为 6.0g/kg。

4. 溶菌酶

（1）性能　溶菌酶（Lysozyme）又称胞壁质酶或 *N*-乙酰胞壁质聚糖水解酶，是一种能水解细菌中黏多糖的碱性酶。溶菌酶广泛地分布于自然界中，以鸡蛋清中含量最多。易溶于水，酸性环境下热稳定性很强，化学性质稳定，最适 pH 为 5.3~6.4，可用于低酸性食品防腐；安全性高，活力稳定。抗菌谱较窄，对革兰氏阳性菌的抑菌作用强。

（2）抑菌机理　溶菌酶能有效水解细菌细胞壁的肽聚糖，其水解位点是 *N*-乙酰胞壁酸和 *N*-乙酰氨基葡萄糖之间的 β-1,4 糖苷键，使细胞壁不溶性黏多糖分解成可溶性糖肽，导致细胞壁破裂，内容物逸出而使细菌溶解而死亡。

（3）应用　主要用作防腐剂，需按 GB 2760—2024 规定使用，如用于干酪、再制干酪、干酪制品及干酪类似品，按生产需要适量使用；用于发酵酒，最大使用量为 0.5g/kg。

防腐剂的选用及效果评价自查试题（在线测试）

思考题

1. 影响防腐剂效果的因素有几个？
2. 防腐剂使用的注意事项有哪些？

3. 苯甲酸及其钠盐的防腐特性是什么？
4. 阐述酸型防腐剂的防腐机理。
5. 课后研创：根据所学内容，自己设计一个防腐剂在其他食品中的应用方案并实践。

任务九 抗氧化剂的选用及效果评价

学习目标

知识目标

1. 掌握抗氧化剂的定义、种类、作用和复配。
2. 掌握抗氧化剂在油脂加工中的抗氧化机理。

能力目标

1. 能正确分析抗氧化剂的安全性。
2. 能根据产品特点，安全设计出抗氧化剂的选用方案。
3. 能依据国家标准按加工需求计算油脂中抗氧化剂的添加量。
4. 能对抗氧化剂的使用进行作用效果评价。

素质目标

1. 通过分析抗氧化剂的作用机理，养成适量运动、合理饮食等良好习惯，保持健康。

2. 通过分组设计油脂中抗氧化剂的选用方案，培养勤奋学习、勤于思考的能力，弘扬科学精神。

3. 在抗氧化剂的选用及效果评价过程中，培养团队协作能力，树立勤于动手的劳动精神，并积极弘扬安全规范使用抗氧化剂的职业精神，助力健康中国建设。

必备知识

一、抗氧化剂的定义

抗氧化剂（Antioxidants）是能阻止或延迟油脂或食品成分氧化分解、变质，以提高食品的稳定性和延长储存期为目的的食品添加剂。其实质是，在食品中添加抗氧化剂，通过化学方法来防止食品的氧化。

在食品品质储存运输的劣变过程中，除了由微生物作用发生腐败外，氧化是导致食品品质变劣的又一重要因素，尤其是对油脂产品或含油脂的食品。

油脂氧化的危害：氧化不仅使食品中的油脂酸败，还会使食品外观和营养等发生各种变化，如食品褪色、褐变、维生素受到破坏以及发出异臭等，降低了食品品质，甚至还会产生有毒物质，危害人体健康。

防止食品氧化，除了采用密封、被膜、充氮、真空脱气、避光、加热灭酶、低温等措施外，适当地使用一些安全性高、效果显著的抗氧化剂，是一种简单、经济又理想的方法。它不需要额外的设备，适合任何规模的企业。常温下起作用，对食品的质地、营养成分破坏小。因此，在油脂和富脂食品中加入抗氧化剂以抑制或延缓食品在加工或流通储存过程中氧化变质已成为食品加工中的重要手段。

抗氧化剂在油脂抗氧化中的应用（微课）

功能分类代码：04。

二、抗氧化剂的种类

我国批准使用的抗氧化剂有：丁基羟基茴香醚（BHA）、二丁基羟基甲苯（BHT）、特丁基对苯二酚（TBHQ）、没食子酸丙酯（PG）、茶多酚（TP）、植酸（PA）和植酸钠、甘草抗氧化物、磷脂、硫代二丙酸二月桂酯（DLTP）、4-己基间苯二酚、迷迭香提取物、抗坏血酸及其衍生物（抗坏血酸钠、异抗坏血酸钠、抗坏血酸钙、抗坏血酸棕榈酸酯）、维生素 E（生育酚）、竹叶抗氧化物等。

1. 按溶解性质分类

（1）油溶性抗氧化剂　可溶于油脂，对油脂和含油脂的食品具有很好的抗氧化作用，如 BHA、BHT 等。

（2）水溶性抗氧化剂　可溶于水，用于一般食品的抗氧化作用，如抗坏血酸、茶多酚等。

（3）兼容性抗氧化剂　可溶于水和油脂，如抗坏血酸棕榈酸酯等。

2. 按来源分类

（1）天然抗氧化剂　天然抗氧化剂是指从天然动物、植物或其代谢物中提取的具有抗氧化能力的物质。天然抗氧化剂一般都具有较好的抗氧化能力，安全无毒，其中一些已经用于绿色食品加工，如生育酚、植酸等。

（2）人工合成抗氧化剂　人工合成抗氧化剂指人工化学合成具有抗氧化能力的物质。这类抗氧化剂一般具有较好的抗氧化能力，使用时需按国家颁布的标准掌握用量，如 BHA、BHT、PG 等。

3. 按作用机理分类

按照抗氧化剂的作用机理可将其分为自由基吸收剂、金属离子螯合剂、氧清除剂、氢过氧化物分解剂、酶抗氧化剂等。

三、抗氧化剂的作用机理

（一）油脂的自动氧化

天然油脂暴露在空气中会自发地发生氧化反应，氧化产物分解生成低级脂肪酸、醛、酮等，产生恶劣的酸臭和口味变坏等，这一现象就称为油脂的自动氧化酸败，此现象是油脂及含油脂食品败坏变质的主要原因。油脂的自动氧化过程见图 9-1。

抗氧化剂在腊肉加工中的选用（微课）

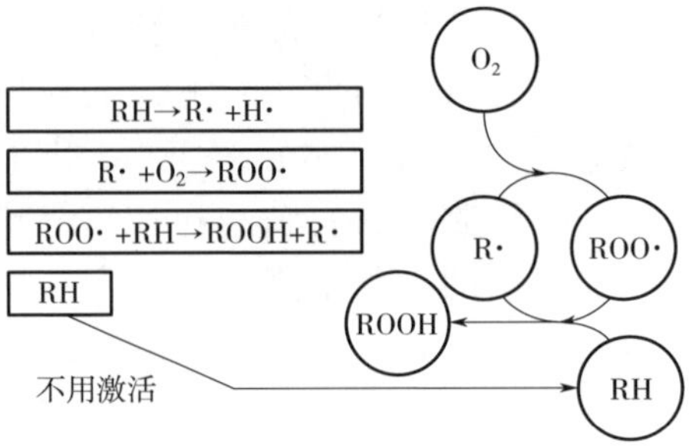

图 9-1　油脂的自动氧化过程

当有光、热、金属离子等存在下，脂肪可产生非酶促氧化即自动氧化，遵循游离基反应机制。属于一种链式反应，可分为三个阶段：引发、传递和终止(其中 RH 代表一个脂肪或脂肪酸分子)。

脂肪氧化的基本过程见图 9-2。

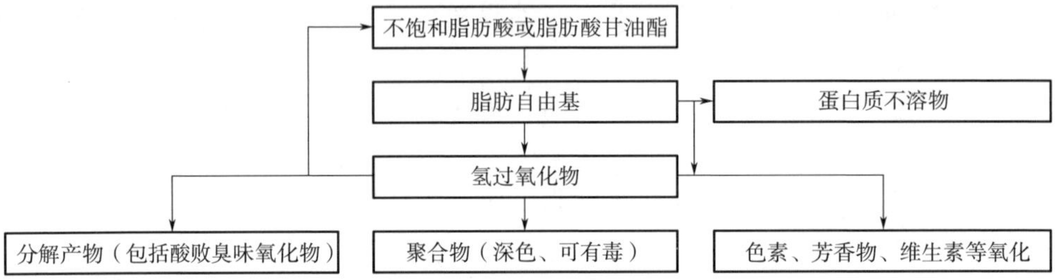

图 9-2　脂肪氧化的基本过程

（二）各类抗氧化剂的作用机制

氧化的三因素包括诱导剂、氧、自由基。金属离子，如铜、铁、镁等是主要的氧化诱导剂，如果油脂或油脂食品中含有金属诱导剂，即使浓度很低（低于 0.1mg/kg），也能缩短油脂自动氧化的诱导期，从而加速油脂氧化进程。食品中氧含量越高，油脂氧化速率越快。自由基是指带自由电子的原子或原子团，例如烃自由基（R·）、羟基自由基（·OH）、氢的自由原子（H·）等。通常自由基是分子受到热、光辐射、电等能量的作用，发生分解而产生的。自由基含有一个未成对的电子，具有极强的化学活性，会与周围的其他分子进行链式反应，氧化和破坏细胞和分子。

抗氧化原理
（微课）

1. 金属离子螯合剂——抗氧化增效剂

食用油脂通常含有微量的金属离子。柠檬酸、EDTA、植酸可螯合金属离子，以消除自由基产生的催化因子。加入增效剂，含油食品货架期可延长很长时间。

2. 氧清除剂

作为除氧剂的化合物主要有抗坏血酸、抗坏血酸棕榈酸酯、异抗坏血酸（钠）等。延缓植物油酸败，0.01%的抗坏血酸棕榈酸酯比 BHA、BHT 更有效。当抗坏血酸起氧清除剂作用时，本身被氧化成脱氢抗坏血酸。在顶部空间有空气存在的罐头和瓶装食品中，抗坏血酸好；而在含油食品中抗坏血酸棕榈酸酯抗氧化活性更强。

3. 阻断油脂自动氧化的链式反应

（1）自由基吸收剂　自由基吸收剂主要是指在油脂氧化中能够阻断自由基连锁反应的物质，一般为酚类化合物，具有电子给予体的作用，如丁基羟基茴香醚、特丁基对苯二酚、生育酚等。

脂类化合物的氧化反应是自由基历程的反应，因而消除自由基即可阻断氧化反应。作用模式如下（以 AH 代表抗氧化剂）：

$$AH+R\cdot \longrightarrow RH+A\cdot$$

$$AH+ROO\cdot \longrightarrow ROOH+A\cdot$$

抗氧化剂的自由基 A·没有活性，它不能引起链式反应，却能参与一些终止反应。

属于这类抗氧化剂的有：丁基羟基茴香醚（BHA）、二丁基羟基甲苯（BHT）、没食子酸丙酯（PG）、特丁基对苯二酚（TBHQ）、茶多酚（TP）、维生素 E 等。也称为酚型抗氧化剂。

（2）氢过氧化物分解剂　分解自动氧化反应中的氢过氧化物（ROOH），使其不能再进一步生成 R、RO、OH、ROO 等自由基，从而使链锁反应减慢。属于这类抗氧化剂的有 DLTP（硫代二丙酸二月桂酯）等。

任务实施

一、抗氧化剂的选择

抗氧化剂被广泛添加到食品中，以防止食品在加工、储存和运输过程中因氧化而产生质量变化，如脂肪和脂肪酸的氧化、食品变质、颜色褪变等。抗氧化剂的正确选用不仅可以延长食品的储存期、货架期，带来良好的经济效益和感官价值，而且使食品更安全。

（一）选用抗氧化剂的原则

（1）考虑抗氧化食品的类型，如动物脂肪类、植物油类。

（2）考虑加工食品中抗氧化剂的性能，避免煎、焙烤等加工工艺的影响。

（3）考虑抗氧化剂的溶解性及稳定性，抗氧化剂应与物质相溶。

（4）对食品无香味和口感方面的影响。

（5）要符合多数国家所制定的法规。

（6）低浓度即有效。

（7）易处理，安全可靠，价格合理，对食品成本影响不大。

（二）常用抗氧化剂的特性

1. 脂溶性抗氧化剂

脂溶性的抗氧化剂，其用量以油脂为基数计算，分为人工合成脂溶性抗氧化剂与天然脂溶性抗氧化剂两大类。目前，各国使用的抗氧化剂大多数是人工合成的，使用较广泛的有丁基羟基茴香醚（BHA）、二丁基羟基甲苯（BHT）、没食子酸丙酯（PG）、特丁基对苯二酚（TBHQ）等。天然的抗氧化剂有愈创树脂、生育酚混合浓缩物等。

（1）合成抗氧化剂　合成脂溶性抗氧化剂的特性见表9-1。

表9-1　　合成脂溶性抗氧化剂的特性

特性	BHA	BHT	PG	TBHQ
水溶性	不溶	不溶	难溶	微溶
醇溶性（乙醇）	易溶	易溶	易溶	易溶
油溶性	易溶	易溶	微溶	随温度升高而增大
热稳定性	较好	较好	较差	好
金属稳定性	较好	较好	差	好
挥发性	好	好	差	好
光稳定性	较差	较差	差	较好
抗菌性	较强	较强	较强	较强
抗氧化性	TBHQ>PG>BHA>BHT，相互间或与增效剂复配使用，协同增效			
LD_{50}/（g/kg体重）	2	2	2.6	0.7~1.0
ADI/（g/kg体重）	0~0.5	0~0.3	0~1.4	0~0.2
毒性	TBHQ>BHT>BHA>PG			
使用效果	动物脂肪>植物油	植物油>动物脂肪		
增效剂	柠檬酸、抗坏血酸、异抗坏血酸、抗坏血酸钠、异抗坏血酸钠			

使用注意事项：

①BHT与BHA混合使用时，总量不得超过0.2g/kg；BHT、BHA与PG合使用时，BHA、BHT总量不得超过0.1g/kg，PG不得超过0.05g/kg；最大使用量以脂肪计。

②以柠檬酸为增效剂，BHA与BHT复配使用时，复配比例为BHT∶BHA∶柠檬酸=2∶2∶1。

③精炼油添加BHT，必须在碱炼、脱色、脱臭后，在真空下冷却到12℃时添加。容器应清洁。添加时先用少量油稀释BHT，然后再加入大量油中。柠檬酸用水或乙醇溶解后加入并搅拌均匀。

④用于油脂和含油脂食品中时，可采用直接加入法；用于鱼肉制品时，可以采用浸渍法和拌盐法，浸渍法的抗氧化效果较好，它是将BHA预先配成1%的乳化液，然后按比例加入到浸渍液中。

⑤PG使用时，先将本品与少量油脂共热混溶，然后再与全部油脂混合。也可取1份本品加0.5份柠檬酸，溶于3份95%乙醇中，将此溶液徐徐加入油脂中混匀。一般在油脂精炼后立即添加。

（2）天然抗氧化剂　天然脂溶性抗氧化剂的特性见表9-2。

表 9-2　　天然脂溶性抗氧化剂的特性比较

特性	生育酚混合浓缩物	愈创树脂
溶解性	不溶于水，溶于乙醇和植物油	不溶于水，溶于乙醇和碱性溶液
稳定性	热稳定，较耐光，光照下会缓慢氧化变黑	空气中会逐渐变为暗绿色
抗氧化性	动物油>植物油 抗氧化能力>BHA 和 BHT	用于植物油和奶油
毒性	安全无毒	ADI：0~0.0025g/kg 体重
应用	广泛应用，用量无限制	植物油和奶油

生育酚油溶性抗氧化剂能阻止油脂中自由基的产生，将氧化反应终止在开始阶段。生育酚在较低浓度时，在许多食品中是一种很有效的抗氧化剂，其效率在高浓度时会降低。

2. 水溶性抗氧化剂

（1）合成类抗氧化剂　合成类水溶性抗氧化剂特性见表 9-3。

表 9-3　　合成类水溶性抗氧化剂的特性比较

特性	抗坏血酸（钠）	异抗坏血酸（钠）
溶解性	溶于水和乙醇	溶于水和乙醇
稳定性	干燥状态稳定，水溶液易被氧化，遇光颜色变深	遇空气、金属离子、热和光分解，热稳定性高于抗坏血酸
抗氧化性	抗坏血酸（钠）<异抗坏血酸（钠）	
ADI/(g/kg 体重)	0~15	无需规定
应用	各类食品（表 A.2 食品除外），增效剂	啤酒、肉食、水果汁、糕点、乳制品、油脂等各类食品（表 A.2 食品除外）

（2）天然类抗氧化剂　天然类水溶性抗氧化剂特性见表 9-4。

表 9-4　　天然类水溶性抗氧化剂的特性比较

特性	茶多酚	植酸
溶解性	溶于水和乙醇，微溶于油脂	溶于水和乙醇
稳定性	耐热、耐酸、碱性条件下易氧化褐变，遇光易氧化，遇铁易变色	遇高温分解
抗氧化性	动物油>植物油，与柠檬酸、维生素 C、卵磷脂、BHA、BHT 有协同作用	对植物油效果较好，植酸对金属离子有螯合作用，与维生素 E 有协同抗氧化效果
毒性	对人体无害	LD_{50}：4.129g/kg 体重
应用	具有抗氧化、抗菌、除臭、保健作用，将其先溶于乙醇，加入一定量的柠檬酸配成溶液，以喷涂或添加的方式用于食品	具有抗氧化、保鲜、螯合、水软化作用

（三）抗氧化剂的复配

抗氧化剂复配后可改善抗氧化剂的效果，便于使用。合理使用的复合抗氧化剂能明显提高抗氧化性能，其使用的安全性都高于单一品种的抗氧化剂。其原因是在达到同样抗氧化效果的前提下，抗氧化剂复配后使用的浓度低于单一的抗氧化剂。

复配型抗氧化剂的优点如下：①能充分发挥几种抗氧化剂及增效剂的协同效应；②使用方便；③提高使用的安全性；④增强抗氧化剂的溶解度和分散性；⑤减少抗氧化剂的褪色倾向。

二、植物油的制作

植物油中含不饱和脂肪酸，在加工贮藏中易氧化，需加入抗氧化剂以抑制脂肪氧化，延长其保存期。

本任务中，以植物油为载体，以植物油中起抗氧化作用的抗氧化剂为任务驱动点，以植物油生产真实的工作过程为导向，进行抗氧化剂的选择及效果评价任务的实施。

（一）植物油脂中抗氧化剂的选择

由 GB 2760—2024 查得，植物油（02. 01. 01. 01）中允许使用的抗氧化剂如表 9-5 所示。

表 9-5　植物油脂中允许使用的抗氧化剂

添加剂名称	最大使用量/（g/kg）	备注
迷迭香提取物	0. 7	包括迷迭香提取物（超临界二氧化碳萃取法）
混合三烯生育酚浓缩物	0. 2	以总生育酚和总三烯生育酚计
茶多酚（维多酚）	0. 4	以油脂中儿茶素计
茶多酚棕榈酸酯	0. 6	
丁基羟基茴香醚（BHA）	0. 2	以油脂中的含量计
二丁基羟基甲苯（BHT）	0. 2	以油脂中的含量计
甘草抗氧化物	0. 2	以甘草酸计
抗坏血酸棕榈酸酯	0. 2	
没食子酸丙酯（PG）	0. 1	以油脂中的含量计
羟基硬脂精（又名氧化硬脂精）	0. 5	
特丁基对苯二酚（TBHQ）	0. 2	以油脂中的含量计
维生素 E（*dl*-α-生育酚，*d*-α-生育酚，混合生育酚浓缩物）	按生产需要适量使用	
植酸（肌醇六磷酸），植酸钠	0. 2	以植酸计
竹叶抗氧化物	0. 5	

续表

添加剂名称	最大使用量/（g/kg）	备注
茶黄素	0.4	
抗坏血酸棕榈酸酯（酶法）	0.2	
抗坏血酸（又名维生素 C）	按生产需要适量使用	

植物油对抗氧化剂的基本要求是易溶于油脂，抗氧化性能高、稳定、安全、价格便宜。根据抗氧化剂的选择原则和常见抗氧化剂的特性，可以选择 BHT、TBHQ、生育酚、抗坏血酸钠和柠檬酸增效剂做油脂的抗氧化效果实验。

（二）油脂抗氧化实验

油脂抗氧化剂的抗氧化效果评价主要针对大豆油（精炼一级，不添加抗氧化剂）或现熬制的猪油。由于大豆油中含有的很多不饱和脂肪酸，猪油多含饱和脂肪酸，大豆油更易发生氧化和分解反应而腐败变质，故采用大豆油做油脂抗氧化实验。

油脂抗氧化实验（微课）

（三）抗氧化剂的安全应用操作

1. 准——强调的是抗氧化剂的添加量要准确

为了比较不同抗氧化剂对油脂的抗氧化效果，采取统一的抗氧化剂添加量，根据 GB 2760—2024 中对上述抗氧化剂在植物油脂中的最大使用量标准，按照试验设计方案在油脂中添加相应的质量，以油脂中的含量计。

确保添加量准确的同时，抗氧化剂混合使用时应符合 GB 2760—2024 附录 A 中表 A.4 的使用规定（加和原则）。如 BHT 与 TBHQ 合用时，总量为 0.2g/kg；最大使用量以脂肪计。柠檬酸使用量为其使用量的 1/4～1/2。

抗氧化剂应用方案示例：BHT 0.1g/kg+BHA 0.1g/kg+0.05g/kg 柠檬酸。

2. 顺——强调的是抗氧化溶液的配制需严格按照顺序进行

抗氧化溶液的配制如下。

（1）BHA、BHT、TBHQ　加入到 60～70℃的油脂中，充分搅拌 30min，使抗氧化剂充分溶解。

（2）PG　将 PG 与少量油脂共热混溶，再与全部油脂混合，充分搅拌，使抗氧化剂充分溶解在油脂中。

（3）茶多酚　将其先溶于乙醇，加入 0.01g 的柠檬酸配成溶液，再添加到 60～70℃的油脂中，充分搅拌，挥干乙醇，使抗氧化剂充分分散在油脂中。

添加顺序：在油脂精炼后立即添加。

3. 匀——强调的是抗氧化剂溶液要溶解均匀、抗氧化剂与油脂要充分混合均匀

目的：促进抗氧化剂与油脂充分混匀，提高抗氧化效果。

添加方法：直接加入法。

添加时间：越早添加越好。

（四）抗氧化剂使用的注意事项

1. 充分考虑抗氧化剂的性能

当确定某种食品需要添加抗氧化剂后，应该在充分了解抗氧化剂性质的基础上，选择最适宜的品种。最好是通过试验来确定。一般要求抗氧化剂要能完全溶解并均匀分布于最终食品中。

2. 正确掌握添加抗氧化剂的时机

抗氧化剂只能阻碍氧化作用，延缓食品开始败坏的时间，但不能改变已经变坏的后果，因此，在使用抗氧化剂时，必须注意掌握在尽早阶段，即油脂开始氧化以前，以发挥其抗氧化作用。

3. 合理使用增效剂

在植物油中使用酚类抗氧化剂时，若同时添加某些酸性物质，则其效果显著提高，这些酸性物质成为增效剂，如柠檬酸、植酸、抗坏血酸等。一般认为这些酸性物质能与促进氧化的微量金属离子生成螯合物，从而对促进氧化的金属离子起钝化作用。

一般酚型抗氧化剂，可使用其使用量的1/4~1/2的柠檬酸、抗坏血酸或其他有机酸作为增效剂。由于用量很少，必须充分分散于食品中才能较好地发挥其作用。

4. 抗氧化剂的协同作用

凡两种以上的抗氧化剂混合使用，或与增效剂并用，往往比单一使用效果显著，这种现象称为增效作用或协同作用。一般认为，这是由于不同的抗氧化剂可以分别在不同的阶段中止油脂氧的连锁反应，增效剂对金属离子起钝化作用。

5. 控制影响抗氧化效果的因素

要充分发挥抗氧化剂的作用，对影响其效果的各种因素要加以控制，主要因素有光、热、氧、金属离子及食品的酸碱度等。

（1）光、热的影响　紫外光和热量能促进抗氧化剂分解、挥发而失效。随温度上升，油脂氧化速度加快。一般温度每升高10℃，氧化速度增加10倍。经过加热的油脂，极易被氧化。一般的抗氧化剂，经过加热，特别是在油炸等高温处理下，很容易被分解或挥发。例如，几种抗氧化剂在大豆油中经加热至100℃，其完全分解的时间分别是：BHT 90min；BHA 60min；PG 30min。此外，BHT在70℃以上、BHA在100℃以上加热，则会迅速升华挥发。故添加抗氧化剂时，必须注意避光及加热。

（2）氧的影响　氧气是导致食品氧化变质的最主要因素，也是导致抗氧化剂失效的主要因素。一般为了消除氧的影响常采用的措施有：①减少包装内的氧含量；②考虑包装材料的透氧性；③从包装内除掉氧；④用惰性气体充填包装；⑤减少促氧化剂的存在。

（3）金属离子的影响　铜、铁等重金属离子，是促进氧化的催化剂，尤其铜是一种特别强的助氧化剂。另外，有些抗氧化剂遇到金属离子会变色，所以必须尽量避免这些离子的混入，或同时使用能螯合这些离子的增效剂。

（4）食品酸碱度的影响　不同的食品有不同酸碱度，一般抗氧化剂在酸性条件下有良好的性能表现，而在偏碱性条件下，抗氧化剂的性能会受到一定程度的损失，有些甚至完全丧失。

6. 选择合适的添加量

虽然抗氧化剂浓度较大时，抗氧化效果较好，但由于抗氧化剂的溶解度、毒性等问题，必须按照 GB 2760—2024 的要求控制适当的浓度。

三、抗氧化剂作用效果评价

过氧化物（POV）是油脂在自动氧化过程中所产生的中间产物，长期以来，国内外一直采用过氧化值作为食用油脂氧化型酸败的指标。GB/T 1535—2017《大豆油》规定一级大豆油过氧化值≤5.0mmol/kg。通过定期测定添加不同抗氧化剂的大豆油 POV 值来评价抗氧化剂的抗氧化效果。POV 值越小，说明抗氧化效果越好。

过氧化值 POV 的测定（微课）

1. 过氧化值测定原理

制备的油脂试样在三氯甲烷和冰乙酸中溶解，其中的过氧化物与碘化钾反应生成碘，用硫代硫酸钠标准溶液滴定析出的碘。用 1kg 样品中活性氧的毫摩尔数表示过氧化值的量。

$$CH_3COOH+KI \longrightarrow CH_3COOK+HI$$

$$ROOH+2HI \longrightarrow ROH+H_2O+I_2$$

$$I_2+2Na_2S_2O_3 \longrightarrow 2NaI+Na_2S_4O_6$$

2. 材料与试剂

油脂、BHA、BHT 和 TBHQ 等抗氧化剂，柠檬酸、抗坏血酸等增效剂，冰醋酸、三氯甲烷、碘化钾、淀粉、硫代硫酸钠。

三氯甲烷-冰乙酸混合液（体积比 40∶60）：量取 40mL 三氯甲烷，加 60mL 冰乙酸，混匀。

碘化钾饱和溶液：称取约 16g 碘化钾，加入 10mL 新煮沸冷却的水，摇匀后贮于棕色瓶中，存放于避光处备用。

10g/L 淀粉指示剂：称取 1g 可溶性淀粉，加约 5mL 水调成糊状。边搅拌边加入 95mL 沸水，再煮 1~2min，放冷，临用现配。

0.1mo1/L 硫代硫酸钠标准溶液：称取 26g 硫代硫酸钠（$Na_2S_2O_3 \cdot 5H_2O$），加 0.2g 无水碳酸钠，溶于 1000mL 水中，缓缓煮沸 10min，冷却。放置两周后过滤、标定。

GB 5009.227—2023《食品安全国家标准 食品中过氧化值的测定》（文本）

3. 仪器与设备

电热恒温干燥箱、天平、恒温水浴振荡器、碘量瓶、酸式滴定管、烧杯等。

4. 抗氧化实验步骤

（1）每组准备 3 个 250mL 烧杯依次编号，各加入 100g 大豆油，1 号烧杯为空白，其他 2 个烧杯按试验方案加入抗氧化剂。

（2）将油脂样品在 60℃下搅拌 30min，使抗氧化剂充分溶解。

（3）试样转移至棕色试剂瓶，密封，置于 60℃恒温箱保存。

（4）每 24h 分别搅拌 2min，并交换它们在恒温箱中的位置，定期取 2g 样品测定抗氧化值。

过氧化值的测定动画（微课）

5. 过氧化值测定

将 2~3g（精确至 0.001g）样品置于 250mL 碘量瓶中，加入冰醋酸-三氯甲烷混合液 30mL，轻轻振摇使试样完全溶解。准确加入碘化钾饱和溶液 1.00mL，塞紧瓶盖，并轻轻振摇 0.5min，在暗处放置 3min。加蒸馏水 100mL 或 0.01mol/L 硫代硫酸钠标准溶液滴定析出的碘，滴定至淡黄色时，加入淀粉指示剂 1mL，继续滴定并强烈振摇至溶液蓝色消失为终点。记录消耗硫代硫酸钠标准滴定液的体积。同时做空白试验。空白试验所消耗的硫代硫酸钠标准滴定溶液体积 V_0 不得超过 0.1mL。

6. 结果计算

$$X_2 = \frac{(V - V_0) \times c}{2 \times m} \times 1000$$

式中 X_2——过氧化值，mmol/kg；

V——试样消耗的硫代硫酸钠标准溶液体积，mL；

V_0——空白试验消耗的硫代硫酸钠标准滴定溶液体积，mL；

c——硫代硫酸钠标准溶液的浓度，mol/L；

m——试样质量，g；

1000——换算系数。

计算结果以重复性条件下获得的 2 次独立测定结果的算术平均值表示，结果保留 2 位有效数字。重复性条件下获得的 2 次独立测定结果的绝对差值不得超过算术平均值的 10%。

相关知识

一、抗氧化剂的发展趋势

国内外食品的抗氧化剂种类繁多，现在食品抗氧化剂正朝着无毒或低毒、高效的方向发展，主要探索的方向有以下几个方面。

1. 原料来源

（1）人工合成的高效、低毒物质。天然抗氧化剂是国内外食品抗氧化剂的发展趋向，但人工合成的抗氧化剂也有高效、低毒的。

（2）从中草药中提取抗氧化物质。

（3）从香辛料中提取。

2. 工艺和配比研究

随着分离技术的进步，人们已把膜分离技术、超临界流体萃取技术和色谱分离技术应用于天然抗氧化剂的提取工艺中，使产品的纯度活性受到保护，品质也得到显著改善，成为高档次和高附加值产品。另外，使用几种抗氧化剂复合增效时，要注意抗氧化剂之间及抗氧化剂与抗氧化助剂之间的配比，保证食品使用抗氧化剂的安全性和高效性。

3. 天然抗氧化剂

以天然抗氧化剂逐步取代合成抗氧化剂是今后食品抗氧化剂发展的趋势。如由芸香植物提取的抗氧化剂，其抗氧化活性强于维生素 C 和合成抗氧化剂。从桉树叶中所提取的两种抗氧化物，其抗氧化活性 3 倍高于 BHA。由橘皮、胡椒、姜、辣椒、芝麻、丁香、茴香等均可制得优于维生素 C 和 BHA 的抗氧化剂。

一种抗氧化剂很难适合各种食品的要求，为了适应不同食品的不同要求和充分利用不同抗氧化剂的协同作用，可以发展复配型的抗氧化剂。此外，抗氧化剂也可与具有其他功能的食品添加剂复配，制成具有多功能的复配制剂与剂型。例如，将适合的防腐剂、抗氧化剂等加到各种包装材料中，通过控制释放达到抗氧、保鲜等多种目的。

二、脱氧剂

1. 定义

为防止食品氧化变质，在食品包装密封过程中，同时封入能除去氧气的物质，用以除去密封体系中游离氧和溶存氧或使食品与氧气隔绝，防止食品由于氧化而变质、发霉等的物质，为脱氧剂。也称为吸氧剂或除氧剂。

2. 组成

脱氧剂中有一个与氧气反应的主剂，一个控制、辅助主剂反应的辅剂。另外，还要加入一些反应的催化剂和基料。

3. 类型

按照主剂种类的不同，可将脱氧剂分成四类。

（1）铁制剂　指以活性铁粉的氧化来脱氧。一般除氧剂在与氧的反应中产生氢气，而氢气是很活泼的气体，可能会造成不好的影响，所以需要加入氢的抑制剂。铁制剂一般用于蛋糕、鱼制品、粮食的保藏。它的脱氧速度随包装内相对湿度变化而变化，温度高，速度快。

（2）连二亚硫酸钠制剂　连二亚硫酸钠制剂中辅剂较多，常用的是碱性无机物。这类制剂常用于油脂产品、果蔬的保藏。

（3）碱性糖制剂　是以有机糖类作主剂。这类制剂常用于肉制品、水果的保藏。

（4）其他类型　除以上三种除氧剂，其他类型成分多种多样，有金属、惰性气体、纤维素、酶制剂等，都是通过化学反应、酶的作用、吸附作用、驱氧作用来产生低氧环境。常用于水果、蔬菜、生鲜食品的保鲜。

思考题

1. 影响抗氧化效果的因素有哪些，如何控制？
2. 按溶解性分类，抗氧化剂可分为哪几种？并列举两例。
3. 抗氧化剂的作用机理是什么？
4. 你认为抗氧化剂未来的发展方向可能是什么？
5. 课后研创：根据所学内容，试着设计一个抗氧化剂在其他食品中的应用方案并实践。

抗氧化剂的
选用及效果评价
自查试题
（在线测试）

任务十

酶制剂的选用及效果评价

学习目标

知识目标

1. 掌握酶制剂的定义、分类、特点、作用。
2. 掌握酶制剂使用注意事项。

能力目标

1. 能正确分析酶制剂的安全性。
2. 能根据产品特点，设计出酶制剂的选用方案。
3. 能依据国家标准按加工需求计算果汁中酶制剂的添加量并安全规范应用。
4. 能对酶制剂的使用进行作用效果评价。

素质目标

1. 通过学习酶制剂的应用，提升民族自豪感、环保意识、文化自信，培养分析问题与解决问题的能力，增强创新探索精神和专业意识。

2. 通过分组设计果汁中酶制剂的选用方案，培养独立思考的能力，增强创新创业意识。

3. 在酶制剂的选用及效果评价过程中，培养团队协作能力，树立勤于动手的劳动精神，并积极弘扬安全规范使用酶制剂的职业精神，助力健康中国建设。

必备知识

一、酶制剂的定义

酶（Enzyme）是生物活细胞产生的一类具有高度专一性和催化功能的蛋白质，又称为生物催化剂。

酶制剂（Enzyme preparations）是由动物或植物的可食或非可食部分直接提取，或由传统或通过基因修饰的微生物（包括但不限于细菌、放线菌、真菌菌种）发酵、提取制得，用于食品加工，具有特殊催化功能的生物制品。辅以其他成分，可用于加速食品加工过程和提高食品产品质量。

酶制剂在果汁澄清中的应用（微课）

功能分类代码：11。

在最适条件下，每分钟催化 1μmol 的底物转化为产物所需的酶量为 1 个酶活力单位，称为酶的国际单位（IU）。

$$1IU = 1\mu mol/min$$

二、酶制剂的特点

酶是一种蛋白质，蛋白质的一些性质酶都适用，且紫外线、热、表面活性剂、重金属、酸碱等都能使蛋白变性，也能使酶失效。酶制剂主要具有以下特点。

1. 高效性

酶的催化效率比无机催化剂更高，使得反应速度更快。

2. 专一性

一种酶只能催化一种或一类底物，如蛋白质只能催化蛋白质水解成多肽。

3. 温和性

酶所催化的化学反应一般是在较温和的条件进行，温度在 25~50℃，pH 为中性左右。

4. 活性可调节性

包括抑制剂和激活剂调节、反馈抑制调节、共价修饰调节和变构调节等。

5. 多样性

酶的种类很多，GB 2760—2024 表 C. 3 中允许使用的食品用酶制剂共有 70 种。

三、酶制剂的分类

1. 根据酶所催化的反应性质分类

（1）氧化还原酶类　促进底物的氧化或还原。

（2）转移酶类　促进不同物质分子间某种化学基团的交换或转移。

（3）水解酶类　促进水解反应。

（4）裂合酶类　催化从底物分子双键上加基团或脱基团反应，即促进一种化合物分裂成两种化合物，或由两种化合物合成一种化合物。

（5）异构酶类　促进同分异构体互相转化，即催化底物分子内部的重排反应。

（6）连接酶类　促进两分子化合物互相结合，同时 ATP 分子（或其他三磷酸核苷）中的高能磷酸键断裂，即催化分子间缔合反应。

食品加工中比较重要的酶类是氧化还原酶类和水解酶类。氧化还原酶类：葡糖氧化酶等。水解酶类：糖苷水解酶（淀粉酶、纤维素酶、果胶酶等）、脂肪酶、蛋白酶（木瓜蛋白酶、无花果蛋白酶、胃蛋白酶等）。

2. 根据来源分类

（1）动物酶制剂　凝乳酶、胃蛋白酶、胰蛋白酶、胰凝乳蛋白酶。

（2）植物酶制剂　菠萝蛋白酶、木瓜蛋白酶、无花果蛋白酶。

（3）微生物酶制剂　糖化酶、α-淀粉酶、枯草芽孢杆菌蛋白酶、果胶酶、乳糖酶、纤维素酶、β-淀粉酶、花色素酶、葡萄糖氧化酶。

我国允许使用的食品类酶制剂有：α-半乳糖苷酶、α-淀粉酶、α-乙酰乳酸脱羧酶、β-淀粉酶、β-葡聚糖酶、半纤维素酶、菠萝蛋白酶、蛋白酶、单宁酶、果胶酶、过氧化氢酶、磷脂酶、木瓜蛋白酶、木聚糖酶、凝乳酶、葡糖淀粉酶、葡糖氧化酶、乳糖酶、胃蛋白酶、无花果蛋白酶、纤维素酶、胰蛋白酶、胰凝乳蛋白酶、脂肪酶、酯酶、转化酶等 54 种。

四、酶制剂的作用

酶制剂在食品加工保藏中的作用主要体现四个方面。

（1）利用食品中所含的酶，如肉的成熟等。

（2）抑制食品中所含的酶，如食品的保鲜及防止变色。

（3）添加酶以提高食品的价值，如果汁和葡萄酒中添加果胶酶来澄清。

（4）利用酶来制造食品，如由淀粉制葡萄糖。

任务实施

一、酶制剂的选择

酶制剂行业是高技术产业，它的特点是用量少、催化效率高、专一性强，其应用领域遍及轻工、食品、化工、医药、农业以及能源、环境保护等方面。目前酶制剂已广泛应用于饮料工业、乳品工业、焙烤工业、水产品工业、肉类工业、油脂加工、制糖等食品行业中，改善了食品的组织结构和品质，深受青睐。酶制剂在选用时要注意温度、酸碱性、重金属离子等因素对每种酶制剂的影响，还要考虑价格和有效含量，以求达到酶制剂的最佳使用效果。

（一）酶制剂的安全性

GB 2760—2024《食品安全国家标准　食品添加剂使用标准》附录 C.3 规定了食品加工中允许使用的酶，各种酶的来源和供体应符合表中的规定。其 ADI 无特殊限量规定，可在各类食品中按生产需要适量使用。

（二）常用酶制剂的特性

1. 果胶酶

果胶酶是分解植物果胶质的一类酶。工业上一般由曲霉菌发酵生产果胶酶。

（1）分类　商品果胶酶制剂中含有三种酶类，分别为原果胶酶、果胶酯酶和果胶解聚酶。

①原果胶酶：可以把不溶于水的原果胶分解为可溶于水的高聚合体果胶或果胶酯酸。

②果胶酯酶：脱去果胶中的甲氧基基团，促使果胶脱去甲酯生成聚半乳糖醛酸链和甲醇。

③果胶解聚酶：也称聚半乳糖醛酸酶或果胶酶，能促使果胶中 D-半乳糖醛酸的 α-1，4 糖苷键的裂解，在果汁澄清中有重要意义。

（2）性质　呈灰白色粉末或棕黄色液体，溶于水，不溶于乙醇；最适作用温度为 40~50℃，最适 pH 为 3.5~5.5，一些金属离子对酶有显著的抑制作用，多酚物质对其也有抑制作用。在低温和干燥条件下失活较慢，保存 1 年至数年活力不减。

（3）作用　主要用于果汁澄清，可降解果肉中的果胶物质，使果汁黏度降低，提高果汁过滤速率，防止果泥和浓缩果汁胶凝化，提高果汁出汁率和澄清度，还可用于果蔬脱内皮、内膜和囊衣等。

（4）用量及方法　果汁澄清时果胶酶的用量和作用条件，因果实的种类、品种、成熟程度以及酶制剂的种类和活力不同而不同。干酶制剂用量一般为 2~4g/L；反应温度 45~55℃，反应时间 1~3h。葡萄汁用 0.2%的果胶酶在 40~42℃下放 3h，即可完全澄清。苹果汁澄清，果胶酶最高用量为 3%。酶制剂可在榨出的新鲜果汁中直接加入也可在果汁杀菌后加入。

使用果胶酶脱除莲子内皮、蒜内膜、橘子囊衣时，通常将其放入 pH 为 3.0 的酶液中，在温度低于 50℃下搅拌 1h 左右即可，过滤后酶液可反复使用。橘子（罐头制品）经脱囊衣后果味浓郁，品质提高。

另外，果胶酶还可结合吸附剂（明胶、硅藻土等）使用，如酶制剂加入果汁作用 20~30min 后再加入明胶，在 30~40℃条件下进行澄清，效果较好。

2. 纤维素酶

一般用黑曲霉或木霉菌进行斜面培养，制酶曲后制成酶液。

（1）分类　商品纤维素酶中含有三类酶：β-葡萄糖苷酶、葡聚糖外切酶（纤维二糖水解酶）和内切β-1,4-葡聚糖酶。

①β-葡萄糖苷酶：能将纤维二糖及其他低分子纤维糊精分解为葡萄糖。

②内切β-1,4-葡聚糖酶：能在纤维素酶分子内部任意断裂β-1,4糖苷键，大多数外切酶能改变水解下来的葡聚糖的构型，作用于结晶纤维素。

③葡聚糖外切酶或纤维二糖水解酶：能从纤维分子的非还原端依次裂解β-1,4糖苷键释放出纤维二糖分子。

（2）性质　商品纤维素酶是灰白色无定形粉末或液体，溶于水，几乎不溶于乙醇、氯仿和乙醚；最适作用pH为4.5~5.5，对热稳定，一般作用的最适温度是50~60℃。

（3）作用　主要用于谷类、豆类等植物性食品的软化、脱皮，提高大豆蛋白的提取率；酿造原料的预处理，可提高酒的出品率和原料利用率，缩短发酵时间，使酒口感醇香；降低咖啡抽提物黏度；去除柑橘类果汁的纤维性混浊等。

（4）用量及方法　参考用量：豆粕用酶液在40~45℃下保温，pH4.5条件下浸泡2~3h。

淀粉酶的水解
（微课）

3. 淀粉酶

淀粉酶是水解淀粉、糖原和他们的降解中间产物的酶类，广泛存在于动植物组织和微生物中，是食品酶制剂中具有广泛用途的酶制剂之一。各种淀粉酶的特性见表10-1。

表10-1　各种淀粉酶的特性比较

特性	α-淀粉酶	β-淀粉酶	葡糖淀粉酶（糖化酶）
溶解性	溶于水，不溶有机溶剂	溶于水，不溶有机溶剂	溶于水，不溶有机溶剂
稳定性	热稳定性高，Ca^{2+}和Na^{+}存在下可提高稳定性	Ca^{2+}能激活酶，提高稳定性	不耐热，60℃ 30min以上活力损失显著，耐酸性好
水解键	内切酶，水解α-1,4糖苷键，产物麦芽糖、葡萄糖和糊精	外切酶，间隔切开α-1,4糖苷键，产物是β-极限糊精和麦芽糖	外切酶，水解α-1,4糖苷键和α-1,6糖苷键，产物是葡萄糖
反应条件	最适pH为5.0~7.0，温度50℃	植物β-淀粉酶最适pH为5.0~6.0、温度50~60℃；细菌β-淀粉酶最适pH为6.0~7.0、温度50℃左右	最适pH为4.5~5.5，温度55~60℃
应用	水解淀粉制造饴糖、葡萄糖和糖浆等，生产酒、果汁、味精、酱油等，参考用量：酶用量100U/mL，温度55℃，pH 5~6，酶解时间为1h	啤酒酿造、饴糖制造	糖化剂，在淀粉糖浆、葡萄糖、蒸馏酒、酒精及其他发酵工业生产中，将淀粉转化为可发酵的葡萄糖

4. 蛋白酶

蛋白酶是水解蛋白质肽链的一类酶的总称，一种蛋白酶仅能作用于蛋白质分子中一定的肽键。

（1）分类　按来源可分为植物蛋白酶、动物蛋白酶和微生物蛋白酶。植物蛋白酶主要有木瓜蛋白酶、菠萝蛋白酶和无花果蛋白酶，动物蛋白酶主要有凝乳酶和胃蛋白酶，微生物蛋白酶主要有中性蛋白酶和碱性蛋白酶。

按其降解多肽的方式，可将蛋白酶分成内肽酶和端肽酶两类。前者可把相对分子质量大的多肽链从中间切断，形成相对分子质量较小的朊和胨；后者又可分为羧肽酶和氨肽酶，它们分别从多肽的游离羧基末端或游离氨基末端逐一将肽链水解生成氨基酸。

（2）性质　木瓜蛋白酶、菠萝蛋白酶、无花果蛋白酶等植物蛋白酶属于半胱氨酸蛋白酶，也称为巯基蛋白酶，为内肽酶，能够特异地作用于蛋白质分子中特定的肽键，具有高度的底物特异性。最适 pH 除个别酶为酸性外，其他的都在中性，安全性高。胰蛋白酶、胃蛋白酶是常用的动物蛋白酶，为内肽酶、酸性蛋白酶，在 pH 2~5 的范围内较稳定，最适作用温度 37~60℃。工业上生产蛋白酶制剂主要是利用枯草芽孢杆菌、栖土曲霉等微生物发酵制备，如枯草芽孢杆菌蛋白酶，属丝氨酸蛋白水解酶类，为内肽酶、碱性蛋白酶。常见植物蛋白酶的特性比较见表 10-2，常见动物蛋白酶的特性比较见表 10-3。

表 10-2　常见植物蛋白酶的特性比较

特性	木瓜蛋白酶	菠萝蛋白酶	无花果蛋白酶
溶解性	溶于水，不溶于有机溶剂	溶于水，不溶于有机溶剂	溶于水，不溶于有机溶剂
稳定性	酸性蛋白酶，热稳定性较高，在 pH5 时稳定性最好，pH< 3、pH>11 时，酶会很快失活	糖蛋白，不耐热，≥65℃失活，pH< 3 或 pH>9.5 时，酶会很快失活	热稳定性高，其活性可受铁、铜、铅离子的抑制
反应条件	最适 pH 为 5.0~7.0，温度 65℃左右	最适 pH 为 6.0~8.0，温度 55℃左右	最适 pH 为 4.0~8.5，温度 65℃左右
应用	用于啤酒、果汁澄清，肉嫩化	水解肽键和酰胺键，用于啤酒抗冷、肉类嫩化、水解蛋白的生产	用于啤酒、果汁澄清，肉嫩化

（3）应用　根据 GB 2760—2024，酶制剂可按生产需要适量使用于各类食品中，蛋白酶常用于肉的嫩化，啤酒、果汁的澄清，干酪的生产，饼干和糕点的松化等。

表 10-3　常见动物蛋白酶的特性比较

特性	凝乳酶	胃蛋白酶
溶解性	溶于水，不溶于有机溶剂	溶于水，不溶于有机溶剂
稳定性	在弱碱（pH 为 9）、强酸、热、超声波的作用下会失去活性，干燥制品活性稳定，水溶液不稳定，酶会很快失活	酸性环境中有极高的活性，酶溶液在 pH 5.0~5.5 时非常稳定
反应条件	最适 pH 为 4.8 左右，温度为 35~43℃	最适 pH 为 1.8~2.0，温度 40~65℃
应用	水解多肽，用于天然干酪的加工	水解多肽，作为消化剂，用于谷类的前处理、婴儿食品、口香糖

二、果汁的制作

果汁生产中，果汁的澄清处理是关键工序。制造果汁的果实中含有一定量的果胶质、纤维质和淀粉，这些物质使汁液黏稠、混浊，失之清亮，各种杂质以其为依托，难以在短时间内沉淀去除。采用皂土+冷冻的方法或自然澄清法澄清果汁，存在以下问题：

①澄清效果不佳，经澄清的果汁未达到要求的清亮程度。

②能耗大，冷冻过程中需要消耗大量的动力。

③澄清时间长，降低了设备利用率并极易造成果汁的氧化。

④ 皂土添加量过多还易造成果汁口味寡淡。

本任务中，以果汁为载体，以果汁中起澄清作用的酶制剂为任务驱动点，以果汁生产真实的工作过程为导向，进行酶制剂的选择及效果评价任务的实施。

（一）果汁中酶制剂的选择

酶制剂可以水解果汁中能够引起混浊的果胶物质以及多糖，使果汁中其他胶体失去果胶的保护作用而共同沉淀，从而达到澄清的目的，同时提高了生产效率与出汁率，具有快速、简便、澄清效果好等特点，对保持营养成分也十分有利。

果汁中酶制剂的选择要根据酶制剂的性质、功能，GB 2760—2024 和产品的特性，来合理选择酶制剂。由 GB 2760—2024 查得果汁（14.02.01）中允许使用的酶制剂为表 C.3 中的食品用酶制剂，使用量为按生产需要适量使用。

（二）酶制剂的复配

1. 单一果胶酶水解存在的问题和原因

果汁生产中采用单一的果胶酶水解存在价格高，澄清效果不理想的问题。主要原因如下。

（1）果汁中果胶质并不单独存在，它通常与纤维素互相结合、缠杂，互为依托。纤维素及半纤维素含量虽少，但由于纤维素是葡萄糖苷通过 β-1.4 糖苷键链接而成的链状聚合体，分子质量极大，性质非常稳定，因而被纤维素夹裹的果胶质和半纤维素难以被水解。

（2）果胶酶没有纤维素酶及半纤维素酶的协同作用，不能破解纤维素及半纤维素构成的致密保护结构，因此会削弱对果胶质的水解。

（3）水果中含有黏性很高的淀粉，易造成产品在贮藏过程中变混浊的问题，而且影响果胶酶的作用效果。

2. 解决方案

为达到更好的澄清效果，果汁澄清中，应补充纤维素酶及淀粉酶以协同、促进果胶酶作用。酶制剂应当包含以下内容。

（1）足够活力的纤维素酶　纤维素酶作用为水解纤维素及半纤维素为纤维寡糖等，同时破解纤维素及半纤素构成的致密结构，协同果胶酶分解果胶质，达到更好的澄清效果。

（2）足够活力的淀粉酶　淀粉酶作用为水解淀粉，产物为可溶性的麦芽糖、葡萄糖和低分子糊精，增加了果汁的营养价值，同时协同果胶酶，达到更好的澄清效果。

（3）适量活力的果胶酶　在纤维素酶及淀粉酶的共同作用下，与果胶质杂合的纤维素及半纤维素被水解破坏，果胶酶分解果胶质的作用效果更加突出。因而适量活力的果胶酶即可将果胶分解。

因此采用以果胶酶、纤维素酶和α-淀粉酶联合进行水解，以达到更好的澄清效果。

3. 复配酶制剂在果汁生产中的作用

（1）加快澄清速度，达到更好的澄清效果。

（2）增加果汁中纤维寡糖、纤维二糖含量，提高了果汁的保健功效。

（3）增加果汁中可溶性麦芽糖、葡萄糖和低分子糊精含量，提高了果汁的固形物含量。

（4）复合酶体系中各酶系相互协同作用，节约使用成本。

（5）无须冷冻，节约能源。

（6）增加果汁得率。

（三）果汁的澄清工艺

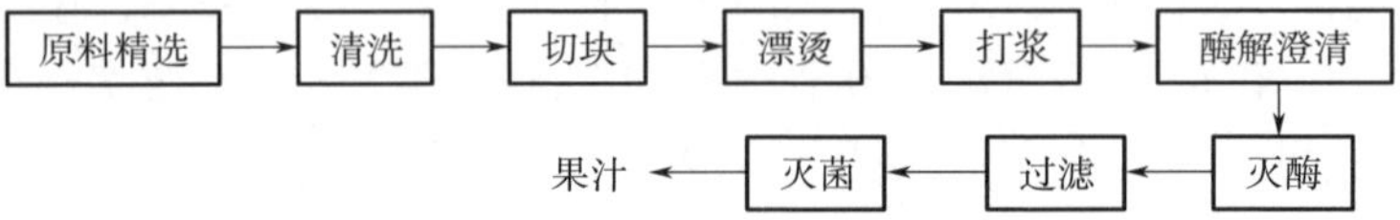

（四）酶制剂的安全应用操作

1. 准——强调的是酶制剂的添加量要准确

由 GB 2760—2024 查询结果，酶制剂在果汁中的使用量为按生产需要适量使用，根据酶制剂的性质、适宜添加量、酶制剂的活力和研究资料，以 1000g 果汁为例，设计酶制剂在果汁加工中的应用方案，初步设计复配酶制剂配方为：以果汁重为基数，果胶酶 0.02%、纤维素酶 0.02%、α-淀粉酶 0.02%。

酶制剂对果汁的酶解澄清（微课）

酶制剂应用方案示例：果胶酶 0.2g、纤维素酶 0.2g、α-淀粉酶 0.2g。

分组通过实验来对比研究不同酶制剂选用方案对果汁品质的影响，从而加深对酶制剂作用原理的理解，培养创新意识。

2. 顺——强调的是酶制剂的添加需要严格按照顺序进行

水果预处理后破碎打浆，直接将复配的酶制剂加入到待澄清的果浆中，搅拌均匀，在适宜的温度（如 55℃）下，酶解一定的时间（如 40min）后，灭酶（如 90℃ 灭酶 5min）。

3. 匀——强调的是酶制剂要与果浆充分混合均匀

添加时间：在水果打浆后的酶解澄清步骤加入，将酶制剂与果浆搅拌均匀，酶解过程中需要适当搅拌，使酶制剂充分与果浆混合均匀，加快酶解速度。也可根据产品的需要在水果破碎或榨汁后加入酶制剂。

目的：可促进酶制剂与果浆充分混匀，提高酶制剂的澄清效果。

（五）酶制剂使用的注意事项

1. 影响酶制剂活性的因素

酶制剂本身是一类蛋白质，影响蛋白质的任何因素都会影响酶制剂的活性。

（1）温度　酶制剂的活性随温度的升高而增加，但当温度高到一定程度时，又使酶变性而丧失活性。每一种酶都有自己最适的温度，一般酶活性的最适温度为30~45℃，超过60℃时酶会变性，丧失活性。

（2）酸碱度　溶液pH会影响酶蛋白的构象，会影响酶与底物的结合等，从而影响酶的活性。在其他条件不变时，酶在一定的pH范围内活性最高。一般酶活性的最适pH接近于中性（6.5~8.0）。但也有例外，如胃蛋白酶的最适pH为1.5。

（3）重金属离子　碘醋酸、高铁氰化物和重金属离子等可与酶的必需基团结合或发生反应，从而使酶丧失活性。

因此在果汁的澄清工艺中一定要注意温度、酸碱性、重金属离子等因素对酶制剂的影响，以求达到酶制剂的最佳使用效果。

2. 适量添加

每种酶制剂都有一定的适宜添加范围，只有在适宜添加范围内才能达到最佳的效果，添加量过低、过高效果都不好。

3. 酶种类要适合

酶的催化反应有专一性。样品不同，使用目的不同，所需要的酶也不同，需要根据每个样品具体的性质和使用目的选择合适的酶制剂。

4. 购买酶制剂应考虑有效含量及价格

用户在购买酶制剂时，一定要选择既能保证有效含量，酶活力高，又相对便宜的酶制剂，不应只考虑价格便宜，不考虑有效含量。

三、酶制剂的作用效果评价

（一）果汁的感官评价

酶制剂的作用将会影响到果汁的外观与色泽。由经验丰富的食品专家10人组成鉴评组，就果汁的外观和色泽两方面进行评价果汁的澄清效果，各自所占权重分别为0.7、0.3，满分10分。果汁的感官评价标准见表10-4。

表10-4　　果汁的感官评价标准

分值/分	5.0~7.0	3.0~4.9	1.0~2.9	0~0.9
外观评分标准	澄清透明 无沉淀	微浑浊 略有沉淀	较浑浊 有少量沉淀	严重浑浊 或沉淀较多
分值/分	2.0~3.0	1.0~1.9	0.5~0.9	0~0.4
色泽评分标准	色正常、 光泽好	色较深或色较淡， 有光泽	色深或几乎无色、 光泽差	色极深或无色、无光泽

（二）出汁率的测定

出汁率是指压榨取得的果汁质量 m_1 与进料的果浆质量 m_0 之比。这里用酶解离心后体积 V_1 与酶解前总体积 V_0 之比来表示。出汁率越大，酶解效果越好。

$$出汁率 = \frac{果汁质量(m_1)}{果浆质量(m_0)} = \frac{酶解后果汁体积(V_1)}{酶解前果浆总体积(V_0)}$$

（三）澄清度的测定

取果汁上清液于 1cm 比色杯中，以蒸馏水为参比，在波长 660nm 下用分光光度计测定透光率 T。透光率越大，果汁澄清度越高。

果汁澄清度的测定（微课）

相关知识

一、酶制剂的发展趋势

生物酶制剂行业是我国战略性新兴产业，具备高效、安全、节能、环保等特点，是我国建设资源节约型、环境友好型社会的重要支撑。食品酶制剂的研制与生产至今已有 100 多年的历史，到目前为止，自然界中发现的酶共有 2500 多种，其中有经济价值的有 60 多种。酶制剂的应用种类有淀粉酶、蛋白酶、糖酶、过氧化氢酶和纤维素酶等，用量最大的是淀粉酶和蛋白酶，约占酶制剂消费总量的 70%~80%。主要用于焙烤、酿酒、淀粉加工、酒精等食品工业。新型酶，高活性、高纯度、高质量的复合酶，是今后酶制剂的研究发展方向。

二、食品工业中常见的其他酶制剂

1. 乳糖酶

乳糖酶学名为半乳糖苷酶，由酵母菌发酵制得。

（1）性质　催化乳糖分子中 β-1,4-半乳糖苷键而水解为半乳糖和葡萄糖，在高浓度乳糖存在下，催化半乳糖分子生成低聚乳糖，最适温度 37~50℃，最适 pH 为 6.0~7.0。

（2）安全性　ADI 不作特殊规定。

（3）应用　主要用于乳品工业，降低乳糖结晶，增加甜度。

2. 葡萄糖氧化酶

葡萄糖氧化酶简称 GOD，可以由黑曲霉、青霉菌制得。

（1）性质　溶于水，水溶液一般呈淡黄色，几乎不溶于乙醇、氯仿和乙醚。主要作用酶为葡萄糖氧化酶和过氧化氢酶。最适温度 30~60℃，最适 pH 为 4.5~7.5。

葡萄糖氧化酶是一种需氧脱氢酶，在有氧条件下催化葡萄糖的氧化。反应如下：

$$葡萄糖+O_2 \longrightarrow 葡萄糖酸+H_2O_2$$

利用该酶促反应可以除去葡萄糖或氧气。

（2）安全性　ADI 不作特殊规定。

（3）应用　用于除去蛋品、马铃薯片等食品中的葡萄糖，防止引起产品变色的美拉德反应；除去封闭包装系统中的氧气，以抑制脂肪的氧化和天然色素的降解；用于橘子汁、啤酒的脱氧，以防色泽加深和降低风味等。

3. 脂肪酶

（1）性质　可溶于水，水溶液呈淡黄色，几乎不溶于乙醇、氯仿和乙醚。我国试制的粉末脂肪酶的活力为35000IU/g左右。最适pH为7.0~9.0，一般脂肪酸的链越长则pH越高。增香作用最适温度为20℃。

（2）安全性　由动物组织和米曲霉制得的脂肪酶，ADI不作限制性规定。

（3）应用　常用于奶油增香，增香后的乳脂产生很强烈的香味。增香后的奶油可以用于巧克力，也可用于需要增加奶香的冷饮、奶糖、饼干等食品。

三、食品工业用加工助剂

（一）定义

食品工业用加工助剂简称加工助剂，是有助于食品加工能顺利进行的各种物质，与食品本身无关。如助滤、澄清、吸附、脱膜、脱色、脱皮、提取溶剂等。

功能分类代码：22。

加工助剂应在食品生产加工过程中使用，使用时应具有工艺必要性，在达到预期目的前提下应尽可能降低使用量。加工助剂一般应在制成最终成品之前除去，无法完全除去的，应尽可能降低其残留量，其残留量不应对健康产生危害，不应在最终食品中发挥功能作用。加工助剂应符合相应的质量规格要求。

我国规定可以在各类食品中使用，残留量不需要限定的加工助剂有氨水、甘油、丙酮、二氧化碳等38种；需要规定功能和使用范围的加工助剂有1,2-二氯乙烷、1-丁醇、D-甘露糖醇等77种；食品用酶制剂有淀粉酶、蛋白酶、果胶酶等54种。

（二）溶剂

1. 丙酮

（1）性质　无色透明挥发性液体，有似薄荷香味。可与水、乙醇、乙醚、氯仿和大多数油脂混溶。

（2）应用　提取溶剂和助溶剂。可在各类食品加工过程中使用，残留量不需限定。

2. 丙二醇

（1）性质　无色透明状黏稠液体，无臭，有微苦感的甜味。能与水、乙醇、丙醇、乙醚混溶，对光、热稳定，可燃，150℃以上氧化，常温下稳定。可溶解水溶性香料、色素、防腐剂、维生素、树脂及其他难溶于水的有机物。40%的丙二醇水溶液于-20℃不冻结，对食品有抗冻作用。

（2）应用　冷却剂，提取溶剂。可应用于啤酒加工工艺、提取工艺。

3. 甘油（丙三醇）

（1）性质　无色透明或微黄色的糖浆状液体。无臭，有甜味。能与水、乙醇混溶，但不溶于乙醚、氯仿、己烷等非极性有机溶剂。甘油具有吸湿性，易吸收空气中的水分，其水溶液呈中性。遇强氧化剂会爆炸。

（2）应用　难溶于水的防腐剂、抗氧化剂、色素等在添加于食品前，可使用甘油作为溶剂。甘油也可用于食用香精的溶剂。

（三）助滤剂、吸附剂

1. 活性炭

活性炭是由少量氢、氧、氮、硫等与碳原子化合而成的络合物。

（1）性质　黑色多孔性无味物质，粒形呈圆柱形、粗颗粒或细粉末粒子，对气体、蒸气或胶态固体有强大的吸附能力。最适 pH 为 4.0~4.8，最佳温度 70~80℃。不溶于水和有机溶剂。

（2）应用　助滤剂、吸附剂、脱色剂。用于蔗糖、葡萄糖、饴糖等的脱色，油脂和酒类的脱色、脱臭，吸附油脂中残留的黄曲霉毒素或3,4-苯并芘。可在各类食品加工过程中使用，残留量不需限定。

2. 硅藻土

硅藻土的化学成分主要是 SiO_2，占 80%以上，此外还含有 Al_2O_3（3%~4%），Fe_2O_3（1%~1.5%），以及少量的钙、镁、钠和钾的化合物。

（1）性质　白色至灰色和浅灰褐色，细腻、松散、质轻、多孔、吸水和渗透性强。能吸收其本身质量 1.5~4.0 倍的水，化学稳定性高，除溶于氢氟酸以外，不溶于任何强酸，能溶于强碱溶液。

（2）应用　助滤剂、吸附剂、脱色剂。用于淀粉糖浆的脱色和葡萄酒、啤酒等的助滤，采用硅藻土、高岭土等吸附糖液中的胶质物，可提高活性炭的脱色效率。可在各类食品加工过程中使用，残留量不需限定。

3. 高岭土

高岭土主要成分为含水硅酸铝。

（1）性质　纯净的高岭土为白色粉末，一般含有杂质，呈灰色或淡黄色，质软、易分散于水或其他液体中，具有高的黏结性、优良的电绝缘性能、良好的抗酸溶性、较好的耐火性，有滑腻感，并有土味。

（2）应用　澄清剂，助滤剂。可应用于葡萄酒、果酒、黄酒、配制酒的加工工艺和发酵工艺。可按生产需要适量使用。

（四）应用实例——加工助剂在精制食用油中的应用

1. 工艺流程

毛油→脱固体杂质→脱胶→脱酸→脱色→脱臭→脱蜡→脱酯→精制食用油

2. 操作要点

在整个工艺流程中，脱色和脱蜡环节都用到食品加工助剂。

（1）脱色环节　利用某些具有较强选择性吸附作用的物质（硅藻土、活性白土、活性炭等），在一定条件下吸附油脂中的色素及其他杂质，从而达到脱色目的。

①硅藻土吸附能力强，易分解残皂，增加脱酸，破坏过氧化物，促进油脂异构化，吸附皂质，广泛应用于难脱色油脂。

②活性炭，比表面积大，吸附加强，价格贵，与活性白土搭配使用，能除掉去铁叶色素等难度大的色素，吸附色素和异味。

（2）脱蜡环节　用硅藻土来脱蜡，使用的主要设备有结晶塔、养晶塔、硅藻土处理罐等。

思考题

1. 讨论食品酶制剂的安全性。

2. 分析果胶酶、纤维素酶和 α-淀粉酶在果汁生产中所起的作用。

3. 分析酶制剂在食品加工保藏中的作用。

4. 课后研创：根据所学内容，自己设计一个酶制剂在其他食品中的应用方案并实践。

酶制剂的选用及效果评价自查试题（在线测试）

模块三

食品添加剂的综合选用

模块说明：本模块包括4个综合任务12个技能任务，分别为食品添加剂在火腿肠中的综合选用、食品添加剂在胶基糖果中的综合选用、食品添加剂在果蔬汁饮料中的综合选用和食品添加剂在蜜饯中的综合选用。通过任务的学习，知道水分保持剂、增味剂、被膜剂、胶基糖果中基础剂物质、甜味剂、酸度调节剂、漂白剂、着色剂的定义、类别、作用和性质，能够根据GB 2760—2024进行添加剂的安全选用和效果评价，并会测定易超标使用的食品添加剂如发色剂亚硝酸钠、防腐剂苯甲酸钠、甜味剂糖精钠和着色剂日落黄。

任务十一

食品添加剂在火腿肠中的综合选用

火腿肠（Ham sausage）是以鲜或冻畜肉、禽肉、鱼肉为主要原料，辅以填充剂（淀粉、植物蛋白粉等），再加入调味品（食盐、糖、酒、味精等）、香辛料、品质改良剂（卡拉胶、抗坏血酸等）、护色剂、保水剂、防腐剂等物质，采用腌制、搅拌、斩拌（或乳化）、灌入塑料肠衣，经高温杀菌制成的肉类灌肠制品。它的特点是肉质细腻、鲜嫩爽口、携带方便、食用简单、保质期长。

一、火腿肠中常用食品添加剂的种类和作用

本任务以火腿肠为载体，以火腿肠制作真实的工作过程为导向，进行食品添加剂的综合选择及效果评价任务的实施。火腿肠中常用食品添加剂的种类和作用见表11-1。

表 11-1 火腿肠中常用食品添加剂的种类和作用

食品添加剂种类	品种	主要作用	添加方法	注意事项
护色剂	硝酸钠、亚硝酸钠	①使肉制品产生鲜艳的红色； ②能抑制肉毒梭状芽孢杆菌的生长； ③能增强肉制品的风味； ④能抑制脂肪的氧化	①先配制成护色剂溶液； ②在腌制、搅拌步骤直接加入腌制液中； ③硝酸钠的最大使用量为0.5g/kg，亚硝酸钠的最大使用量为0.15g/kg	①添加注意事项详见任务三； ②亚硝酸钠残留量不能超标，需要≤30mg/kg。测定详见任务十一子任务三
	抗坏血酸及其钠盐、D-异抗坏血酸及其钠盐、葡萄糖酸-δ-内酯	①为护色助剂，能降低护色剂的用量，提高护色效果和食用安全性； ②抗坏血酸及其钠盐等具有还原性，能促进亚硝胺的生成； ③葡萄糖酸-δ-内酯有利于生成酸性环境，促进亚硝酸盐向亚硝酸转化； ④能抑制脂肪的氧化	①先配制成护色剂溶液； ②在腌制、搅拌步骤直接加入腌制液中，最后添加； ③最大使用量均为按生产需要适量使用	详见任务三
水分保持剂	磷酸盐类、乳酸钠	①提高肉制品的持水性及成品率； ②改善肉质，提高嫩度； ③延长产品保质期	①在腌制、搅拌步骤直接加入腌制液中； ②磷酸盐的最大使用量为5.0g/kg；乳酸钠的最大使用量为按生产需要适量使用； ③磷酸盐类可单独或混合使用，最大使用量以磷酸根（PO_4^{3-}）计	详见任务十一
增味剂	甘氨酸、谷氨酸钠	增强肉制品的鲜味	①在腌制、搅拌步骤直接加入腌制液中； ②甘氨酸的最大使用量为3.0g/kg，谷氨酸钠的最大使用量为按生产需要适量使用	详见任务十一
防腐剂	山梨酸及其钾盐、乳酸链球菌素、纳他霉素等	防腐抑菌，延长保质期	①在腌制、搅拌步骤直接加入，尽早加入； ②根据GB 2760—2024中规定的最大使用量进行添加	详见任务八

续表

食品添加剂种类	品种	主要作用	添加方法	注意事项
增稠剂	乙酰化二淀粉磷酸酯、卡拉胶、瓜尔胶、黄原胶等	①提高灌肠成品的黏结性，便于切片； ②改善肉质，提高产品嫩度和弹性； ③提高肉制品的出品率	①先配制成增稠剂溶液； ②在腌制、搅拌步骤直接加入，加入时间不可过早； ③根据 GB 2760—2024 中规定的最大使用量进行添加	详见任务五
着色剂	红曲红、胭脂虫红、花生衣红、赤藓红、β-胡萝卜素等	使肉制品有鲜艳的红色	①在腌制、搅拌步骤直接加入； ②根据 GB 2760—2024 中规定的最大使用量进行添加	详见任务十三

二、火腿肠的制作

（一）火腿肠中食品添加剂的综合选择

由 GB 2760—2024 和企业加工实例，综合设计火腿肠（食品分类号 08.03.05）中食品添加剂的使用方案，如表 11-2 所示。

表 11-2　火腿肠中食品添加剂的综合选择

添加剂名称	功能	最大使用量/(g/kg)	备注
亚硝酸钠，亚硝酸钾	护色剂，防腐剂	0.15	以亚硝酸钠（钾）计，残留量≤30mg/kg
异抗坏血酸钠	护色助剂	适量使用	
葡萄糖酸-δ-内酯	护色助剂	适量使用	
乳酸钠	水分保持剂	适量使用	
三聚磷酸钠	水分保持剂	适量使用	
谷氨酸钠	增味剂	适量使用	
山梨酸钾	防腐剂	1.5	以山梨酸计
乙酰化二淀粉磷酸酯	增稠剂	适量使用	
卡拉胶	增稠剂	适量使用	
红曲红	着色剂	适量使用	

（二）火腿肠的加工工艺

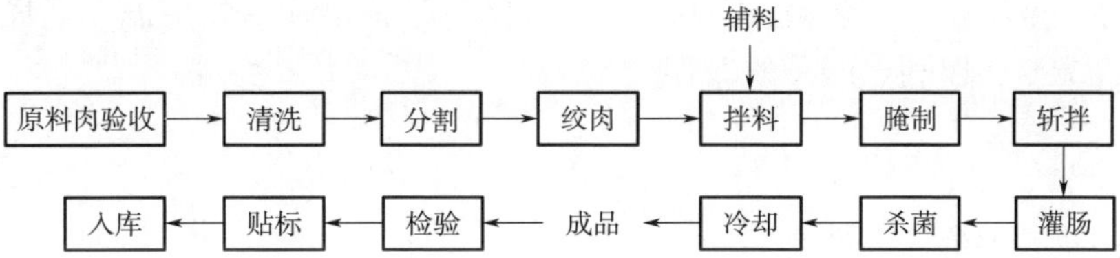

（三）火腿肠的参考配方

猪瘦肉 60kg、鸡胸肉 20kg、猪脂肪 20kg、玉米淀粉 10kg、大豆分离蛋白 4kg、食盐 3kg、白糖 2kg、姜粉 0.15kg、白胡椒粉 0.15kg、肉蔻粉 0.08kg、丁香粉 0.05kg、食品添加剂（乙酰化二淀粉磷酸酯 0.4kg、卡拉胶 0.4kg、谷氨酸钠 0.3kg、乳酸钠 0.2kg、山梨酸钾 0.12kg、三聚磷酸钠 0.05kg、焦磷酸钠 0.2kg、六偏磷酸钠 0.15kg、异抗坏血酸钠 0.1kg、葡萄糖酸-δ-内酯 0.1kg、亚硝酸钠 10g、红曲红色素 5g、香精适量）、冰水 50kg。

（四）操作要点

（1）原料肉的预处理　选用经检验符合食品卫生要求的原料肉，用不锈钢盆盛装，置于解冻室，解冻温度不超过 4℃。所有原料肉均应去除残留的皮、碎骨、淤血、淋巴、结缔组织等，漂洗干净，控干水分，切成小块。

（2）绞肉　猪瘦肉和鸡胸肉用直径 8mm 孔板绞碎，猪脂肪用直径 3mm 孔板绞碎，绞肉时控制肉温不高于 10℃。瘦肉腌制，肥肉冷藏备用。

（3）拌料腌制　将绞碎的瘦肉糜放入搅拌机中，加入磷酸盐、食盐、乳酸钠、亚硝酸钠、异抗坏血酸钠、葡萄糖酸-δ-内酯、山梨酸钾和一部分冰水进行搅拌，搅拌时间 3min 以上。搅拌过程中控制肉的温度不要超过 10℃。装入不锈钢盘，排净表面气泡，用保鲜膜盖严，放在腌制间中腌制，温度 0~4℃，相对湿度 85%~90%，腌制 24h。

（4）蛋白乳化胶的制作　将大豆分离蛋白、冰水、猪脂肪按照 1∶5∶5 的比例依次放入斩拌机中高速斩拌，斩拌时间 5~6min，斩拌后的肉馅温度在 8~10℃，要求斩拌出的胶体应质地细腻、均匀、黏度及弹性良好，无油离水。斩拌后的胶体置于 2~6℃ 环境冷藏 12h 后备用。

（5）斩拌　将腌制好的瘦肉糜置于斩拌机，先高速斩拌 2~3min，斩成均一、黏稠的肉泥状，温度为 3~5℃，然后加入蛋白乳化胶高速斩拌 2~3min，温度控制为 5~8℃，再加入加预溶的卡拉胶、乙酰化二淀粉磷酸酯、适量冰水、糖和调味料，斩拌 3min，最后加入淀粉、谷氨酸钠、香精等剩余辅料继续斩拌 2min 左右，温度不超过 10℃。斩拌好的肉馅应色泽均匀，黏度适中，有光泽，弹性良好。

（6）灌肠　采用连续真空灌肠结扎机将斩拌好的肉馅灌入红色 PVDC 肠衣中，并用铝线结扎。灌制的肉馅要胀度适中，不要装得过紧或过松。

（7）杀菌　将包装完好的火腿肠分层放入杀菌篮中，然后推入高压杀菌锅内，封盖，开始杀菌。杀菌温度可为 121℃，杀菌时间根据产品的规格进行设定。降温时，既要使火腿肠尽快降温，又要防止降温过快而使火腿肠内外压力不平衡肠衣胀破，可采用反压冷却。

（8）包装、入库　杀菌后的火腿肠，应尽快排除火腿肠表面的水分，剔除变形、破裂的不合格产品。及时贴标、装箱、封口、打包、入库。成品库保持恒温、通风和干燥，库温控制在 15~20℃，以利于产品的保存。

三、产品效果评价

火腿肠的感官评价标准见表 11-3。

表 11-3　　火腿肠的感官评价标准

项目	风味（20%）	口感（20%）	色泽（20%）	形态（20%）	切片性（20%）
评分标准（80~100 分）	浓香、具有香肠特有的风味	口感细腻、不发渣、咸度适中、鲜味协调	色泽呈自然红色、脂肪透明或乳白色、肉馅切面有光泽	外形完整，有弹性、粗细长短均匀、表面呈饱满状	切片光滑平整，有弹性无气孔
评分标准（60~79 分）	有香味、有香肠特有的风味	口感稍粗糙、略有发渣、咸度适中、有鲜味	色泽良好、皮肉暗红色、脂肪透明、肉馅切面带光泽	外形完整、有弹性、粗细长短基本均匀、表面呈饱满状	切片平整，弹性较好，无气孔或气孔较小
评分标准（40~59 分）	香味略淡、略有香肠的风味	口感稍粗糙、略有发渣、稍咸或淡、稍有鲜味	色泽一般、皮肉呈基本颜色、脂肪凝固	外形基本完整、有弹性、粗细长短不一、表面略有皱纹	切片不平整，弹性稍差，气孔稍多
评分标准（0~39 分）	香味较淡、香肠特有的风味弱	口感粗糙、发渣、味咸或淡、鲜味或浓或淡	色泽差或有变色现象、无香肠特征颜色	外形不完整、无弹性、粗细长短不一、表面皱纹	切片不平整，弹性差，气孔较多

护色剂、防腐剂、增稠剂、着色剂的选择及效果评价在其他任务中已详细讲述，下面将对水分保持剂的选择及效果评价、增味剂的选择及效果评价和护色剂亚硝酸钠的含量测定进行讲述。

子任务一　水分保持剂的选用及效果评价

学习目标

知识目标

1. 掌握水分保持剂的定义、种类和作用。
2. 掌握磷酸盐在肉制品中的持水作用机理。

能力目标

1. 能根据产品特点，安全设计出水分保持剂的选用方案。
2. 能依据国家标准按加工需求计算火腿肠中水分保持剂的添加量并安全规范应用。
3. 能对水分保持剂的使用进行作用效果评价。

素质目标

1. 通过查询标准，分析水分保持剂的安全性，强化责任意识，增强食品安全意识和食品合规意识。

2. 通过分组设计火腿肠中水分保持剂的选用方案，培养独立思考的能力，增强创新创业意识。

3. 在水分保持剂的选用及效果评价过程中，培养团队协作能力，树立勤于动手的劳动精神，并积极弘扬安全规范使用水分保持剂的职业精神，助力健康中国建设。

必备知识

一、水分保持剂的定义

水分保持剂又称保水剂，是指有助于保持食品中水分而加入的物质，一般为磷酸及磷酸盐、乳酸钾、乳酸钠和甘油，主要用于肉类和水产品加工中，起到增强食品水分稳定性和持水性，保持新鲜度，改善品质的作用。

功能分类代码：15。

二、磷酸盐的种类

列入 GB 2760—2024 的磷酸类水分保持剂有磷酸、焦磷酸二氢二钠、焦磷酸钠、磷酸二氢钙、磷酸二氢钾、磷酸氢二铵、磷酸氢二钾、磷酸氢钙、磷酸三钙、磷酸三钾、磷酸三钠、六偏磷酸钠、三聚磷酸钠、磷酸二氢钠、磷酸氢二钠、焦磷酸四钾、焦磷酸一氢三钠、聚偏磷酸钾、酸式焦磷酸钙，共 19 种。

水分保持剂
（微课）

磷酸盐可分为四类：正磷酸盐、焦磷酸盐、聚磷酸盐和偏磷酸盐。

三、磷酸盐在肉制品中的持水作用机理

磷酸盐类在肉类制品中可保持肉的持水性，增强结着力，保持肉的营养成分及柔嫩性，其持水作用机理主要有以下 4 点。

1. 提高肉的 pH，远离等电点

肉的持水性在肉蛋白质的等电点时最低，此时的 pH 约为 5.5。通过加入磷酸盐，使肉的 pH 远离等电点，可使肉的持水性增大。

2. 膨胀蛋白质的网状结构

磷酸盐具有多价阴离子，离子强度较大，能结合肌肉蛋白质分子中的二价金属离子

（如 Mg^{2+} 和 Ca^{2+}）形成络合物，使蛋白质中的极性基团游离，极性基之间的排斥力增大，则蛋白质的网状结构膨胀，网眼增大，可溶解更多水分，减少肉、禽制品加工时的原汁流失，持水性增大。

3. 解离肌动球蛋白

磷酸盐能够解离肌肉蛋白质中肌动球蛋白，生成肌动蛋白和肌球蛋白，肌球蛋白具有较强的持水性，因而肉的持水力提高。

4. 增大肌球蛋白溶解度

磷酸盐具有高离子强度的多价阴离子，能使肉的离子强度增加，从而增大肌球蛋白的溶解度并成为溶胶状态，持水能力增大，因此肉的持水性增高。

四、磷酸盐的作用

磷酸盐除作为水分保持剂以外，还可做膨松剂、酸度调节剂、稳定剂、凝固剂和抗结剂，并可与多种添加剂混合使用，广泛用于各种肉禽、蛋、水产品，乳制品、谷物产品、饮料、果蔬、油脂以及改性淀粉等食品中，明显地改善制品品质。

1. 持水作用

磷酸盐能增加肉的离子强度，亲水性很强，能很好地使食品中所含的水分稳定下来。对肉制品及水产品而言，持水能力最好的是焦磷酸钠，其次为三聚磷酸钠，随着链长的增加，多聚磷酸盐的持水能力将减弱。

2. 酸度调节作用

磷酸盐的 pH 从中等酸性（pH~4）到强碱性（pH~12），当不同的磷酸盐以不同的比例相配合时，可以得到 pH 稳定在 pH4.5~11.7 不同水平的缓冲剂。在大多数食品的 pH 范围内（pH3.5~7.5），磷酸盐均可作为高效的 pH 调节剂和 pH 稳定剂，使食物味道更鲜美。缓冲作用最强的是正磷酸盐，对聚磷酸盐而言，随着链长的增加，缓冲能力将减弱。

3. 乳化和分散作用

聚磷酸盐是一种聚合电介质，并具有无机表面活性剂的特性，能使水中难溶物质分散或形成稳定悬浮液，以防止悬浮液的附着、凝聚。由于聚磷酸盐能使蛋白质的水溶胶质在脂肪球上形成一种胶膜，从而使脂肪更有效地分散在水中，因而被广泛应用于淀粉的磷酸化处理、色素的分散、乳化食品（乳制品、冰淇淋、色拉、调味汁等）以及用作香肠、肉糜制品、鱼糜制品的分散稳定剂。

4. 螯合作用

聚磷酸盐易与溶液中的金属阳离子形成可溶络合物，从而降低水的硬度，抑制由 Cu^{2+}、Fe^{3+} 等金属阳离子引起的氧化、催化、变色、分解维生素 C 的作用，达到防止和延缓脂肪氧化，防止肉类、禽类、鱼类腐败，保持色泽的目的，以延长食品的货架期。

5. 增强蛋白质、肌动球蛋白作用

磷酸盐对蛋白质、肌动球蛋白具有增强作用，因而可提高肉制品的水合性和持水性，提高水的浸透性，促进食品的软化和改善食品的质量，保持食品的风味。

6. 膨松作用

酸性的磷酸盐（如酸式焦磷酸钠、磷酸氢钙）通常用作焙烤制品膨松剂的膨松酸，和碳酸氢盐反应为焙烤过程提供所需的二氧化碳气体。

7. 抗结块作用

磷酸三钙通常用作抗结剂以提高粉末状或吸湿性食品的自由流动性能。

8. 抑菌作用，延长食品货架期

聚磷酸盐可增强食品的储存稳定性，延长产品货架期。一般来说，随着链长的增大，抑菌作用增强。

任务实施

一、水分保持剂的选择

肉的持水性一般指在加工过程中，肉的水分及添加到肉中的水分的保持能力，持水性的高低直接关系到肉制品的质地和成品率，添加磷酸盐能有效提高肉制品的持水能力。

（一）常用磷酸盐水分保持剂的特性

1. 磷酸三钠（磷酸钠、正磷酸钠）

（1）性质　无色至白色的六方晶系结晶，相对分子质量为380.16，可溶于水，不溶于乙醇，在水溶液中几乎全部分解为磷酸氢二钠和氢氧化钠，呈强碱性。1%的水溶液pH为11.5 ~12.1。

（2）性能　具有持水结着、乳化、络合金属离子、改善色调和色泽、调整pH和组织结构等作用。磷酸盐又常用作食品的营养强化剂，在正常用量下，不会导致磷和钙的失衡，但用量过多，会与肠道中的钙结合成难溶于水的正磷酸钙，从而降低钙的吸收。

（3）安全性　ADI：0~70mg/kg体重（以总磷计）。

（4）应用　用作水分保持剂、膨松剂、酸度调节剂、稳定剂、凝固剂、抗结剂，需按GB 2760—2024的规定使用。如在乳及乳制品（巴氏杀菌乳、灭菌乳和高温杀菌乳、发酵乳、乳粉和奶油粉、特殊膳食用食品涉及品种除外）、水油状脂肪乳化制品（黄油和浓缩黄油除外）、冷冻饮品（食用冰除外）、糖果、小麦粉及其制品（生干面制品除外）、预制肉制品、熟肉制品中最大使用量为5.0g/kg；焙烤食品中最大使用量为15.0g/kg；复合调味料中最大使用量为20.0g/kg等。均不包括湿法工艺制得的磷酸，可单独或混合使用，最大使用量以磷酸根（PO_4^{3-}）计。

2. 六偏磷酸钠（偏磷酸钠、偏磷酸钠玻璃体、格兰汉姆盐）

（1）性质　玻璃状无定形固体，成片状、纤维状或粉末，无色或白色。相对分子质量为611.76，是一个长链的聚合物。溶于水，不溶于乙酸或乙醚等有机溶剂，水溶液可和金属离子形成络合物，二价金属离子的络合物较一价的稳定。

（2）性能　具有较强的分散性、乳化性、高黏性及与金属离子络合的作用。

（3）安全性　ADI：0 ~70mg/kg体重（以总磷计）。

（4）应用　常用作肉制品和鱼制品的品质改良剂，以提高持水性。还可用作水分保持剂、膨松剂、酸度调节剂、稳定剂、凝固剂、抗结剂，需按GB 2760—2024规定使用。

六偏磷酸钠可单独使用，也可与其他磷酸盐配制成复合确酸盐使用（配方见表11-4），但总磷酸盐不能超过GB 2760—2024的规定。

表 11-4 复合磷酸盐的不同配方

组分	用量/%					
	1	2	3	4	5	6
三聚磷酸钠	23	26	85	10	40	25
六偏磷酸钠	77	72	12	30	20	27
焦磷酸钠	—	2	3	60	40	48

3. 三聚磷酸钠（三磷酸五钠、三磷酸钠）

（1）性质　白色颗粒或粉末，有潮解性，分为无水盐和六水盐。25℃时，该产品的溶解度为13%，其水溶液呈碱性。三聚磷酸钠在水溶液中发生水解，水解程度因温度和溶液pH不同而不同，水解产物为焦磷酸盐和正磷酸盐。

（2）安全性　ADI：0~70mg/kg 体重（以总磷计）。

（3）应用　常用作肉制品和鱼制品的品质改良剂，以提高持水性，使肉质柔嫩、容易切片。还可用作水分保持剂、膨松剂、酸度调节剂、稳定剂、凝固剂、抗结剂，需按GB 2760—2024 的规定使用。具体应用举例如下。

①三聚磷酸钠与其他磷酸盐复配使用较单独使用多些，复配配方如下：三聚磷酸钠29%，偏磷酸钠55%，焦磷酸钠3%，磷酸二氢钠（无水）13%。

②用于火腿原料肉的腌制，每100kg 肉加混合盐（精盐91.65%、砂糖8%、亚硝酸钠0.35%）2.2kg，三聚磷酸钠85g，充分搅拌均匀，在0~4℃冷库中腌制48~72h，效果良好。

③在果蔬加工烫漂或浸泡时，加入聚磷酸盐，可络合钙，从而降低外皮的坚韧度。如在蚕豆预煮时，按150kg 水加三聚磷酸钠50g、六偏磷酸钠150g（或只加三聚磷酸钠100g），煮沸10~20min，可使豆皮软化。

4. 磷酸二氢钠（酸性磷酸钠）

（1）性质　白色结晶或粉末，无臭，微具潮解性，加热至100℃就失去结晶水，若继续加热则分解成酸性焦磷酸钠，易溶于水，其水溶液呈酸性。

（2）性能　具有调节pH、膨松和结着作用，通常与磷酸氢二钠复配使用。

（3）安全性　大鼠经口 LD_{50} 为8290mg/kg 体重，ADI 值：0~70mg/kg 体重（以总磷计）。

（4）应用　用作水分保持剂、膨松剂、酸度调节剂、稳定剂、凝固剂、抗结剂，需按GB 2760—2024 的规定使用。

5. 磷酸氢二钠（磷酸二钠）

（1）性质　十二水合物为白色结晶，熔点为34.6℃，在空气中迅速风化成七水盐，易溶于水，水溶液呈碱性，3.5%的水溶液pH为9.0~9.4，在250℃时分解成焦磷酸钠。

（2）性能　对乳制品和肉制品等有调节pH的作用，还可提高乳制品的热稳定性。

（3）安全性　同磷酸二氢钠。

（4）应用　用作水分保持剂、膨松剂、酸度调节剂、稳定剂、凝固剂、抗结剂，需按GB 2760—2024 的规定使用。

6. 焦磷酸钠（焦磷酸四钠）

（1）性质　白色或无色结晶，溶于水，不溶于乙醇，对热极稳定。能与金属离子发生络合反应，其1%的水溶液的pH为10.0~10.2。

（2）性能　具有乳化性、分散性、防止脂肪氧化、提高蛋白质的结着性，在高pH下能抑制食品的氧化和发酵的作用。

（3）安全性　大鼠经口LD_{50}为4000mg/kg体重；ADI值：0~70mg/kg体重（以总磷计）。

（4）应用　用作水分保持剂、膨松剂、酸度调节剂、稳定剂、凝固剂、抗结剂，需按GB 2760—2024的规定使用。

（二）乳酸钠水分保持剂的特性

（1）性质　无色或近于无色的糖浆状液体，无气味，易吸湿。能与水、乙醇混溶，其水溶液呈中性。一般商品为70%~80%溶液，熔点17℃，沸点140℃（分解）。

（2）性能　乳酸类水分保持剂在保持水分的同时，具有明显的防腐能力，能有效地抑制引起食品腐败的许多革兰氏细菌，如李斯特菌、金黄色葡萄球菌、肉毒梭菌及腐败微生物等。较苯甲酸钠、山梨酸钾等的优势，特别是在肉制品中有如下显著效果：①延长货架期；②抑制食品中致病菌，如大肠杆菌、李斯特菌单核增生菌、肉毒梭状芽孢杆菌等的生长，从而增加食品安全性；③增强与保持肉的风味；④作为一种盐，不仅可减少氯化钠用量，同时低盐性对心脏病人、高血压病人、肾脏病人来说更具安全性。

（3）安全性　不作限制规定。

（4）应用　用作水分保持剂、膨松剂、酸度调节剂、稳定剂、凝固剂、抗结剂，需按GB 2760—2024的规定使用。

二、火腿肠中水分保持剂的应用

本任务中，以火腿肠为载体，以火腿肠中起水分保持作用的添加剂为任务驱动点，以火腿肠生产真实的工作过程为导向，进行水分保持剂的选用及效果评价任务的实施。

（一）火腿肠中水分保持剂的选择

由GB 2760—2024可知火腿肠（食品分类号08.03.05）中允许使用的水分保持剂如表11-5所示。

表11-5　火腿肠中允许使用的水分保持剂

添加剂名称	功能	最大使用量/(g/kg)	备注
磷酸，焦磷酸二氢二钠，焦磷酸钠，磷酸二氢钙，磷酸二氢钾，磷酸氢二铵，磷酸氢二钾，磷酸氢钙，磷酸三钙，磷酸三钾，磷酸三钠，六偏磷酸钠，三聚磷酸钠，磷酸二氢钠，磷酸氢二钠，焦磷酸四钾，焦磷酸一氢三钠，聚偏磷酸钾，酸式焦磷酸钙	水分保持剂、膨松剂、酸度调节剂、稳定剂、凝固剂、抗结剂	5.0	可单独或混合使用，最大使用量以磷酸（PO_4^{3-}）计

续表

添加剂名称	功能	最大使用量/(g/kg)	备注
乳酸钠	水分保持剂、酸度调节剂、抗氧化剂、膨松剂、增稠剂、稳定剂	按生产需要适量使用	
乳酸钾	水分保持剂	按生产需要适量使用	
甘油（又名丙三醇）	水分保持剂、乳化剂	按生产需要适量使用	

（二）水分保持剂的复配添加

在实际应用中，应根据肉制品的类型、质地要求、生产工艺、原料等情况结合各种磷酸盐的特性选择适宜的磷酸盐种类及添加量。焦磷酸盐的保水效果最佳，但其溶解性太差，因此绝大多数情况下不能单独使用，而是常常和溶解性较好的长链聚磷酸盐或磷酸钾盐一起复合使用。

几种水分保持剂按照一定的比例复合为复配型水分保持剂，总磷酸盐添加量不能超过 GB 2760—2024 的规定。

几种常见的复配型水分保持剂的配方及用途见表 11-6。

表 11-6　几种常见的复配型水分保持剂的配方及用途

序号	配方（质量分数/%）	用途
1	焦磷酸钠 60，三聚磷酸钠 10，六偏磷酸钠 30	冰淇淋、火腿肠、香肠
2	焦磷酸钠 30，三聚磷酸钠 40，六偏磷酸钠 20，偏磷酸钾 10	香肠
3	焦磷酸钠 2，焦磷酸四钾 2，三聚磷酸钠 60，六偏磷酸钠 22，聚偏磷酸钾 14	肉糜
4	三聚磷酸钠 77，焦磷酸钠 18，琥珀酸二钠 5	火腿
5	三聚磷酸钠 10，六偏磷酸钠 30，焦磷酸钠 60	冰淇淋
6	三聚磷酸钠 29，六偏磷酸钠 55，焦磷酸钠 4，磷酸二氢钠 12	方便面
7	三聚磷酸钠 30，六偏磷酸钠 55，磷酸二氢钠 15	面条
8	三聚磷酸钠 85，六偏磷酸钠 12，焦磷酸钠 3	禽肉罐头
9	三聚磷酸钠 28，六偏磷酸钠 55，焦磷酸钠 17	糖果

（三）水分保持剂的安全应用操作

1. 准——强调的是磷酸盐的添加量要准确

一般来说，人对磷酸盐的耐受量较大，正常的用量对人体是安全的。但当膳食中磷酸盐含量过多时，会在肠道中与钙结合形成难溶于水的正磷酸钙，从而降低钙的吸收，导致人体骨骼组织中钙的流失。因此，必须严格在国家规定的使用范围内添加和使用磷酸盐。根据 GB 2760—2024，磷酸盐水分保持剂在熟肉制品和熟制水产品的最大使用量为 0.5%，一般使用量为 0.2%~0.4%，若添加量过高，会损害肉本来的风味，并因 pH 上升而影响发色。

由 GB 2760—2024 查询结果，以 10kg 原料肉加工成火腿肠为例，设计水分保持剂在火腿肠加工中的应用方案，磷酸盐水分保持剂在火腿肠中的最大使用量为 5g/kg，以肉重为基数，可计算出 10kg 原料肉中需精确称取 0~50g 磷酸盐。

水分保持剂应用方案示例：焦磷酸钠 20g+三聚磷酸钠 5g+六偏磷酸钠 15g。

分组通过实验来对比研究不同水分保持剂选用方案对火腿肠品质的影响，从而加深对水分保持剂作用原理的理解，培养创新意识。

2. 顺——强调的是磷酸盐的添加需要严格按照顺序进行

（1）西式火腿、香肠、肉丸和罐头制品　适量水溶解磷酸盐后与调味品、香辛料、增稠剂、淀粉、植物蛋白、着色剂、发色剂和其他辅料充分混匀，加入原料肉中，再进行绞肉/斩拌/搅拌，加工。

（2）各种肉制品　用冰水溶解磷酸盐，在搅拌状态下加入盐、调味品、香辛料、增稠剂、植物蛋白、发色剂和辅料等，在 0~4℃ 时用注射机给牛肉块、猪肉块注射，滚揉腌制，加工。

（3）灌肠制品　在肉料斩拌时直接加入磷酸盐，冰水、盐、调味品、香辛料、乳化剂等辅料。

3. 匀——强调的是磷酸盐要与原料肉充分混合均匀

添加时间：在火腿肠腌制或拌料步骤加入，与原料肉充分混合。

目的：斩拌、搅拌、滚揉等机械作用可促进磷酸盐在原料肉中的分散，加快了肉蛋白的膨润，提高了肉蛋白结合水分的能力，改善加热过程中肉块间的黏合和水分的保持，防止产品水分、蛋白质和矿物质的损失。

（四）水分保持剂使用的注意事项

（1）肉制品加工中若采用盐水注射法，则复合磷酸盐必须满足以下要求：在冰盐水中的溶解性好、高溶解速率；在冰盐水中的稳定性好；所用的复合磷酸盐的 pH 一般为 8.5~9.5；在制备注射用的冰盐水时，要先将磷酸盐溶解于冰水中，然后再加盐，这一顺序不能颠倒。

（2）在肉制品加工中，复合磷酸盐的使用添加量应严格控制在使用范围内。若添加量过高，反而会使肉制品有一股不好闻的磷酸盐味和肥皂味，也会导致 pH 上升而影响发色。

（3）由于磷酸盐具有腐蚀性，加工中所使用的工具应为不锈钢或塑料制品。

（4）肉制品生产加工中，复合磷酸盐在腌制以后的斩拌混合时添加，效果最佳。

（5）磷酸盐在使用中要重视钙磷平衡。

三、水分保持剂的作用效果评价

持水力（系水力）指肉蛋白质在外力作用下保持水分的能力。肉的持水性不仅影响肉的滋味、香气、多汁性、营养成分、嫩度、颜色等食用品质，而且还直接影响肉制品的成品率，具有重要的经济价值。持水力（系水力）的测定常用压力法和烘干法。

1. 压力法

测定系水力的普遍方法是压力法，即施加一定的重量或压力，测定被压出的水量与肉重之比或按压出水所湿面积之比。国内通常采用350N压力法来度量肉的失水率，以估计肌肉的系水力，即失水率越高，系水力越低。肉品系水力测定仪（质构仪）（图11-1）是检测肉品压缩的仪器。

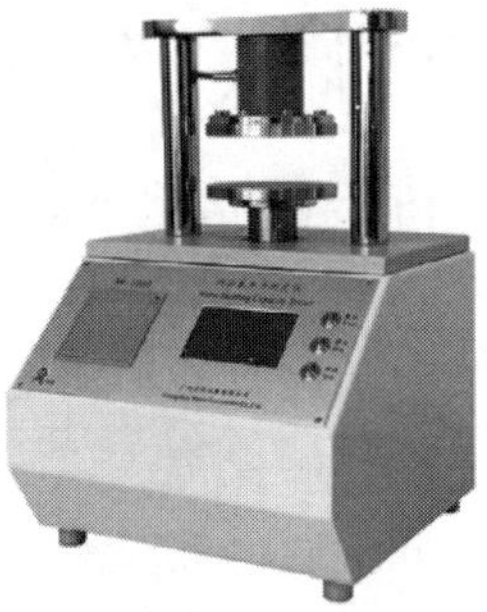

图11-1 肉品系水力测定仪

准备柱型探头TA/50及测试底座，将肉样平放在6cm×7cm的细草纸中间，下垫10层，上盖8层，将夹有肉样（$m_{前}$）的纸移到测试底座的台面上，对准底座的中点，点击触摸屏开始测试按钮，启动质构仪加压到350N后保持时间300s，挤出试样水分。之后取出被压试样并立即用天平称重（$m_{后}$）。将称重后的肉样（$m_{前}$）至于恒温干燥箱中，测定其水分含量，在100~105℃下烘干2~3h取出，冷却0.5h称其重量，反复烘干至恒重（$m_{前恒}$），计算肉样的含水量。

$$失水率/\% = [(m_{前} - m_{后})/m_{前}] \times 100\%$$

$$含水量/\% = [(m_{前} - m_{前恒})/m_{前}] \times 100\%$$

$$系水力/\% = [(肉样含水量 - 失水率)/肉样含水量] \times 100\%$$

2. 烘干法

准确称取火腿肠样品3 ~5g，用干净小刀切碎，放入已经干燥恒重的称量皿中，在105℃的电热恒温鼓风干燥箱中烘干至恒重。分别在天平上称量得到以下数据：G_0（称量皿的质量）、G_1（称量皿和样品烘干前的质量）、G_2（称量皿和样品烘干后的质量），则系水率可由下式计算：

$$系水力/\% = (G_1 - G_2)/(G_1 - G_0) \times 100\%$$

子任务二 增味剂的选用及效果评价

学习目标

知识目标

1. 掌握增味剂的定义、种类和特性。
2. 掌握影响鲜味剂鲜味的因素。

能力目标

1. 能根据产品特点，安全设计出增味剂的选用方案。
2. 能依据国家标准按加工需求计算火腿肠中增味剂的添加量并安全规范应用。
3. 能对增味剂的使用进行作用效果评价。

素质目标

1. 通过分析增味剂的安全性，提高专业素质和科学素养。

2. 通过分组设计火腿肠中增味剂的选用方案，培养独立思考的能力，增强创新创业意识。

3. 在增味剂的选用及效果评价过程中，培养团队协作能力，树立勤于动手的劳动精神，并积极弘扬安全规范使用增味剂的职业精神，助力健康中国建设。

必备知识

一、增味剂的定义

增味剂也称风味增强剂，指补充或增强食品原有风味的物质。增味剂的使用，能使食品出现鲜味，不影响酸、甜、苦、咸 4 种基本味和其他呈味物质的味觉刺激，而是增强其各自的风味特征，从而改进食品的可口性，引起强烈食欲。

增味剂（微课）

功能分类代码：12。

二、增味剂的分类

（1）按来源　分为天然增味剂（动物性增味剂、植物性增味剂、微生物增味剂）和化学合成增味剂）。

（2）按发展阶段　分为第一代、第二代、第三代。

①氨基酸类（第一代）：L-谷氨酸钠，L-丙氨酸、甘氨酸。

②有机酸类（第二代）：琥珀酸二钠。

③核苷酸类（第三代）：5′-肌苷酸二钠（IMP）、5′-鸟苷酸二钠（GMP）、5′-呈味核苷酸二钠。

（3）按化学成分（结构）　分为氨基酸类增味剂、核苷酸类增味剂、正羧酸类增味剂。

①氨基酸类增味剂主要有谷氨酸钠（MSG）、L-丙氨酸、甘氨酸。各种氨基酸有其独特的风味，如 L-丙氨酸增强腌制品风味、甘氨酸有虾及墨鱼味。

②核苷酸类增味剂主要有 5′-肌苷酸二钠，5′-鸟苷酸二钠，5′-呈味核苷酸二钠。

③正羧酸类增味剂包括琥珀酸二钠。

（4）复合鲜味料　近年来开发了如肉类抽提物、酵母抽提物（YE）、水解动物蛋白（HAP）、水解植物蛋白（HVP）等鲜味料，将其和谷氨酸钠、IMP 和 GMP 等以不同的组合与配比，制成适合不同食品使用的复合鲜味料。这类鲜味剂风味多样，而且富含蛋白质肽类、核糖核酸、矿物质等营养成分。

三、增味剂的特性

（1）本身具有鲜味，而且呈味阈值比较低，即在较低的浓度时也可以刺激感官而显示出鲜美的味道；不同的鲜味剂有不同的呈味阈值，例如谷氨酸钠的呈味阈值为 0.012g/100mL。

（2）对食品原有的味道没有影响，即食品增味剂的添加不会影响酸、甜、苦、咸等基本味对感官的刺激效果。

（3）能够补充和增强食品原有的风味。

四、影响鲜味剂鲜味的因素

1. 鲜味与分子结构的关系

当结构中有4~6个碳时鲜味最强，当两端带负电的基团被酯化、酰胺化，以及加热脱水形成内酯、内酰胺时，鲜味降低。

2. 鲜味剂之间有显著的协同增效作用

鲜味剂之间存在显著的协同增效效应，即两种以上的鲜味剂按一定比例复合使用时，表现出的效果不是简单的叠加效应，而是相乘的增效效应，见表11-7。

表11-7　IMP、GMP、I+G、MSG之间的增鲜效应

$m_{IMP}:m_{MSG}$	增味倍数	$m_{GMP}:m_{MSG}$	增味倍数	$m_{I+G}:m_{MSG}$	增味倍数
12∶88	6.7	12∶88	9.9	12∶88	8.1
8∶92	5.7	8∶92	8.4	8∶92	7.1
6∶94	5.0	5∶95	6.8	5∶95	5.9
5∶95	4.7	4∶96	6.2	4∶96	5.3
4∶96	4.3	2∶98	4.6	2∶98	4.0
0∶100	1.0	0∶100	1.0	0∶100	1.0

3. 高温的影响

氨基酸类鲜味剂热稳定性能较差，易分解。因此，在使用这类鲜味剂时应在较低温度下加入。核酸类、水解蛋白、酵母抽提物较之耐高温。

4. 食盐的影响

所有鲜味剂都只有在含有食盐的情况下才能显示出鲜味。这是因为鲜味剂溶于水后电离出阴离子和阳离子，阴离子虽然有一定鲜味，但如果不与钠离子结合，其鲜味并不明显。只有在定量的钠离子包围阴离子的情况下，才能显示其特有的鲜味。一般谷氨酸钠的用量为食盐的10%~15%。

5. pH的影响

绝大多数鲜味剂在pH 6~7，鲜味最强；当食品的pH<4.1或pH>8.5，失去鲜味；酵母味素在低pH下鲜味更柔和。

如肌苷酸钠和鸟苷酸钠在酸性条件下容易分解，影响其增味效果；谷氨酸钠在pH较低的情况下，变成谷氨酸，鲜味降低；而在碱性条件下，谷氨酸钠则会变成谷氨酸二钠盐等，使其增味效果降低或消失。

6. 食品种类的影响

通常情况下，氨基酸类鲜味剂对大多数食品比较稳定，但核酸类鲜味剂（IMP、GMP、I+G）对生鲜动植物食品中的磷酸酯酶极其敏感，导致生物降解而失去鲜味。这些酶类在80℃情况下会失去活性，因此，核酸类鲜味剂应在生鲜动植物食品加热至85℃将酶钝化后再使用。

任务实施

一、增味剂的选择

在食品工业中，增味剂广泛用于液体调料、特鲜酱油、粉末调料、肉类加工、鱼类加工、饮食业等行业，赋予食品肉香味或增强鲜味。肉类食品中按一定比例加入谷氨酸钠、I+G、水解动物蛋白等，可抑制肉类的不愉快气味，具有矫味作用，增进肉香成熟，赋予肉制品浓郁香味。

（一）常用氨基酸类增味剂的特性

1. 谷氨酸钠

谷氨酸钠商品名为味精（MSG），分子式为 $C_5H_8NNa \cdot H_2O$，相对分子质量为 187.13。味精是以淀粉质、糖质为原料，经微生物（谷氨酸棒状杆菌等）发酵、提取、中和、结晶、精制而制成的，谷氨酸钠含量不小于 99.0%，具有特殊鲜味的增味剂。

（1）性质　无色至白色的结晶或结晶性粉末，无臭，微有甜味或咸味，有特有的鲜味。易溶于水，微溶于乙醇，不溶于乙醚。无吸湿性，对光稳定。加热至 120℃时开始逐渐失去结晶水，210℃时发生吡咯烷酮化，生成焦谷氨酸，270℃左右时分解。在碱性条件下加热发生消旋作用，呈味力降低。在 pH5 以下的酸性条件下加热亦发生吡咯烷酮化。在中性条件下加热则不易变化。谷氨酸钠的溶解度随温度升高而增大。

（2）鲜度与鲜感特征　谷氨酸钠具有强烈的肉类鲜味，特别是在微酸性溶液中味道更鲜，用水稀释至 3000 倍，仍能感觉出其鲜味，其鲜味阈值为 0.014%，鲜味在 pH3.2 以下时最弱，pH6~7 时呈味最强（谷氨酸钠全部解离）。

（3）安全性　ADI 不作规定，且具有营养价值。

（4）应用　用作增味剂，并具有缓和咸、酸、苦味的作用，根据 GB 2760—2024 的规定，可在表 A.2 中编号为 1~68 的食品类别除外的各类食品中按生产需要适量使用。

①本品与食盐合用，鲜味可增强。一般 1g 食盐与 0.1~0.15g 味精共用时，味精的呈味效果最佳。

②本品与 IMP 或 GMP 合用，可显著增强其鲜味，可生产强力味精。

③本品与琥珀酸钠、甘氨酸、丙氨酸、柠檬酸（钠）、苹果酸、富马酸及 HAP、HVP 等进行不同的配合，可制成具有不同特点的复合鲜味剂。

2. 甘氨酸

甘氨酸又称氨基乙酸，有特殊甜味，属于构成天然蛋白质的 20 种氨基酸之一，为人类长期食用的成分，除有呈味作用外，还对咸、甜、酸等味感有很强的缓冲作用。

（1）性质　白色单斜晶系或六方晶体，或白色结晶性粉末，易溶于水，极难溶于乙醇。

（2）鲜度与鲜感特征　是海鲜味的主要成分。

（3）安全性　无毒，一般公认安全。

（4）应用　用作增味剂，需按 GB 2760—2024 规定使用，如在预制肉制品、熟肉制品中最大使用量为 3.0g/kg；调味品（盐及代盐制品、香辛料类除外）、果蔬汁（浆）类饮料、植物蛋白饮料中最大使用量为 1.0g/kg。

（二）常用核苷酸类增味剂的特性

1. 5′-鸟苷酸二钠

5′-鸟苷酸二钠又称鸟苷- 5′-磷酸钠、鸟苷酸钠（GMP）。

（1）性质　无色或白色结晶，或白色粉末。无臭，易溶于水，微溶于乙醇，几乎不溶于乙醚，吸湿性较强。在通常的食品加工条件下，对酸、碱、盐和热均稳定。

（2）鲜度与鲜感特征　有特殊的类似香菇的鲜味，其鲜味阈值为 0.0035%。

（3）安全性　GMP 广泛存在于肉类、鱼类和贝类中，ADI 不作特殊规定。

（4）应用　鲜味强度高于肌苷酸。核苷酸类鲜味剂需与氨基酸类鲜味物质同时使用，才能充分发挥其呈鲜效果。根据 GB 2760—2024 规定，可在表 A.2 中编号为 1~68 的食品类别除外的各类食品中按生产需要适量使用。

2. 5′-肌苷酸二钠

5′-肌苷酸二钠（IMP）又称肌苷-5′-磷酸二钠、次黄嘌呤核苷-5′-酸钠。

（1）性质　无色结晶或白色粉末，无臭。易溶于水，微溶于乙醇，不溶于乙醚。稍有吸湿性。对酸、碱、盐和热均稳定，可被动植物组织中的磷酸酯酶分解而失去鲜味。

（2）鲜度与鲜感特征　有特殊的类似鱼肉的鲜味，其鲜味阈值为 0.012%。

（3）安全性　IMP 广泛存在于肉类、鱼类和贝类中，ADI 不作特殊规定。

（4）应用　与味精（MSG）和鸟苷酸钠（GMP）混合使用，制成第二代味精（复合鲜味剂，强力味精）。根据 GB 2760—2024 规定，可在表 A.2 中编号为 1~68 的食品类别除外的各类食品中按生产需要适量使用。

3. 5′-呈味核苷酸二钠

5′-呈味核苷酸二钠又称核糖核苷酸钠、5′-核糖核苷酸二钠，主要由 GMP 和 IMP 组成（两者应占总量 90%以上），其余为 5′-胞苷酸二钠和 5′-尿苷酸钠，后两者的呈味力较弱。

（1）性质　白色至米黄色结晶或粉末，无臭，易溶于水，微溶于乙醇和乙醚，容易吸湿，吸湿量可达 20%~30%。

（2）鲜度与鲜感特征　味鲜，有特殊滋味，味觉阈值 0.0063%。

（3）安全性　ADI 不作限制性规定。

（4）应用　常与谷氨酸钠（味精）混合使用，其用量约为味精的 2%~10%。根据 GB 2760—2024 规定，可在表 A.2 中编号为 1~68 的食品类别除外的各类食品中按生产需要适量使用。

（三）常用有机酸类增味剂的特性

琥珀酸二钠又称为干贝素、海鲜精。存在于鱼类、鸟、兽的肉中，尤其在贝壳、水产品中含量较多，是贝壳肉质鲜美的主要原因。

（1）性质　无色结晶至白色结晶性粉末，无臭，无酸味，有特殊鲜味，在空气中稳定，易溶于水，不溶于乙醇。

（2）鲜度与鲜感特征　有特异的贝类鲜味，味觉阈值为 0.03%。

（3）安全性　ADI不作限制性规定。

（4）应用　通常与谷氨酸钠混合使用，一般使用量为谷氨酸钠量的10%左右，是目前我国许可使用的唯一一种有机酸类增味剂，主要用于增强食品中的海鲜风味。根据GB 2760—2024规定，只可用于调味品（盐及代盐制品、香辛料除外），最大用量为20g/kg。

（四）常用复合鲜味剂的特性

1. 水解动物蛋白（Hydrolyzed animal protein，HAP）

水解动物蛋白主要以鸡肉、猪肉、牛肉等动物蛋白为原料，通过酸或酶水解将蛋白质分解成各种氨基酸及短肽。

（1）性质　水解动物蛋白为淡黄色液体、糊状体、粉状体或颗粒，含有多种氨基酸，具有特殊的鲜味和香味。因所用原料不同，制品中的氨基酸组成含量也各异，制品的鲜味程度和风味因原料和加工工艺而各异。

（2）安全性　水解动物蛋白无毒、安全。

（3）应用　水解动物蛋白可用于各种食品的加工与烹饪，与其他增味剂复配使用，可产生各种独特的风味。可应用于虾片、鱼片、虾球等，增强海鲜的鲜美风味；应用于加工肉类如香肠、肉球、牛肉、热狗、火腿、干肉等，能加强肉类的天然味道，减少肉腥味。

2. 水解植物蛋白（Hydrolyzed vegetable protein，HVP）

水解植物蛋白主要以豆粕粉、玉米蛋白、面筋、花生饼及棉籽等植物蛋白为原料，通过酸或酶水解将蛋白质分解成各种氨基酸和短肽。

（1）性质　为淡黄色至黄褐色液体、糊状体、粉状或颗粒。2%水溶液的pH为5.0~6.5。水解植物蛋白中含有较多的谷氨酸和天冬氨酸，故其鲜味强烈。

（2）安全性　水解植物蛋白无毒、安全。

（3）应用　用作肉类香精、调味品等食品的增味剂。与其他增味剂复配使用，可产生各种独特的风味，可抑制食品中的不良风味。例如用于方便面汤和酱包的调味汁的增鲜、增香；用于海鲜酱油、辣汁、醋等调味品的增鲜，产生肉香效果。

3. 酵母抽提物（Yeast extract，YE）

以酵母为原料，通过自溶法、酶解法、酸热加工法等制得，含多肽、氨基酸及核苷酸。

（1）性质　为深褐色糊状或淡黄褐色粉末，呈现酵母所特有的鲜味和气味。粉末制品具有很强的吸湿性，5%水溶液的pH为5.0~6.0。酵母抽提物具有鲜美浓郁的肉香味，有明显的增鲜、缓和酸味、去除苦味的效果，并且对异味和异臭具有屏蔽功能。

（2）安全性　酵母抽提物无毒、安全。

（3）应用　酵母提取物保留了酵母的各种营养，它与含硫化合物、还原糖、HVP及肉提取物等物质共热，便可产生很强的肉香味，适用于肉制品中的热加工。

二、火腿肠中增味剂的应用

本任务中，以火腿肠为载体，以火腿肠中起增味作用的添加剂为任务驱动点，以火腿肠生产真实的工作过程为导向，进行增味剂的选用及效果评价任务的实施。

（一）火腿肠中增味剂的选择

由 GB 2760—2024 可知火腿肠（食品分类号 08.03.05）中允许使用的增味剂如表 11-8 所示。

表 11-8　火腿肠中允许使用的增味剂

添加剂名称	功能	最大使用量/(g/kg)	备注
谷氨酸钠	增味剂	按生产需要适量使用	
氨基乙酸（又名甘氨酸）	增味剂	3.0	
5′-呈味核苷酸二钠	增味剂	按生产需要适量使用	
5′-肌苷酸二钠	增味剂	按生产需要适量使用	
5′-鸟苷酸二钠	增味剂	按生产需要适量使用	

（二）增味剂的复配添加

鲜味剂在食品加工中多以复配的方式使用。复合调味品的最大特点是在科学的调味理论指导下将各种基础调味剂，按照一定的配比进行调配制作，从而得到满足不同调味需要的调味品。

在食品工业中，增味剂被广泛应用于液体调料中。在烧肉、烧鸡、卤制品中加入 0.1%~0.5%复合增味剂，可使佐料呈现天然味感。肉类食品如火腿、香肠、肉丸等加工中按一定比例加入水解蛋白、I+G 等复合增味剂，可抑制肉类的不愉快气味，具有矫味作用，赋予肉制品浓郁香味。在快餐食品如方便面汤料中，添加复合增味剂，可突出肉类香味和增强鲜味。

（三）增味剂的安全应用操作

1. 准——强调的是增味剂的添加量要准确

增味剂在食品中如果添加量过多，其适口性也下降，故有自我限制性。

由 GB 2760—2024 查询结果，谷氨酸钠、5′-鸟苷酸二钠、5′-肌苷酸二钠可在火腿肠中按生产需要适量使用。以 10kg 原料肉加工成火腿肠为例，设计增味剂在火腿肠加工中的应用方案，以肉重为基数。

增味剂应用方案示例：谷氨酸钠 30g+5′-鸟苷酸二钠 2g+5′-肌苷酸二钠 2g。

分组通过实验来对比研究不同增味剂选用方案对火腿肠品质的影响，从而加深对增味剂作用的理解，培养创新意识。

2. 顺——强调的是增味剂的添加需要严格按照顺序进行

增味剂使用时，必须具有较大的溶解度，温度高，溶解度也增加。但氨基酸类鲜味剂热稳定性较差，易分解，要避免在高温条件下长时间加热，而核苷酸类增味剂必须将生鲜食品在 85℃以上加热，使其中的磷酸酶失活后才能使用。故增味剂在肉制品加工配料的后期添加，亦可是在出锅前添加。

增味剂用于固体配料，可直接添加，核苷酸类增味剂与谷氨酸钠先混合，再与其他大料混合，以保证均匀性。用于液体配料，可将谷氨酸钠、I+G 等增味剂先溶解于适量热水中，再混合。

3. 匀——强调的是增味剂要与原料肉充分混合均匀

添加时间：在火腿肠腌制或拌料步骤加入，与原料肉充分混合。

目的：斩拌、搅拌、滚揉等机械作用可促进增味剂在原料肉中的溶解分散。

（四）增味剂使用的注意事项

（1）食品增味剂要与食盐配合使用。

（2）核苷酸类增味剂要配合使用，可以明显降低鲜味阈值，提高增味效果。

（3）不同增味剂，其呈现的鲜味有所不同，增味剂混合使用具有增效作用。肌苷酸类增味剂有鲜鱼的味道，鸟苷酸类增味剂有类似蘑菇的鲜味，味精呈肉鲜味，琥珀酸有特异贝类鲜味等。

（4）增味剂的鲜味受食品加工工艺的影响，要避免高温条件下长时间加热而影响效果，在 pH 为中性或微酸性的食品中鲜味最强。

（5）新生儿味觉不发达，不能感受增味效果，故一般断乳食品不加增味剂。

三、增味剂的作用效果评价

由经验丰富的食品人员 10 人组成感官鉴评组，就火腿肠的色泽进行增味效果的评价，满分 10 分，感官评价标准见表 11-9。

表 11-9　增味感官评价标准

分值/分	8.0~10.0	6.0~7.9	4.0~5.9	0~3.9
风味评分标准	味道鲜美、鲜味强、圆润、浓厚，回味鲜香绵长	味道鲜美，鲜味较强、较圆润、较浓厚，回味鲜香较绵长	味道较鲜美，鲜味较强、较圆润、较浓厚，回味鲜香不绵长	味道不鲜美，鲜味较单调，无回味

子任务三　发色剂亚硝酸钠的测定

学习目标

知识目标

1. 掌握亚硝酸钠含量测定原理。
2. 掌握国家标准对亚硝酸及其盐的限量标准。

能力目标

1. 能正确对样品进行预处理。
2. 能正确使用分光光度法测定亚硝酸盐含量。
3. 能正确处理数据，并评价样品中的亚硝酸钠是否超标。

素质目标

1. 通过查询标准，评价样品中的亚硝酸钠是否超标，强化责任意识，增强食品安全意识和食品合规意识。

2. 通过分组配制试剂、预处理样品、使用分光光度计，培养独立思考的能力，增强分析问题与处理问题的能力。

3. 在发色剂亚硝酸钠的测定过程中，培养团队协作能力，树立勤于动手的劳动精神，并积极弘扬严谨规范测定亚硝酸钠的职业精神，助力健康中国建设。

必备知识

一、分光光度法简介

分光光度计可以通过测定物质发射光谱的强度，准确测定物质的浓度。分光光度法来源于 GB 5009. 33—2016《食品安全国家标准　食品中亚硝酸盐与硝酸盐的测定》第二法，适用于所有食品，其中亚硝酸盐采用盐酸萘乙二胺法测定，硝酸盐采用镉柱还原法测定。

二、分光光度法测定原理

试样经沉淀蛋白质、除去脂肪后，在弱酸条件下，亚硝酸盐与对氨基苯磺酸重氮化后，再与盐酸萘乙二胺偶合形成紫红色染料，外标法测得亚硝酸盐含量。采用镉柱将硝酸盐还原成亚硝酸盐，测得亚硝酸盐总量，由此总量减去试样中亚硝酸盐含量，即得试样中硝酸盐含量。

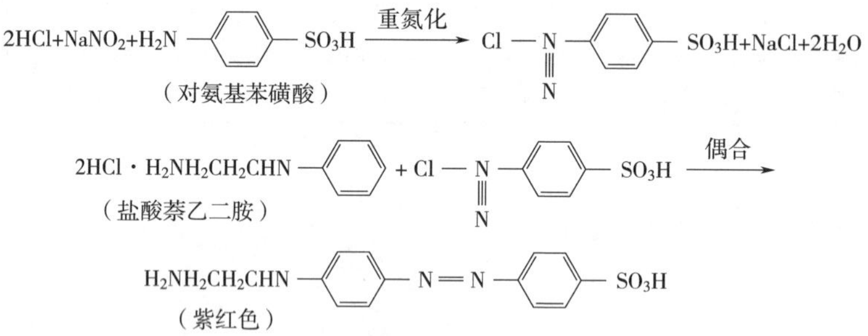

该标准适用于食品中亚硝酸盐和硝酸盐的测定。

紫外可见分光光度计的使用（微课）

分光光度计原理（微课）

护色剂在火腿肠中的含量检测（微课）

任务实施

一、所需仪器设备和试剂的准备

1. 仪器设备

小型绞肉机或组织捣碎机或研钵；可见分光光度计；天平（感量为 0.1mg 和 1mg）；250mL 具塞锥形瓶；200mL 容量瓶；50mL 带塞比色管；比色架；量筒；刻度吸管等。

2. 试剂

（1）亚铁氰化钾溶液（106g/L）　称取 106.0g 亚铁氰化钾，用水溶解，并稀释至 1000mL。

（2）乙酸锌溶液（220g/L）　称取 220.0g 乙酸锌，先加 30mL 冰乙酸溶解，用水稀释至 1000mL。

（3）饱和硼砂溶液（50g/L）　称取 5.0g 硼酸钠，溶于 100mL 热水中，冷却后备用。

（4）对氨基苯磺酸溶液（4g/L）　称取 0.4g 对氨基苯磺酸，溶于 100mL 20%（体积分数）盐酸中，混匀，置棕色瓶中混匀，避光保存。

（5）盐酸萘乙二胺溶液（2g/L）　称取 0.2g 盐酸萘乙二胺，溶于 100mL 水中，混匀后，置棕色瓶中，避光保存。

（6）亚硝酸钠标准溶液（200μg/mL）　准确称取 0.1000g 于 110~120℃ 干燥恒重的亚硝酸钠，加水溶解，移入 500mL 容量瓶中，加水稀释至刻度，混匀。

（7）亚硝酸钠标准使用液（5.0μg/mL）　临用前，吸取亚硝酸钠标准溶液 5.00mL，置于 200mL 容量瓶中，加水稀释至刻度。

二、样品预处理（提取、净化）

火腿肠→捣碎→取匀浆样 5g（精确至 0.001g）→250mL 具塞锥形瓶→加入饱和硼砂液 12.5mL→加入 70℃ 左右的水约 150mL→混匀→沸水浴加热 15min→冷水浴中冷却至室温。

上述提取液转移至 200mL 容量瓶中→加亚铁氰化钾 5mL→摇匀→再加入乙酸锌 5mL→加水至刻度→摇匀→放置 30min→除去上层脂肪→滤纸过滤→弃去初滤液约 30mL→滤液备用。

火腿肠样品的预处理（亚硝酸盐测定）（微课）

三、成分分析

1. 标准曲线绘制

取 9 个 50mL 带塞比色管→比色架→分别吸取 0.00，0.20，0.40，0.60，0.80，1.00，1.50，2.00，2.50mL 亚硝酸钠标准使用液（相当于 0，1，2，3，4，5，7.5，10，12.5μg 亚硝酸钠）→分别加入 2mL 4g/L 对氨基苯磺酸溶液，混匀→静置 3~5min→各加入 1mL 2g/L 盐酸萘乙二胺溶液→加水至刻度→混匀→静置 15min→用 1cm 比色杯，以零管调节零点→于波长 538nm 处测吸光度 A→绘制标准曲线→同时做试剂空白。

2. 样品测定

吸取 2 份 40.0mL 上述样品滤液于 50mL 带塞比色管中→分别加入 2mL 4g/L 对氨基苯

磺酸溶液，混匀→静置 3～5min→各加入 1mL 2g/L 盐酸萘乙二胺溶液→加水至刻度→混匀→静置 15min→用 1cm 比色杯，以零管调节零点→于波长 538nm 处测吸光度 A→记录→从标准曲线查出稀释样品中的亚硝酸钠的量。

亚硝酸盐标准曲线的绘制（微课）

四、结果记录并分析处理

1. 标准曲线的绘制

测定不同浓度亚硝酸钠标准使用液的吸光度值 A，记录在任务工单中，以其亚硝酸钠的量（μg）为横坐标，相应的吸光度 A 为纵坐标，绘制标准曲线，其决定系数 R^2 越接近 1，曲线的线性关系越好，根据标准曲线带入样品吸光度值测出的亚硝酸钠的量值也越准确。

亚硝酸盐测定（微课）

2. 样品的测定

测定样液的吸光度值 A，带入标准曲线中，计算得出样液中亚硝酸钠的质量 m_1，样品中亚硝酸盐（以亚硝酸钠计）的含量按下面公式计算：

绘制标准曲线计算（微课）

$$X = \frac{m_1 \times 1000}{m \times \frac{V_1}{V_0} \times 1000}$$

式中 X——试样中亚硝酸钠的含量，mg/kg；

m_1——测定用样液中亚硝酸钠的质量，μg；

1000——转换系数；

m——试样质量，g；

V_1——测定用样液体积，mL；

V_0——试样处理液总体积，mL。

结果保留 2 位有效数字。

五、结果判断

GB 2760—2024 规定亚硝酸钠在各种食品中最大使用量及残留量见表 11-10。

表 11-10　亚硝酸钠的使用范围、最大使用量及残留量

亚硝酸钠，亚硝酸钾　**sodium nitrite，potassium nitrite**

CNS 号　09.002，09.004　INS 号　250，249　功能　护色剂、防腐剂

食品分类号	食品名称	最大使用量/(g/kg)	备注
08.02.02	腌腊肉制品类（如咸肉、腊肉、板鸭、中式火腿、腊肠）	0.15	以亚硝酸钠计，残留量≤30mg/kg
08.03.01	酱卤肉制品类	0.15	以亚硝酸钠计，残留量≤30mg/kg
08.03.02	熏、烧、烤肉类	0.15	以亚硝酸钠计，残留量≤30mg/kg

续表

食品分类号	食品名称	最大使用量/(g/kg)	备注
08.03.03	油炸肉类	0.15	以亚硝酸钠计，残留量≤30mg/kg
08.03.04	西式火腿（熏烤、烟熏、蒸煮火腿）类	0.15	以亚硝酸钠计，残留量≤70mg/kg
08.03.05	肉灌肠类	0.15	以亚硝酸钠计，残留量≤30mg/kg
08.03.06	发酵肉制品类	0.15	以亚硝酸钠计，残留量≤30mg/kg
08.03.08	肉罐头类	0.15	以亚硝酸钠计，残留量≤50mg/kg

根据GB/T 20712—2022《火腿肠通则》，火腿肠是以鲜（冻）畜禽产品、水产品为主要原料，经修整、绞制（或斩拌），配以辅料及食品添加剂，腌制（或不腌制）后，再经搅拌（或滚揉、斩拌、乳化）、灌入塑料肠衣等材质容器充填（或成型）、熟制（蒸煮或杀菌）等工艺制作的肉类灌肠制品。

六、注意事项

（1）如果样品中亚硝酸盐含量过高，过量的亚硝酸盐可使偶氮化合物氧化，生成黄色，而使红色消失，应将样品处理液稀释后再做，使样品的吸光度落在标准曲线的吸光度之内。

（2）样品预处理时一定要在碱性条件下进行，pH约为9.18。一是锌盐沉淀蛋白质时要求为碱性，二是碱性下处理肉制品，脂肪被皂化，减少样品被脂肪包裹，使亚硝基根更易提取到水溶液中，三是溶液在碱性下亚硝基根以离子存在，易溶且稳定。

（3）为了使亚硝酸提取完全，应该进行热处理，加热时间应控制好时间，约为15min。因为在加热下样品容易挥发，也易分解，造成损失。

GB 5009.33—2016《食品安全国家标准 食品中亚硝酸盐与硝酸盐的测定》（文本）

（4）盐酸萘乙二胺有致癌的作用，使用时注意安全。

（5）加入饱和硼砂是用作亚硝酸盐的提取剂和肉的分散剂。

（6）加入70℃左右的水为新制备的蒸馏水，可以防止自来水和久置的蒸馏水中的亚硝酸盐，造成的试验误差。

相关知识

一、水分保持剂在食品中的应用

1. 在水产品加工中的应用

磷酸盐在水产品尤其是冷冻水产品加工中，被广泛用作水分保持剂、pH调节剂和抗冻剂。其作用具体表现在以下几个方面：作为水分保持剂可有效提高水产品的持水能力，使肉汁更丰富，有效保持营养物质及水分；抑制水产品中脂肪的氧化，防止虾头变黑、脱落，防止鱼丸、虾球、蟹肉的腐败变质，有效延长水产品的货架期；减少水产品解冻后的流滴损失，减少烧煮损失；保持水产品的天然色泽和风味；在水产品加工中与糖类会发生协同增效，有效防止鱼糜蛋白质冷冻变性。

在冷冻虾、鱼、贝类水产品加工时，通常将产品浸泡于温度<10℃的复合磷酸盐溶液中，通常复合磷酸盐溶液的浓度为3%～10%。一般冷冻鱼糜中添加的复合磷酸盐主要为焦磷酸钠、三聚磷酸钠和六偏磷酸钠，添加量为鱼糜的0.1%～0.3%。其pH一般高于9。

2. 在面制品加工中的应用

在面包、馒头等淀粉类食品冷却和贮藏过程中，会有一部分水从食物中被排挤出来，出现老化现象，致使馒头等淀粉类食品出现变硬等不良现象，口感很快劣化。因此添加水分保持剂以提高淀粉类食品的持水性，其持水机制可能是作为高离子强度的弱酸盐磷酸盐作用于面筋蛋白，增加了蛋白质的水合作用。

3. 在乳制品加工中的应用

磷酸盐在乳类制品的生产中起水分保持剂、乳化剂、酸度调节剂等重要作用。磷酸盐在乳制品中能防止牛乳加热时的凝聚，防止酪蛋白与脂肪水分的分离。复合磷酸盐在复原乳加工中是最好的酸度调节剂。磷酸盐的分散、乳化作用使其被广泛应用于干酪生产，使干酪制品形成均匀、光滑的组织结构。

4. 在饮料加工中的应用

磷酸盐应用于果汁饮料，可使维生素C保持稳定，防止果汁类的氧化，避免出现沉淀物，防止色调变化和香精氧化腐败。在碳酸饮料中，磷酸盐封锁了水中的金属离子，防止饮料氧化、色变，使产品长期稳定，而且使CO_2保持得很好。

二、食品中亚硝酸盐和硝酸盐的测定方法

食品中亚硝酸盐和硝酸盐的测定方法见表11-11。

表11-11　食品中亚硝酸盐和硝酸盐的测定方法

测定方法	排名	标准号
离子色谱法	第一法	
分光光度法	第二法	GB 5009.33—2016
蔬菜、水果中硝酸盐的测定 紫外分光光度法	第三法	

第一法中亚硝酸盐和硝酸盐检出限分别为0.2mg/kg和0.4mg/kg。第二法中亚硝酸盐检出限：液体乳0.06mg/kg，乳粉0.5mg/kg，干酪及其他1mg/kg；硝酸盐检出限：液体乳0.6mg/kg，乳粉5mg/kg，干酪及其他10mg/kg。第三法中硝酸盐检出限分别为1.2mg/kg。

食品添加剂在火腿肠中的综合选用自查试题（在线测试）

思考题

1. 磷酸盐在肉制品中的持水作用机理是什么？
2. 水分保持剂使用的注意事项有哪些？
3. 食品增味剂的特性有哪些？

4. 增味剂使用的注意事项有哪些？

5. 分光光度法测定亚硝酸盐的原理是什么？

6. 请根据某火腿肠的配料表，指出使用了哪些水分保持剂、增味剂和发色剂，并指出水分保持剂、增味剂和发色剂分别在本产品中的作用。

××火腿肠配料表：鸡肉、猪肉、水、大豆蛋白、乳酸钠、白砂糖、食用盐、食用香精、瓜尔胶、黄原胶、卡拉胶、单，双甘油脂肪酸酯、香辛料、三聚磷酸钠、焦磷酸钠、六偏磷酸钠、酪蛋白酸钠、味精、山梨酸钾、D-异抗坏血酸钠、红曲红、亚硝酸钠、乳酸链球菌素、赤藓红、5′-呈味核苷酸二钠

7. 课后研创：根据所学内容，自己设计一个水分保持剂、增味剂和发色剂在其他肉制品中的应用方案并实践。

任务十二

食品添加剂在胶基糖果中的综合选用

胶基糖果（Gum base candy）又称胶姆糖，是一种含有水不溶性树胶、添加甜味和香味料的耐咀嚼性糖果，胶基糖主要有口香糖（Chewing gum）和泡泡糖（Bubble gum）两大类。自古以来，人们就有咀嚼橡胶状物体的偏好，并通过这种方法保持牙齿清洁和口气清新。1993 年，人们在瑞典西部发现了一团有史以来最古老的“口香糖”，这块距今 9000 年的树脂含有蜂蜜成分，上面还残留着原始人的牙印。在中美洲热带雨林中有一种人心果树分泌的乳胶，墨西哥人把它提取出糖胶树胶，后来被美国引进作为口香糖胶基原料，从而奠定了口香糖生产基础。

一、胶基糖果中常用的食品添加剂的种类和作用

胶基糖果是一种咀嚼性糖果，咀嚼有许多有益于人体健康的功能作用，如保持大脑清醒，活跃思维；刺激咬肌，有利唾液分泌，帮助消化；清洁口腔，去除口臭，预防龋齿。胶基糖果与其他糖果比较有其独特之处，而且加工工艺也完全不同：首先它需要具有耐咀嚼性且不溶于水的胶质原料，经过精制后再与糖、香味料以及必要的添加剂混合而成。

本任务以胶基糖果为载体，以胶基糖果生产真实的工作过程为导向，进行食品添加剂的综合选择及效果评价任务的实施。

胶基糖果中常用食品添加剂的种类和作用见表 12-1。

表 12-1　　胶基糖果中常用食品添加剂的种类和作用

食品添加剂种类	品种	主要作用	添加方法	注意事项
被膜剂	蜂蜡、普鲁兰多糖、巴西棕榈蜡	①抑制水分蒸发； ②调节呼吸； ③防止细菌侵袭，主要起保鲜作用； ④保持美观	①配制成水溶液； ②添加被膜剂至料斗中； ③将被膜剂均匀分散在糖果表面； ④快速干燥后，形成均匀、透明的薄膜	控制好料斗涂布被膜剂的速度；干燥要迅速；糖果表面的涂布操作要均匀

续表

食品添加剂种类	品种	主要作用	添加方法	注意事项
胶姆糖基础剂	紫胶（GB 1886.359—2022）	赋予胶姆糖吹泡、增塑、耐咀嚼作用	①先将基础剂配制成胶基，这占到了糖果总质量的10%~30%； ②再添加进胶姆糖中	①胶基极少单独使用，而是配合使用以互相取长补短； ②按生产需要适量使用，使用时注意温度对其性质的影响
防腐剂	苯甲酸及其钠盐、山梨酸及其钾盐、二氧化硫，焦亚硫酸钾，焦亚硫酸钠，亚硫酸钠，亚硫酸氢钠，低亚硫酸钠	①防止糖果变质； ②延长糖果保质期	①先配制成防腐剂溶液； ②在糖、水、果汁等原料混匀阶段加入； ③根据GB 2760—2024中规定的最大使用量进行添加	使用时不能超过国家标准允许的最大使用量限量
着色剂	酸性红、姜黄、亮蓝、诱惑红、紫胶红、红花黄、辣椒橙等	①改善加工食品的色泽； ②赋予糖果以颜色； ③使制品色泽统一； ④帮助区分、识别各类糖果	①先配制成着色剂溶液； ②在糖、水、果汁等原料混匀阶段加入； ③根据GB 2760—2024中规定的最大使用量进行添加	详见任务十三
甜味剂	纽甜、阿力甜、阿斯巴甜、安赛蜜、D-甘露糖醇、麦芽糖醇、三氯蔗糖、甜菊糖苷等	①提高糖果甜味口感； ②调节和增强糖果风味； ③对进行不良风味的掩蔽	①与糖液一起加入进配料操作中； ②使用时不能超过国家标准允许的最大使用量限量； ③根据GB 2760—2024中规定的最大使用量进行添加	详见任务十四
酸度调节剂	富马酸、己二酸、乳酸、碳酸钾、苹果酸、柠檬酸、葡萄糖酸钠等	①调节酸度； ②调节pH	①在配料阶段直接加入； ②根据GB 2760—2024中规定的最大使用量进行添加	详见任务十三
乳化剂	海藻酸丙二醇酯、双乙酰酒石酸单双甘油酯、聚甘油脂肪酸酯、木糖醇酐单硬脂酸酯、蔗糖脂肪酸酯等	①提高糖果产品的黏性； ②提高糖果的稳定性； ③助溶作用	①先配制成乳化剂溶液； ②可以在配料阶段后加入； ③根据GB 2760—2024中规定的最大使用量进行添加	详见任务四
增稠剂	环状糊精、海藻酸丙二醇酯、罗望子多糖胶、瓜尔胶、槐豆胶、羧甲基纤维素钠等	①增稠、分散和稳定作用； ②保水作用； ③控制结晶作用； ④成膜保鲜作用	①先配制成增稠剂溶液； ②在混料步骤后加入； ③根据GB 2760—2024中规定的最大使用量进行添加	详见任务五

二、胶基糖果的制作

（一）胶基糖果中食品添加剂的综合选择

由 GB 2760—2024 和企业加工实例，综合设计胶基糖果（食品分类号 05.02.01）中食品添加剂的使用方案，如表 12-2 所示。

表 12-2　胶基糖果中食品添加剂的综合选择

添加剂名称	功能	最大使用量/(g/kg)	备注
蜂蜡	被膜剂	按生产需要适量使用	
巴西棕榈蜡	被膜剂	0.6	
紫胶	胶姆糖基础剂	3.0	
硬脂酸	被膜剂	1.2	
苯甲酸及其钠盐	防腐剂	1.5	
山梨酸及其钾盐	防腐剂	1.5	
酸性红	着色剂	0.05	
姜黄	着色剂	按生产需要适量使用	
亮蓝	着色剂	0.3	
阿斯巴甜	甜味剂	10.0	
安赛蜜	甜味剂	4.0	
苹果酸	酸度调节剂	按生产需要适量使用	
柠檬酸	酸度调节剂	按生产需要适量使用	
海藻酸丙二醇酯	乳化剂	5.0	
蔗糖脂肪酸酯	乳化剂	10.0	
罗望子多糖胶	增稠剂	2.0	
羧甲基纤维素钠	增稠剂	按生产需要适量使用	

（二）胶基糖果的加工工艺

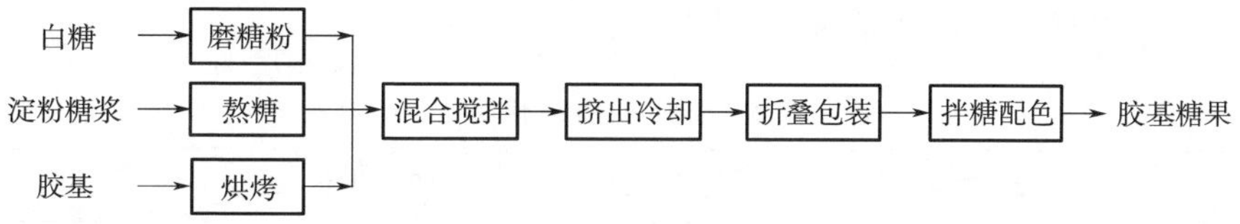

（三）胶基糖果的参考配方

1. 青苹果味香口胶（压片）

白糖 4.5kg、胶基 2.0kg、淀粉糖浆 1.5kg、油性香精 37g、柠檬酸 45g、色素果绿 0.05g、粉末香精 16g、薄荷脑 5g 和卵磷脂 35g。

2. 香橙味香口胶（压片）

白糖 4.5kg、胶基 2.0kg、淀粉糖浆 1.5kg、油性香精 38g、柠檬酸 46g、色素日落黄 0.1g、粉末香精 18g、薄荷脑 5g 和卵磷脂 35g。

（四）操作要点

1. 准备工作

（1）白糖宜选用中粒或者幼粒砂糖，要求干燥松散，洁白有光泽，晶粒无异味，各项指标都达到一级以上要求。在使用前应用粉糖机磨成糖粉，并保证糖粉干燥，洁净，无杂质，细度可根据产品要求而定。

（2）淀粉糖浆在使用前必须经过熬煮，熬煮温度根据天气温湿度及产品特性来调节，大概范围在 110~120℃（泡泡糖通常为 112℃左右，口香糖通常为 115℃左右）。

（3）胶基在使用前应用烘箱烘软，为防止胶基粘盘，盛放胶基的容器上应洒上适量淀粉。烘房温度控制在 80℃以下，烘至胶基中心为 45℃左右即可。

2. 混合搅拌工艺

原料准备好后，即进行混合搅拌，操作时根据配方，向调和机内加入已经软化的胶基/淀粉糖浆和 1/3 的糖粉并开始搅拌。初阶段的搅拌很重要，需要一定的时间以保证胶基材料的均匀性，随后再分两次缓慢加入剩余糖粉香料等易挥发物应在搅拌后期最后加入，充分搅拌后，不见有游离的糖粉，均匀后即可出锅。

调和好的糖团，即要有一定的黏着力，但不应该有粘手感，出料糖团温度要控制在 60℃以下，软硬度则视气候而定。

3. 挤出冷却工艺

调和好的糖团挤出前应先切成一定大小，再稍加冷却后即可投入挤出机料斗中。应控制好投料的量，过多过少都会影响挤出质量。挤出机及模头温度通常控制在 50~55℃。

糖团经挤出机挤出后成为一定宽度及厚度带状糖坯，糖坯经皮带输送至冷柜，冷柜内温度通常在 18~22℃为宜，湿度控制在 50%~55%，实际操作可根据情况而定。

4. 包装工艺

车间内温湿度应控制在室温范围内（20~25℃，湿度 50%左右），经冷柜后的糖坯有一定的硬度，即可放松包装机进行包装。

三、产品效果评价

胶基糖果的感官评价标准见表 12-3。

表 12-3　　胶基糖果的感官评价标准

项目	气味和滋味（25%）	色泽（25%）	组织状态（25%）	风味（25%）
评分标准（80~100 分）	香味浓郁、具有水果特有的风味	颜色鲜艳，透明感强	糖体剖面紧密、细腻，咀嚼后有黏性和延伸性	酸甜可口，风味协调
评分标准（60~80 分）	具有香味、有水果特有的风味	颜色较鲜艳，透明感较强	糖体剖面紧密性一般，咀嚼后有一定黏性和延伸性	甜度好，酸度适中，风味较协调

续表

项目	气味和滋味（25%）	色泽（25%）	组织状态（25%）	风味（25%）
评分标准（40~60 分）	香味略淡、略有水果的风味	颜色发深或发浅，透明感弱	糖体剖面疏松，咀嚼后黏性和延伸性弱	较甜或较酸，风味不协调
评分标准（0~40 分）	香味淡、水果特有的风味弱	颜色很深，不透明	糖体剖面稀疏，无黏性和延伸性	很甜或很酸，风味不协调

子任务一 被膜剂的选用及效果评价

学习目标

知识目标

1. 掌握被膜剂的定义、分类、作用。
2. 掌握被膜剂涂膜方法。

能力目标

1. 能正确分析被膜剂的安全性。
2. 能根据产品特点，安全设计出被膜剂的选用方案。
3. 能依据国家标准按食品加工需求计算食品中被膜剂的添加量。
4. 能对被膜剂的使用进行作用效果评价。

素质目标

1. 通过查询标准，分析被膜剂的安全性，强化责任意识，增强生态文明意识和食品合规意识。

2. 通过分组设计胶基糖果中被膜剂的选用方案，培养独立思考的能力，增强创新创业意识。

3. 在被膜剂的选用及效果评价过程中，培养团队协作能力，树立勤于动手的劳动精神，并积极弘扬安全规范使用被膜剂的职业精神，助力健康中国建设。

必备知识

一、被膜剂的定义

被膜剂（Sweetener）是一种涂抹在食品外表，起保质、保鲜、上光、防止水分蒸发等作用的物质。被膜剂还可以防止食品粘连，保持质量稳定，延长保存期。

功能分类代码：14。

根据 GB 2760—2024，我国允许使用的被膜剂有巴西棕榈蜡、紫胶（虫胶）、白油（液体石蜡）、蜂蜡、吗啉脂肪酸盐（果蜡）、松香季戊四醇酯、聚二甲基硅氧烷及其乳液、聚乙二醇、聚乙烯醇、普鲁兰多糖、脱乙酰甲壳素（壳聚糖）、硬脂酸等14种，主要应用于水果、蔬菜、软糖、鸡蛋等食品的保鲜，在粮油食品加工中应用也具有很好的效果。

被膜剂
（微课）

二、被膜剂的特点与分类

1. 被膜剂的特点

果蔬涂膜保鲜，关键是被膜剂的选择，理想的被膜剂为：①有一定的黏度，易于成膜；②形成的膜均匀、连续，具有良好的保质保鲜作用，并能提高果蔬的外观水平；③无毒、无异味，与食品接触不产生对人体有害的物质。

2. 被膜剂分类

被膜剂根据其来源分为两类：天然被膜剂和合成被膜剂。天然被膜剂主要有巴西棕榈蜡、蜂蜡、可溶性大豆多糖、普鲁兰多糖、脱乙酰甲壳素（壳聚糖）、紫胶（虫胶）。合成被膜剂主要有白油（液体石蜡）、聚二甲基硅氧烷及其乳液、聚乙二醇、聚乙烯醇、吗啉脂肪酸盐（果蜡）、松香季戊四醇酯、硬脂酸等。

此外，按溶解性可分为水溶性被膜剂和水不溶性被膜剂两类。水溶性被膜剂主要有果蜡、聚乙烯醇、普鲁兰多糖、聚乙二醇等。水不溶性被膜剂主要有紫胶、石蜡、松香季戊四醇酯、巴西棕榈蜡、硬脂酸等。

三、被膜剂的作用

1. 果蔬涂膜保鲜

采摘后的果蔬仍然保持旺盛的呼吸，氧气充足时为有氧呼吸，氧气不足（过度限制供氧）时为无氧呼吸，所以，适当地限制供氧最好。果蔬在贮藏过程中会蒸发水分，当失水超过5%时就会出现枯萎而影响其品质。

果蔬涂膜保鲜目的是使其表面形成一层具有适度的氧和二氧化碳通透性（即气调性）的薄膜，形成适度限制供氧的小环境，延缓果蔬的衰老进程，同时减少水分蒸发。可阻止微生物入侵，防止腐败变质；改善果蔬的色泽，增加亮度，提高果蔬的商品价值；机械化程度高，价格便宜。

2. 食物保鲜

被膜剂用于冷冻食品和固体粉状食品，可防止其表面吸潮，避免因此而产生的产品质量下降。采用液体石蜡与一定量的乳化剂配制成乳浊液对蛋进行涂膜，可阻止微生物入侵，同时减少蛋内水分的蒸发，从而大大减少腐败变质和干耗损失。

3. 防粘连与抛光涂膜

（1）饼干、面包等糕点生产中，事先对烘焙模具涂膜可以方便制品脱模、保持产品完整的花纹和外形。

（2）某些糖果如巧克力等表面涂膜后，不仅外观光亮、美观，而且还可以防止粘连、防潮、保持质量稳定。

四、被膜剂的安全性

由于被膜剂最后的残留量会被人直接吃进去，因此必须注意要使用安全的配方，并严格遵守食品添加剂使用标准。

列入 GB 2760—2024 的被膜剂都经过了安全性评价，按照规定使用不会对人体造成危害。如液体石蜡在我国仅允许应用在鲜蛋和除胶基糖果以外的其他糖果中，最大使用量为 5.0g/kg。果蜡仅用于经表面处理的鲜水果，按生产需要适量使用，不可直接食用。

任务实施

一、被膜剂的选择

被膜剂是一种覆盖在食物的表面后能形成薄膜的物质，主要应用于水果、蔬菜、糖果、鸡蛋等食品。胶基糖果表面涂上一层被膜剂溶剂，可在表面形成有光泽、装饰、耐久的薄膜，使产品变得甚为美观、光亮，并对产品能起到防水、防潮、防变质、防黏结等保护作用，延长产品的储存时间，提高货架期。

（一）常见被膜剂的特性

1. 紫胶

紫胶又名虫胶，属于寄生于豆科或桑科植物上的紫胶虫所分泌的树脂状物质（紫梗），除去树枝等杂质后为原胶，再经粉碎、热熔、过滤等工序制成。

（1）性能　暗褐色透明薄片或粉末，脆而坚。无味，稍带有特殊气味。溶于乙醇，不溶于水，但溶于碱性水溶液，有一定的防潮能力。

（2）安全性　紫胶是我国传统中药，安全性好，ADI 不作限制性规定。

（3）应用　根据 GB 2760—2024，紫胶的使用范围和最大使用量为：可可制品、巧克力和巧克力制品（包括代可可脂巧克力及制品）、威化饼干，最大使用量为 0.2g/kg；经表面处理的鲜水果（仅限苹果），最大使用量为 0.4g/kg；经表面处理的鲜水果（仅限柑橘类），最大使用量为 0.5g/kg；胶基糖果、除胶基糖果以外的其他糖果，最大使用量为 3.0g/kg；胶原蛋白肠衣按生产需要适量使用。

紫胶除可用作被膜剂外，还可作胶姆糖基础剂，胶基糖果的最大使用量为 3.0g/kg。

2. 白油

（1）性能　又称液体石蜡，为无色半透明油状液体，无臭无味。不溶于水和乙醇，可溶于乙醚、石油醚，可与多数非挥发性油脂混溶（不包括蓖麻油）。对光、热、酸稳定，有一定的抑菌作用。

（2）安全性　ADI 不作限制性规定。本品在消化道内不能消化吸收，无吸收毒性，仅当大剂量摄入时，引起容积性腹泻，影响维生素的吸收。

（3）应用　根据 GB 2760—2024，用于鸡蛋保鲜和除胶基糖果以外的其他糖果，最大使用量为 5.0g/kg。

3. 吗啉脂肪酸盐

（1）性能　为半透明乳状液，溶于水，pH 为 7~8。在 -5~42℃ 下稳定。具有优良的成膜性，抑制果蔬呼吸，防止内部水分散失，同时可抑制微生物入侵。

（2）安全性　较安全，ADI 不作限制性规定。

（3）应用　根据 GB 2760—2024，吗啉脂肪酸盐主要应用于经表面处理的鲜水果，按正常生产需要适量使用。使用时先配制成一定浓度的水溶液，然后采用浸涂或喷雾的方法，晾干后可在水果表面形成一层薄膜。

4. 巴西棕榈蜡

（1）性能　为棕至浅黄色硬质脆性蜡，具有树脂状断面。微有气味。微溶于热乙醇，溶于40℃以上的脂肪，不溶于水，但溶于碱液。配制成乙醇溶液后，用于果蔬涂膜，可形成一层保鲜膜。

（2）安全性　ADI为0~7g/kg体重。不易被肠道吸收，一般公认安全物质。

（3）应用　根据GB 2760—2024，巴西棕榈蜡的使用范围和最大使用量：新鲜水果（以残留量计），最大使用量为0.0004g/kg；可可制品、巧克力和巧克力制品（包括代可可脂巧克力及制品）以及糖果，最大使用量为0.6g/kg。

（二）被膜剂的涂膜方法

（1）浸涂法　将样品浸入，蘸上一层薄薄的涂料后，取出晾干即成。

（2）刷涂法　用扁刷将被膜剂刷涂到样品表面的方法，使样品上涂一层薄薄的膜。

（3）喷涂法　将配成适当浓度的涂料溶液用喷枪均匀地喷涂在样品表面，晾干后形成一层薄膜。

（4）溅射法　使用高压气体将被膜剂流动，并将其涂覆于样品表面的方法。

二、胶基糖果表面涂膜

本任务中，以胶基糖果为载体，以胶基糖果表面中起成膜作用的添加剂为任务驱动点，以胶基糖果涂膜真实的工作过程为导向，进行被膜剂的选用及效果评价任务的实施。

（一）胶基糖果中被膜剂的选择

根据GB 2760—2024，查得胶基糖果（食品分类号05.02.01）中允许使用的被膜剂见表12-4。

表12-4　胶基糖果中允许使用的被膜剂

添加剂名称	功能	最大使用量/(g/kg)
紫胶（又名虫胶）	被膜剂，胶姆糖基础剂	3.0
蜂蜡	被膜剂	适量使用
普鲁兰多糖	被膜剂、增稠剂	50.0
巴西棕榈蜡	被膜剂、拮抗剂	0.6
硬脂酸（又名十八烷酸）	被膜剂	1.2
单，双甘油脂肪酸酯	乳化剂，被膜剂	适量使用

（二）被膜剂的复配添加

复配被膜剂用作胶基糖果保护层，可以使外层保鲜薄膜结构更均匀，抑制性能更好，有更好的隔水性、透明度和较快的溶解速度，从而得到更高质量的薄膜，使其在胶基糖果中应用更广泛。两种常见的复配型被膜剂的配方见表12-5。

表12-5 两种常见的复配型被膜剂的配方

序号	配方（质量分数/%）
1	羟丙基甲基纤维素20%~42%、普鲁兰多糖10%~20%、聚乙烯醇10%~20%、硬脂酸镁5%~15%、二氧化钛10%~20%、着色剂1%~2%
2	紫胶3%~6%、白砂糖10%~20%、食品级甘油5%~10%、巴西棕榈蜡0.2%~0.6%、着色剂0.5%~1.5%

正是因为各种被膜剂之间存在协同增效作用，复合被膜剂才具有使用方便、生产成本降低的特点，从而成为复合被膜剂开发与应用的一个重要发展方向。

（三）被膜剂的安全应用

1. 准——强调的是被膜剂添加量要准确

以1kg胶基糖果为例，由GB 2760—2024食品添加剂在线查询系统查得胶基糖果中被膜剂紫胶和硬脂酸最大添加量分别为3.0g/kg和1.2g/kg。因此，可取紫胶每kg不超过3.0g；硬脂酸每kg不超过1.2g。

被膜剂应用方案示例：紫胶1.5g+硬脂酸0.6g。

分组通过实验来对比研究不同被膜剂选用方案对胶基糖果品质的影响，从而加深对被膜剂作用原理的理解，培养创新意识。

2. 顺——强调的是被膜剂溶液的配制需严格按照顺序进行

使用合适的溶剂将被膜剂充分溶解，均匀添加于胶基糖果内。

添加顺序：果胶软糖涂剂→被膜剂配制→被膜剂与果胶软糖涂剂混匀→形成复配被膜剂→进行软糖制品涂布→成品胶基软糖。

3. 匀——强调的是被膜剂要溶解和混合均匀

一是将多种被膜剂溶解均匀；二是将复配被膜剂均匀地涂布至胶基糖果表面，防止在胶基糖果在涂布过程中出现被膜剂涂抹不均匀情况的发生。

（四）使用被膜剂的注意事项

（1）涂覆是指将被膜剂涂覆在应用物体表面的过程，涂覆的间隔一般按照薄膜的厚度来设定，18~25μm厚度涂覆的间隔在25~50mm；25~50μm厚度涂覆的间隔在40~80mm；50~100μm厚度涂覆的间隔在80~120mm。

（2）被膜剂在涂覆完成后，其表面会有一定的黏度，使用烘干、热固化等方法让它更快地固化。可以使用热风、蒸汽或高温加快烘干的过程；而热固化则需要加热一定的温度，一般是在200~220℃，将被膜剂的外观固化固定。

三、被膜剂的效果评价

将被膜剂溶液在1000mL的烧杯中进行配制，并缓慢涂布至胶基糖果表面，混匀后固化晾干，之后进行感官评定。

被膜剂的作用将会影响到胶基糖果的组织状态和储藏期。由经验丰富的食品专家 10 人组成鉴评组，就储藏一定时间的胶基糖果的组织状态进行效果的评价，满分为 10 分。胶基糖果的感官质量评分标准见表 12-6。

表 12-6　胶基糖果的感官质量评分标准（一）

项目	8.0~10.0	6.0~7.9	4.0~5.9	0~3.9
组织状态评分标准	表面光洁度高，美观，鲜亮，不粘连	表面光洁度较高，较美观，较鲜亮，稍粘连	表面光洁度一般，颜色微深，不均匀，粘连	表面光洁度差，颜色深，不均匀，粘连性强

子任务二　胶姆糖基础剂的选用及效果评价

学习目标

知识目标

1. 掌握胶姆糖基础剂的定义、作用、组成。
2. 掌握胶姆糖基础剂特性。

能力目标

1. 能正确分析胶姆糖基础剂的安全性。
2. 能根据产品特点，安全设计出胶姆糖基础剂的选用方案。
3. 能依据国家标准按加工需求计算胶姆糖基础剂的添加量并安全规范应用。
4. 能对胶姆糖基础剂的使用进行作用效果评价。

素质目标

1. 通过查询标准，分析胶姆糖基础剂的安全性，强化责任意识，增强食品安全意识和食品合规意识。

2. 通过分组设计胶基糖果中胶姆糖基础剂的选用方案，培养独立思考的能力，增强创新创业意识。

3. 在胶姆糖基础剂的选用及效果评价过程中，培养团队协作能力，树立勤于动手的劳动精神，并积极弘扬安全规范使用胶姆糖基础剂的职业精神，助力健康中国建设。

必备知识

一、胶姆糖基础剂的定义

胶基糖果中基础剂物质是指赋予胶基糖果起泡、增塑、耐咀嚼等作用的物质，又称胶姆糖基础剂、胶基。胶基必须是惰性不溶物，不易溶于唾液，其基本要求是能长时间咀嚼而很少改变它的柔韧性，不降解成为可溶性物质。

GB 2760—2024 中允许使用的胶姆糖基础剂只有紫胶（又名虫胶）。

功能分类代码：07。

胶姆糖基础剂
（微课）

二、胶姆糖基础剂的作用

胶基糖果又称胶姆糖，是一种特殊类型的糖果，是一种经咀嚼而不吞咽的食品。其类型既有口香糖、也有能成泡的泡泡糖，并有非甜味的营养口嚼片等。胶基糖果是由胶基、糖、香精等制成，胶基占胶基糖果的 18%~29%；糖包括砂糖、葡萄糖、饴糖、麦芽糊精等，占胶基糖果的 69%~81%；油脂占 2.1%~2.9%；香精香料占 0.6%~2.1%；还有少量的甜味剂、卵磷脂、色素、水等。

胶姆糖基础剂作为食品添加剂加于泡泡糖、口香糖等胶基糖果中能赋予成泡、增塑、耐咀嚼等功能。这些胶姆糖基础剂仅供咀嚼使用，不进入人体，并因不溶于水和脂肪，不会被人体吸收，无毒害作用。

三、胶姆糖基础剂的组成

胶姆糖基础剂的组成以高分子胶状物质如天然橡胶、合成橡胶、树脂、蜡等为主，再加上乳化剂、软化剂、填充剂及某些添加剂（抗氧化剂、防腐剂、着色剂、香精等）。

1. 高分子胶状物

胶姆糖基础剂中的高分子胶状物有从植物中提取的糖胶树脂、达马树脂，从石油中提取的石蜡，从羊毛中提取的羊毛脂等天然材料，以及用化学合成法制备的聚醋酸乙烯酯、丁苯橡胶等高分子合成材料。各发达国家几乎都采用合成的胶基，如松香甘油酯（酯胶），酯胶在咀嚼后略带苦味，因此往往通过歧化、聚合等手段进行改性，再与甘油酯化而成氢化（或部分氢化）松香甘油酯、歧化松香甘油酯、聚合松香甘油酯，可使品质得到明显改善。尤以部分氢化松香甘油酯的质量最好。这些胶基具有良好的黏性和可塑性，能够使胶基糖果在咀嚼时不易散开，使胶基糖果有一定的咀嚼性，给人们带来愉悦的口感。

2. 乳化剂

胶基是以亲水性胶基和亲油性胶基为主体的混合物，有一定的黏着力、硬度和弹性等。为了获得品质良好的胶基糖果，必须在胶基中加入适量的乳化剂，如卵磷脂、甘油酯、蔗糖酯。胶基中含有疏水性物质多，因此必须选用 HLB 较低的乳化剂，如单甘油脂肪酸酯（HLB 3.8）、蔗糖二硬脂酸酯（HLB 3.0）。使用乳化剂后，可以使胶基组织均匀，防止黏牙，降低胶质高分子的弹性，调节硬度，起软化作用。

3. 软化剂

胶基中往往添加少量有软化和塑化作用的物质，如天然蜡、食用石蜡、微晶蜡和硬化油等。这些物质在加工高分子质量胶基时适量使用，可降低软化点、增加可塑性和柔软性，改良胶基组织。

4. 甜味剂

随着食品工业技术的提高，胶基糖果中的天然甜味剂蔗糖、葡萄糖等逐渐被赤藓糖醇、木糖醇、麦芽糖醇、D-甘露糖醇等功能性甜味剂代替。这几种甜味剂基本上有以下共同特点：甜度略低于蔗糖；热量低；适用于各种低热量、低脂肪及无糖食品；不影响血糖升高和胰岛素水平；不会产生蛀牙。

5. 香精

胶基糖果中使用的香精以油溶性香精为主，有软化和赋香两个作用，添加量为0.4%～0.8%。胶基糖果中的香精忌用水溶性香精，否则会使胶基糖果全然丧失弹塑性。

胶基口香糖香精的溶剂可选用丙二醇、精炼植物油与三醋酸甘油酯，而柑橘油萜适用于泡泡糖香精。三醋酸甘油酯是较为理想的溶剂，嗅闻微酸，味觉苦，会对胶基糖果后味有所影响。它与胶基的亲和良好，能在一定程度上软化胶基，使胶基富有弹塑性，口感柔滑、细腻。

任务实施

一、胶姆糖基础剂的选择

胶姆糖基础剂不进入人体，不溶于水和脂肪，不会被人体吸收，无毒害作用。根据产品的需要，可制成泡泡胶、软性泡泡胶、酸味软性泡泡胶、无糖泡泡胶、香口胶、酸味香口胶、无糖香口胶等各种胶基。

GB1886.359—2022《食品安全国家标准　食品添加剂　胶基及其配料》中规定了以橡胶和/或树脂等胶基配料经配合制成的用于胶基糖果生产、使胶基糖果具有咀嚼性和/或起泡性，不以营养为目的的基础剂物质，胶基配料为用于生产胶基的天然橡胶、合成橡胶、树脂、蜡类、乳化剂、软化剂、抗氧化剂、防腐剂、填充剂以及用作胶基配料的食品原料的总称。

GB 1886.359—2022《食品安全国家标准 食品添加剂 胶基及其配料》（文本）

GB 1886.359—2022规定了胶基允许使用的胶基配料名单，技术要求和质量规格，胶基配料各成分用量按相关规定执行，未规定的按生产需要适量使用。胶基配料表应表示胶基生产所用配料（包括食品原料）的类别名称，如天然橡胶、树脂、蜡类、乳化剂、软化剂、抗氧化剂、防腐剂和填充剂，可不标示具体名称。胶基可不标示“食品添加剂”字样。

二、胶基糖果中胶姆糖基础剂的应用

本任务中，以胶基糖果为载体，以胶基糖果中胶姆糖基础剂为任务驱动点，以胶基糖果生产真实的工作过程为导向，进行胶姆糖基础剂的选用及效果评价任务的实施。

（一）胶基糖果中胶姆糖基础剂的选择

胶姆糖基础剂选择的基本要求就是能长时间咀嚼而很少改变它的柔韧性，并不降解成可溶性物质。GB 2760—2024中目前可用的胶姆糖基础剂为紫胶（又名虫胶），详细介绍见171页。

（二）胶姆糖基础剂（胶基）的添加工艺

在磨糖粉和熬糖步骤后，进行胶基烘烤时添加。具体为：在胶盘表面上洒上适量淀粉，而后把胶基放入盘中，再把其放在架子上即可。烘干温度应低于80℃，胶基烘软至工艺要求即可。之后将糖粉、熬糖与胶基混合搅拌进行胶基糖果生产。

（三）胶姆糖基础剂（胶基）的安全应用操作

1. 准——强调的是胶姆糖基础剂的添加量要准确

使用胶姆糖基础剂时，要准确称量。胶姆糖基础剂在胶基糖果中如果添加量过多，其感官性质会发生降低，咀嚼性也会受到显著影响。必须按 GB 1886.359—2022 规定使用胶姆糖基础剂，注意食品安全。

分组通过实验来对比研究不同胶姆糖基础剂选用方案对胶基糖果品质的影响，从而加深对胶姆糖基础剂作用的理解，培养创新意识。

2. 顺——强调的是胶姆糖基础剂的添加需要严格按照顺序进行

胶姆糖基础剂在混料前需进行烘烤，添加顺序在磨糖粉与淀粉糖浆熬糖液混合过程中进行胶基添加。

3. 匀——强调的是胶姆糖基础剂要与原料充分混合均匀

添加时间：在磨糖粉与淀粉糖浆混料步骤加入，与原料充分混合。

操作时根据配方，向调和机内加入已经软化的胶基/淀粉糖浆和 1/3 的糖粉并开始搅拌。初阶段的搅拌很重要，需要一定的时间以保证胶基材料的均匀性，随后再分两次缓慢加入剩余糖粉、香料等易挥发物应在搅拌后期最后加入，充分搅拌均匀后即可出锅。

三、胶姆糖基础剂的效果评价

选择合适的溶剂，将胶姆糖基础剂溶液在烧杯中进行配制，与糖粉、糖浆混料搅拌均匀后挤出冷却，进行配色，生产出胶基糖果成品。

胶姆糖基础剂的作用将会影响到胶基糖果的组织状态。由经验丰富的食品专家 10 人组成鉴评组，就添加不同胶姆糖基础剂的成品胶基糖果的组织状态进行效果的评价，满分为 10 分。胶基糖果的感官质量评分标准见表 12-7。

表 12-7　　胶基糖果的感官质量评分标准（二）

分值/分	8.0~10.0	6.0~7.9	4.0~5.9	0~3.9
组织状态评分标准	糖体剖面紧密、细腻，咀嚼后有明显的黏性和延伸性或弹性	糖体剖面较紧密、较细腻，咀嚼后有黏性和延伸性或弹性	糖体剖面微紧密、微细腻，咀嚼后稍有黏性和延伸性或弹性	糖体剖面不紧密、较粗糙，咀嚼后没有黏性和延伸性或弹性

子任务三　防腐剂苯甲酸钠和甜味剂糖精钠的测定

学习目标

知识目标

1. 掌握防腐剂苯甲酸钠和甜味剂糖精钠测定原理。
2. 掌握国家标准对防腐剂苯甲酸钠和甜味剂糖精钠的限量标准。

能力目标

1. 能正确对样品进行预处理。
2. 能正确使用高效液相色谱法测定苯甲酸钠和糖精钠含量。
3. 能正确处理数据，并评价样品中防腐剂苯甲酸钠和甜味剂糖精钠是否超标。

素质目标

1. 通过查询标准，评价样品中苯甲酸钠、糖精钠是否超标，强化责任意识，增强食品安全意识和食品合规意识。

2. 通过分组配制试剂、预处理样品、使用高效液相色谱仪，培养独立思考的能力，增强分析问题与处理问题的能力。

3. 在防腐剂苯甲酸钠和甜味剂糖精钠的测定过程中，培养团队协作能力，树立勤于动手的劳动精神，并积极弘扬严谨规范测定苯甲酸钠、糖精钠的职业精神，助力健康中国建设。

必备知识

一、高效液相色谱法简介

高效液相色谱法（High Performance Liquid Chromatography，HPLC）以液体为流动相，采用高压输液系统，将具有不同极性的单一溶剂或不同比例的混合溶剂、缓冲液等流动相泵入装有固定相的色谱柱，在柱内各成分被分离后，进入检测器进行检测，从而实现对试样的分析。高效液相色谱法具有高速、高效、高灵敏度、检测方法简便的特点与优势，已成为食品防腐剂苯甲酸钠和甜味剂糖精钠检测的常用方法。

GB 5009.28—2016《食品安全国家标准 食品中苯甲酸、山梨酸和糖精钠的测定》（文本）

二、高效液相色谱法测定原理

高效液相色谱法采用GB 5009.28—2016《食品安全国家标准　食品中苯甲酸、山梨酸和糖精钠的测定》的第一法，其测定原理是：样品经水提取，高脂肪样品经正己烷脱脂、高蛋白样品经蛋白沉淀剂沉淀蛋白，采用液相色谱分离、紫外检测器检测，外标法定量。

检出限：按取样量2g，定容至50mL时，苯甲酸、山梨酸和糖精钠（以糖精计）的检出限均为0.005g/kg，定量限均为0.01g/kg。

任务实施

一、所需仪器设备和试剂的准备

1. 仪器设备

（1）高效液相色谱仪：配紫外检测器。

（2）分析天平：感量为 0.001g 和 0.0001g。

（3）涡旋振荡器。

（4）离心机：转速>8000r/min。

（5）匀浆机。

（6）恒温水浴锅。

（7）超声波发生器。

2. 试剂与材料

除非另有说明，本方法所用试剂均为分析纯，水为 GB/T 6682—2008《分析实验室用水规格和试验方法》规定的一级水。

（1）试剂

①亚铁氰化钾［$K_4Fe(CN)_6 \cdot 3H_2O$］。

②乙酸锌［$Zn(CH_3COO)_2 \cdot 2H_2O$］。

③无水乙醇（CH_3CH_2OH）。

④甲醇（CH_3OH）：色谱纯。

⑤乙酸铵（CH_3COONH_4）：色谱纯。

⑥甲酸（HCOOH）：色谱纯。

（2）试剂配制

①亚铁氰化钾溶液（92g/L）：称取 106g 亚铁氰化钾，加入适量水溶解，用水定容至 1000mL。

②乙酸锌溶液（183g/L）：称取 220g 乙酸锌溶于少量水中，加入 30mL 冰乙酸，用水定容至 1000mL。

③乙酸铵溶液（20mmol/L）：称取 1.54g 乙酸铵，加入适量水溶解，用水定容至 1000mL，经 0.22μm 水相微孔滤膜过滤后备用。

④甲酸-乙酸铵溶液（2mmol/甲酸+20mmol/L 乙酸铵）：称取 1.54g 乙酸铵，加入适量水溶解，再加入 75.2μL 甲酸，用水定容至 1000mL，经 0.22μm 水相微孔滤膜过滤后备用。

（3）标准品

①苯甲酸钠（C_6H_5COONa，CAS 号：532-32-1），纯度≥99.0%；或苯甲酸（C_6H_5COOH，CAS 号：65-85-0），纯度≥99.0%，或经国家认证并授予标准物质证书的标准物质。

②山梨酸钾（$C_6H_7KO_2$，CAS 号：590-00-1），纯度≥99.0%；或山梨酸（$C_6H_8O_2$，CAS 号：110-44-1），纯度≥99.0%，或经国家认证并授予标准物质证书的标准物质。

③糖精钠（$C_6H_4CONNaSO2$，CAS 号：128-44-9），纯度 ≥99%，或经国家认证并授予标准物质证书的标准物质。

（4）标准溶液配制

①苯甲酸、山梨酸和糖精钠（以糖精计）标准储备溶液（1000mg/L）：分别准确称取苯甲酸钠、山梨酸钾和糖精钠 0.118g，0.134g 和 0.117g（精确到 0.0001g），用水溶解并分别定容至 100mL。于 4℃储存，保存期为 6 个月。当使用苯甲酸和山梨酸标准品时，需要用甲醇溶解并定容。

②苯甲酸、山梨酸和糖精钠（以糖精计）混合标准中间溶液（200mg/L）：分别准确吸取苯甲酸、山梨酸和糖精钠标准储备溶液各 10.0mL 于 50mL 容量瓶中，用水定容。于 4℃储存，保存期 3 个月。

③苯甲酸、山梨酸和糖精钠（以糖精计）混合标准系列工作溶液：分别准确吸取苯甲酸、山梨酸和糖精钠混合标准中间溶液 0，0.05，0.25，0.50，1.00，2.50，5.00mL 和 10.0mL，用水定容至 10mL，配制成质量浓度分别为 0，1.00，5.00，10.0，20.0，50.0，100mg/L 和 200mg/L 的混合标准系列工作溶液。临用现配。

（5）材料

①水相微孔滤膜：0.22μm。

②塑料离心管：50mL。

二、样品预处理

1. 试样制备

非均匀的液态、半固态样品用组织匀浆机匀浆；固体样品用研磨机充分粉碎并搅拌均匀；取其中的 200g 装入玻璃容器中，密封，液体试样于 4℃保存，其他试样于-18℃保存。

2. 含胶基的果冻、糖果等试样的提取

准确称取约 2g（精确到 0.001g）胶基糖果试样于 50mL 具塞离心管中，加水约 25mL，涡旋混匀，于 70℃水浴加热溶解试样，于 50℃水浴超声 20min，冷却至室温后加亚铁氰化钾溶液 2mL 和乙酸锌溶液 2mL，混匀，于 8000r/min 离心 5min，将水相转移至 50mL 容量瓶中，于残渣中加水 20mL，涡旋混匀后超声 5min，于 8000r/min 离心 5min，将水相转移到同一 50mL 容量瓶中，并用水定容至刻度，混匀。取适量上清液过 0.22μm 滤膜，待液相色谱测定。

样品的预处理（微课）

三、成分分析

高效液相色谱仪的使用（微课）

1. 高效液相色谱参考条件

（1）色谱柱　C_{18} 柱，柱长 250mm，内径 4.6mm，粒径 5μm，或等效色谱柱。

（2）流动相　甲醇+乙酸铵溶液=5+95。

（3）流速　1mL/min。

（4）检测波长　230nm。

（5）进样量　10μL。

流动相为甲醇+乙酸铵溶液=5+95 图谱见图 12-1，当存在干扰峰或需要辅助定性时，可以采用加入甲酸的流动相来测定，如流动相甲醇+甲酸-乙酸铵溶液=8+92。

苯甲酸检测（微课）

2. 标准曲线制作

将混合标准系列工作溶液分别注入液相色谱仪中，测定相应的峰面积，以混合标准系列工作溶液的质量浓度为横坐标，以峰面积为纵坐标，绘制标准曲线。

3. 试样溶液的测定

将试样溶液注入液相色谱仪中，得到峰面积，根据标准曲线得到待测液中苯甲酸、山梨酸和糖精钠的质量浓度。

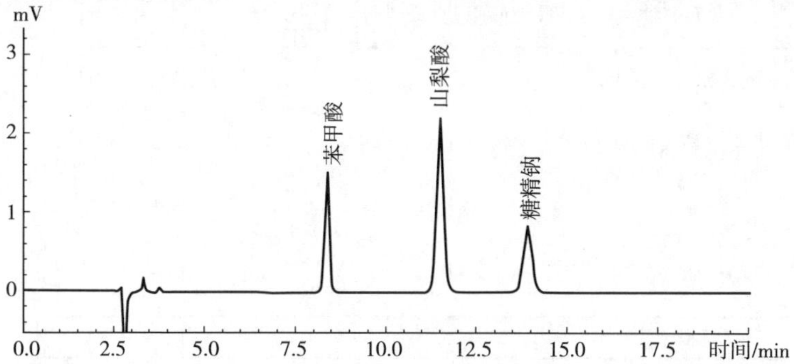

糖精钠检测
（微课）

图 12-1　1mg/L 苯甲酸、山梨酸和糖精钠标准溶液液相色谱图
（流动相：甲醇+乙酸铵溶液 = 5+95）

四、结果记录并分析处理

采用高效液相色谱法测定不同浓度苯甲酸钠、山梨酸钾或糖精钠（以糖精计）标准使用液的峰面积，记录在任务工单中，以苯甲酸钠、山梨酸钾或糖精钠（以糖精计）的浓度（mg/L）为横坐标，相应的峰面积 A 为纵坐标，拟合出标准曲线，其决定系数 R^2 越接近 1，曲线的线性关系越好，根据标准曲线带入样品峰面积值测出的质量浓度值也越准确。

测定试样液苯甲酸钠、山梨酸钾或糖精钠（以糖精计）的峰面积 A，带入标准曲线中，计算得出试样液中苯甲酸钠、山梨酸钾或糖精钠（以糖精计）的质量浓度 ρ，试样中苯甲酸、山梨酸或糖精钠（以糖精计）的含量按下式进行计算：

$$X = \frac{\rho \times V}{m \times 1000}$$

式中　X——试样中待测组分含量，g/kg；

ρ——由标准曲线得出的试样液中待测物的质量浓度，mg/L；

V——试样定容体积，mL；

m——试样质量，g；

1000——由 mg/kg 转换为 g/kg 的换算因子。

结果保留 3 位有效数字。

在重复性条件下获得的两次独立测定结果的绝对差值不得超过算术平均值的 10%。

五、结果判断

根据 GB 2760—2024 的查询结果，判定苯甲酸钠或山梨酸钾或糖精钠（以糖精计）的含量是否超标。如苯甲酸钠的使用范围、最大使用量及残留量见表 12-8。

表 12-8　　苯甲酸钠的使用范围、最大使用量及残留量

苯甲酸及其钠盐　　benzoic acid，sodium benzoate

CNS 号　17.001，17.002　　INS 号　210，211　　功能　防腐剂

食品分类号	食品名称	最大使用量/(g/kg)	备注
03.03	风味冰、冰棍类	1.0	以苯甲酸计
04.01.02.05	果酱（罐头除外）	1.0	以苯甲酸计
04.01.02.08	蜜饯	0.5	以苯甲酸计
04.02.02.03	腌渍的蔬菜	1.0	以苯甲酸计
05.02.01	胶基糖果	1.5	以苯甲酸计
05.02.02	除胶基糖果以外的其他糖果	0.8	以苯甲酸计
11.05	调味糖浆	1.0	以苯甲酸计
12.03	食醋	1.0	以苯甲酸计
12.04	酱油	1.0	以苯甲酸计
12.05	酿造酱	1.0	以苯甲酸计
12.10	复合调味料	0.6	以苯甲酸计
……	……	……	……

六、注意事项

（1）除另有规定外，方法中所用试剂为色谱纯或分析纯试剂，溶液为超纯水溶液。

（2）被测溶液的 pH 对测定和色谱柱使用寿命均有影响，pH>8 或 pH<2 时会影响被测组分的保留时间，对仪器有腐蚀作用，以中性为宜。

（3）试样处理要彻底去除油脂、蛋白质、糖、乙酸、醇类等杂质，以免影响吸附及色谱分离效果。

相关知识

一、果蔬保鲜涂膜技术的发展方向

我国对不同被膜剂（尤其是新型天然材料及改性物）的保鲜应用开展了大量研究。有研究采用不同浓度的壳聚糖溶液以及壳聚糖和几种较常用的防腐剂配制成的混合保鲜液分别对新鲜鸡蛋进行涂膜保鲜处理，常温保存一个月，结果表明 2%的壳聚糖溶液较适合鸡蛋的涂膜保鲜，尤其与 0.1%的苯甲酸钠的混合液保鲜效果最好。有研究以 1%魔芋精粉的丙烯酸丁酯接枝共聚物对柑橘进行涂膜保鲜，贮藏 130d 后保鲜效果良好。还有以 2%淀粉、2%单甘酯、6g/L 山梨酸钾复合涂膜液于 55~60℃涂膜

李子，晾干后室温下贮藏期超过 2 个月。也有采用 0.5%单甘酯对黄瓜进行涂膜，在室温下贮藏期达到 10d。

所有的保鲜膜，尤其是可食用膜，应具有良好的阻隔性和一定程度的气调性，但这种膜一般不具抑菌性。因此，如何在现有膜的基础上寻找合适的天然抑菌剂，是果蔬保鲜涂膜技术的发展方向。根据各种果蔬的性质特点开发各具特色的膜也会是一个比较有前途的构想。比如对草莓，可采用一种成膜后强度较高又不易吸湿的材料，可防止贮藏运输过程中碰伤，从而延长贮藏寿命。此外，利用无公害被膜剂进行果蔬涂膜保鲜也是果蔬涂膜保鲜的重要发展趋势。

二、胶姆糖基础剂的发展趋势

胶基糖果以其甜美可口的口感受到全球范围内的青睐。目前，全球胶基糖果市场规模庞大，且持续增长。尤其是在快节奏生活和便携式零食的需求上，胶基糖果具有得天独厚的优势。同时，胶基糖果的不断创新和多样化也为市场增添了活力。

在现阶段，胶姆糖基础剂市场主要依赖技术能力进行竞争。如通过开发新型产品，差异化市场份额，在技术创新上提高市场竞争力等。因此，技术创新成为企业主要的竞争优势。

胶姆糖基础剂厂家要注重产品研发和创新，致力于开发具有独特特色和高附加值的胶基糖果基础剂物质，以满足市场需求，提高产品竞争力。

消费者对健康的关注度不断提高，健康成为消费者购买产品时的重要考虑因素。因此，糖果制造企业应注重产品的健康营养过程，选择完全天然的胶姆糖基础剂以及不添加有害化学成分等。

三、高效液相色谱法中其他类型样品预处理方法

1. 一般性试样

准确称取约 2g（精确到 0.001g）试样于 50mL 具塞离心管中，加水约 25mL，涡旋混匀，于 50℃水浴超声 20min，冷却至室温后加亚铁氰化钾溶液 2mL 和乙酸锌溶液 2mL，混匀，于 8000r/min 离心 5min，将水相转移至 50mL 容量瓶中，于残渣中加水 20mL，涡旋混匀后超声 5min，于 8000r/min 离心 5min，将水相转移到同一 50mL 容量瓶中，并用水定容至刻度，混匀。取适量上清液过 0.22μm 滤膜，待液相色谱测定。

碳酸饮料、果酒、果汁、蒸馏酒等测定时可以不加蛋白沉淀剂。

2. 巧克力、奶油、油炸食品等高油脂试样

准确称取约 2g（精确到 0.001g）试样于 50mL 具塞离心管中，加正己烷 10mL，于 60℃水浴加热约 5min，并不时轻摇以溶解脂肪，然后加氨水溶液（1+99）25mL，乙醇 1mL，涡旋混匀，于 50℃水浴超声 20min，冷却至室温后，加亚铁氰化钾溶液 2mL 和乙酸锌溶液 2mL，混匀，于 8000r/min 离心 5min，弃去有机相，水相转移至 50mL 容量瓶中，于残渣中加水 20mL，涡旋混匀后超声 5min，于 8000r/min 离心 5min，将水相转移到同一 50mL 容量瓶中，并用水定容至刻度，混匀。取适量上清液过 0.22μm 滤膜，待液相色谱测定。

思考题

1. 被膜剂在食品中的主要作用是什么？
2. 果蔬中添加被膜剂延长保存时间的机理是什么？
3. 我国允许使用的胶姆糖基础剂有哪些？
4. 简述利用高效液相色谱仪测定防腐剂苯甲酸钠的原理与步骤。
5. 课后研创：请根据某糖果的配料表，指出使用了哪些食品添加剂，分别是什么作用？

食品添加剂在胶基糖果中的综合选用自查试题（在线测试）

> ××胶基糖果配料表：葡萄糖浆、白砂糖、食品添加剂（明胶、柠檬酸、果胶、巴西棕榈蜡、蜂蜡、柠檬黄、食用香精）、植物油

任务十三

食品添加剂在果蔬汁饮料中的综合选用

果蔬汁（Fruit and vegetable juice）是蔬菜瓜果榨的汁，富含抗氧化物，以果蔬汁为基料，加水、糖、酸或香料调配而成的汁称为果蔬汁饮料。

一、果蔬汁饮料中常用的食品添加剂的种类和作用

本任务以果蔬汁饮料为载体，以果蔬汁饮料加工真实的工作过程为导向，进行食品添加剂的综合选择及效果评价任务的实施。果蔬汁饮料中常用食品添加剂的种类和作用见表 13-1。

表 13-1　果蔬汁饮料中常用食品添加剂的种类和作用

食品添加剂种类	品种	主要作用	添加方法	注意事项
酸度调节剂	富马酸一钠、乳酸、碳酸钾、碳酸氢钾、L-苹果酸、葡萄糖酸钠等	①调节酸度； ②调节 pH	①在灭酶后步骤直接加入； ②根据 GB 2760—2024 中规定的最大使用量进行添加	注意加入料液速度要缓慢
着色剂	栀子蓝、番茄红、姜黄、亮蓝、柠檬黄、葡萄皮红、胭脂虫红等	①改善加工食品的色泽； ②赋予食品以颜色，增加消费者的购买欲； ③使制品色泽统一； ④帮助区分、识别食品	①先配制成着色剂溶液； ②在灭酶步骤后加入果蔬液中； ③根据 GB 2760—2024 中规定的最大使用量进行添加	着色剂铝色淀应当以本体计。例如，柠檬黄及其铝色淀，以柠檬黄计

续表

食品添加剂种类	品种	主要作用	添加方法	注意事项
甜味剂	甘草酸铵、麦芽糖醇、三氯蔗糖、山梨糖醇、甜菊糖苷等	①提高甜味口感； ②调节风味和增强； ③不良风味的掩蔽； ④改善饮料色泽	①与白砂糖一起加入到果蔬汁中； ②根据 GB 2760—2024 中规定的最大使用量进行添加	详见任务十四
防腐剂	ε-聚赖氨酸盐酸盐、二氧化碳、乳酸链球菌素、山梨酸及其钾盐、苯甲酸及其钠盐等	①防腐； ②延长果蔬汁保质期	①在灭酶步骤后加入，尽早加入； ②将防腐剂与少量白砂糖混合，不断搅拌下混入 250mL 纯水中； ③根据 GB 2760—2024 中规定的最大使用量进行添加	详见任务八
乳化剂	聚甘油脂肪酸酯、吐温 20、辛，癸酸甘油酯、蔗糖脂肪酸酯、单双甘油脂肪酸酯等	①提高果蔬汁产品的黏性； ②提高果蔬汁饮料的乳浊液稳定性； ③助溶作用	①先配制成乳化剂溶液； ②可以在灭酶阶段后加入； ③根据 GB 2760—2024 中规定的最大使用量进行添加	详见任务四
增稠剂	刺云实胶、海藻酸丙二醇酯、果胶、海藻酸钠、黄原胶、卡拉胶、可溶性大豆多糖、亚麻籽胶等	①增稠、分散和稳定作用； ②胶凝作用和凝聚澄清作用； ③保水作用； ④控制结晶作用； ⑤成膜保鲜作用	①先配制成增稠剂溶液； ②在灭酶步骤后加入； ③根据 GB 2760—2024 中规定的最大使用量进行添加	详见任务五

二、果蔬汁饮料的制作

（一）果蔬汁饮料中食品添加剂的综合选择

由 GB 2760—2024 和企业加工实例，综合设计果蔬汁饮料（食品分类号 14.02.03）中食品添加剂的使用方案，如表 13-2 所示。

表 13-2　果蔬汁饮料中食品添加剂的综合选择

添加剂名称	功能	最大使用量/(g/kg)	备注
柠檬酸	酸度调节剂	适量使用	

续表

添加剂名称	功能	最大使用量/(g/kg)	备注
L-苹果酸	酸度调节剂	适量使用	
日落黄及其铝色淀	着色剂	0.1	以日落黄计
番茄红	着色剂	0.006	
三氯蔗糖	甜味剂	0.25	
赤藓糖醇	甜味剂	适量使用	
山梨酸及其钾盐	防腐剂	0.5	以山梨酸计
单、双甘油脂肪酸酯	乳化剂	适量使用	
果胶	增稠剂	适量使用	

（二）果蔬汁饮料的加工工艺

原料精选 → 清洗 → 切块 → 漂烫 → 打浆 → 酶解 → 灭酶 → 过滤取汁 → 调配 → 均质 → 脱气 → 杀菌 → 灌装 → 冷却 → 成品

（三）果蔬汁饮料的参考配方

白砂糖5%，柠檬酸0.22%，苹果汁30%，山梨酸钾0.05%，单、双甘油脂肪酸酯0.18%，苹果香精0.06%，三氯蔗糖0.05%，日落黄0.0005%，L-苹果酸0.1%，定容至1L。

（四）操作要点

1. 原料精选

原料新鲜、外观完好、色泽鲜艳、成熟度适中、无虫蛀、黑心、褐斑、霉斑等生理病害或病虫害现象的原料。

2. 清洗与切块

用40℃以下流水漂洗果实表皮污物，污染严重的果实需用0.1%的HCl溶液浸泡，再用清水洗净。洗净的果实切块，碎块直径以3~5mm为宜。为防止褐变，必须添加异抗坏血酸钠，使用量为0.15g/kg。

3. 漂烫

烫漂处理的作用：①钝化酶活性、防止酶褐变。多酚氧化酶可在80~95℃的温度下热烫3~5min失去活性；②软化或改进组织结构。烫漂后的果蔬体积适度缩小，组织变得适度柔韧。

4. 酶解

酶制剂（如果胶酶、纤维素酶、淀粉酶）提高了果汁的出汁率、澄清度和营养成分。可在果浆中添加0.2%的果胶酶、0.2%的纤维素酶和0.2%的α-淀粉酶，酶解30min。

5. 灭酶、过滤取汁

在90℃左右灭酶5min，板式过滤机过滤取汁。

6. 调配

按配方要求加入白砂糖、柠檬酸和CMC-Na溶液等辅料进行调配，再添加香精调整香味，使果汁的糖酸比为（13.0~17.0）：1（以柠檬酸计）。

7. 均质

将调配好的料液加热到60℃，分别在18和30MPa各均质1次。均质是为了使果汁中较大的颗粒分散成小微粒，提高饮料的稳定性。

8. 杀菌、灌装、冷却

采用板式或管式换热器在86~99℃进行高温短时杀菌，既可以钝化酶活，又可以杀菌。将杀菌后的果汁在不低于80℃下趁热灌装封口，然后将瓶子倒置10~30s，分段冷却至室温即可。

三、产品效果评价

果蔬汁饮料的感官评价标准见表13-3。

表13-3　果蔬汁饮料的感官评价标准

项目	风味（25%）	色泽（25%）	组织状态（25%）	口感滋味（25%）
评分标准（80~100分）	香味浓郁、具有果蔬特有的风味	果蔬汁饮料颜色自然，有透明感	无果蔬肉沉淀，均匀一致，无外来杂质	酸甜可口，味感协调、柔和
评分标准（60~80分）	具有香味、有果蔬特有的风味	果蔬汁饮料颜色较自然，较有透明感	少量果蔬肉沉淀，较均匀一致，无外来杂质	甜度好，酸度适中，味感较协调、较柔和
评分标准（40~60分）	香味淡、略有果蔬的风味	果蔬汁饮料颜色较深或较浅，透明感弱	大量果蔬肉沉淀，饮料有分层，无外来杂质	较甜或较酸，味感较协调、不柔和
评分标准（0~40分）	香味淡、果蔬特有的风味弱	果蔬汁饮料颜色不均匀	大量果蔬肉沉淀，有外来杂质	很甜或很酸，味感不协调、不柔和

子任务一　酸度调节剂的选用及效果评价

学习目标

知识目标

1. 掌握酸度调节剂的定义、作用、分类和特点。
2. 掌握酸度调节剂特性。

能力目标

1. 能正确分析酸度调节剂的安全性。

2. 能根据产品特点，分组设计出酸度调节剂的选用方案。

3. 能依据国家标准按加工需求计算果蔬汁饮料中酸度调节剂的添加量并安全规范应用。

4. 能对酸度调节剂的使用进行作用效果评价。

素质目标

1. 通过学习酸度调节剂的应用，了解人们对酸度调节剂的真实需求，做到学以致用；树立和谐共生、全面发展的意识。

2. 通过分组设计果蔬汁饮料中酸度调节剂的选用方案，培养独立思考的能力，增强创新创业意识。

3. 在酸度调节剂的选用及效果评价过程中，培养团队协作能力，树立勤于动手的劳动精神，并积极弘扬安全规范使用酸度调节剂的职业精神，助力健康中国建设。

必备知识

一、酸度调节剂的定义

酸度调节剂是用以维持或改变食品酸碱度的物质，亦称 pH 调节剂。

功能分类代码：01。

二、酸度调节剂的分类

根据羟基、羧基、氨基等基团的数量多少及在分子结构中所处的位置等要素，可分为酸化剂（酸味剂）、碱化剂（碱性剂）以及具有缓冲作用的盐类（缓冲剂）三种类型。

酸度调节剂（微课）

通常以柠檬酸的酸度为标准，将其酸度定为100。

1. 酸化剂

我国已批准许可使用的酸度调节剂主要包含柠檬酸、乳酸、酒石酸、苹果酸、偏酒石酸、磷酸、冰乙酸、盐酸、己二酸、富马酸等。

（1）根据其化学性质的不同分为无机酸和有机酸两种类型。其中，磷酸和盐酸属于无机酸，柠檬酸、苹果酸、乳酸、酒石酸、偏酒石酸、富马酸、醋酸、己二酸等属于有机酸。

（2）按口感的不同进行分类，例如具有愉快酸味的酸度调节剂有柠檬酸、L-苹果酸等，具有苦味的酸度调节剂有 DL-苹果酸，伴有涩味的酸度调节剂有磷酸、乳酸、酒石酸、偏酒石酸、富马酸等，具有刺激性气味有冰乙酸。

各个国家对酸度调节剂的使用有不同的偏好，例如我国使用量最多的是柠檬酸。

2. 碱化剂

碱化剂主要包括氢氧化钾、氢氧化钙、碳酸钠（苏打、纯碱）、碳酸氢三钠、碳酸钾、碳酸氢钾等。

3. 缓冲剂

缓冲剂主要有富马酸一钠、硫酸钙、柠檬酸钠、柠檬酸一钠、柠檬酸钾、葡萄糖酸钠、乳酸钙、乳酸钠、乙酸钠、苹果酸钠。

三、酸度调节剂的特点

（1）以有机酸及其具有缓冲作用的盐为主。

（2）因有机酸多是食品正常成分，或参与人体正常代谢，安全性高，使用广泛。

四、酸度调节剂的作用

1. 用于调节食品体系的酸碱性

保证食品成品的pH稳定，减少其变化范围。酸度调节剂降低了体系的pH，可以抑制许多有害微生物的繁殖，抑制不良的发酵过程，并有助于提高酸型防腐剂的防腐效果。

2. 形成特征风味的基础

不同的特征风味具有特殊的酸味。如酒石酸可以辅助葡萄的特征风味，磷酸可以辅助可乐饮料的特征风味，苹果酸可辅助许多水果和果酱的特征风味。

3. 可作螯合剂

某些金属离子如 Ni^{2+}、Cr^{2+}、Cu^{2+}、Se^{2+} 等能加速氧化作用，引起含类脂食品氧化变质、果蔬褐变、色素变色等，对食品产生不良的影响。许多酸度调节剂如抗坏血酸、柠檬酸、酒石酸等，具有螯合这些金属离子的能力，使金属离子失去催化能力，从而防止油脂的酸败、变味和变色等。

4. 可作膨松剂

在酸提供氢离子的条件下，使碳酸盐分解产生 CO_2 气体。碳酸盐分解产生 CO_2 是化学膨松剂产气的基础之一，酸度调节剂的性质决定了膨松剂的反应速率。

5. 具有还原性

在水果、蔬菜制品的加工中可作护色剂，在肉类加工中可作为护色助剂。

6. 酸水解作用

蔗糖在酸性条件下，导致甜度变化。

7. 控制色泽

天然色素在不同酸度条件下色泽不同，低酸度不易发生褐变。

8. 缓冲体系与缓冲剂

在食品加工过程中，为了使产品味道更为可口而又不损失风味，需要在食品和饮料中使用相当数量的酸，建立一个缓冲体系使pH稳定在预期的水平。缓冲体系的主要成分是弱有机酸及其盐。常见酸-盐体系的缓冲范围是：柠檬酸和柠檬酸钠为pH 2.1~4.7；醋酸和醋酸钠为pH 3.6~5.6；磷酸二氢钠和磷酸氢二钠为pH 6.0~8.0；碳酸氢钠和碳酸钠为pH 9.0~11.0。

五、影响酸度调节剂的因素

1. 温度

酸味随温度的升高而增强，与甜、咸和苦相比，受温度影响最小。

2. 氢离子浓度

$5<pH<6.5$，酸味不易被感知；$pH<3$，酸感令人难以忍受；氢离子浓度高，酸味强。

3. 总酸度和缓冲作用

总酸度高，酸味强；外加碱性物，可缓冲酸味的变化，保持食品的酸感强度。

4. 酸根离子的性质

pH 相同，有机酸均比无机酸的酸味强度大。增加疏水的不饱和键，酸味增强；增加亲水的羟基，酸味减弱。如柠檬酸、抗坏血酸和葡萄糖等的酸味带有爽快感；苹果酸的酸味带苦味；乳酸和酒石酸的酸味伴有涩味；乙酸的酸味带有刺激性气味等。同一浓度下比较不同酸的酸味强度，顺序为：盐酸>柠檬酸>苹果酸>乳酸。

5. 有机酸的复配效果

有机酸复配会增强酸味，但一般会有效利用各种酸度调节剂的酸感特性，获得满意口感。

6. 酸味与其他味的关系

酸度调节剂与甜味剂之间有消杀现象，两者易互相抵消，故食品加工中需要控制一定的糖酸比。酸度调节剂与涩味物质混合，会使酸味增强。少量食盐使酸味减少，食盐中加少量酸则增强咸味。

任务实施

一、酸度调节剂的选择

酸度调节剂具有调节食品的 pH、控制酸度、改善风味等功能特性，其有效应用主要受食品所需特性控制，通常以有机酸及具有缓冲作用的盐为主。由于很多有机酸都是食品的正常成分，或参与人体正常代谢，因而安全性高，使用广泛。酸度调节剂的合理使用可得到口味适宜的各种果蔬汁饮料制品。

（一）酸度调节剂使用的安全性

酸度调节剂对人体是否有害，通常需要根据摄入的剂量进行决定。柠檬酸、苹果酸、乳酸是比较常用的酸度调节剂，但盐酸、氢氧化钾、氢氧化钙属于强酸以及强碱性物质，对人体有腐蚀性。如果只是少量的食用酸度调节剂，通常不会对人体造成太大的危害，但如果摄入过多的酸度调节剂，很有可能会对胃肠道产生刺激性，并且还有可能会出现胃肠的不适症状，比如胃酸、胃痛等，从而会对身体健康造成不利影响。

（二）常见酸度调节剂的特性

食品中用酸味剂，半数以上是选用柠檬酸，其次是苹果酸、乳酸、酒石酸及磷酸。在国外还使用富马酸。

1. 柠檬酸

（1）性能　柠檬酸是柠檬、柚子、柑橘等存在天然酸味的主要成分，酸味纯正，白色颗粒或粉末，易溶于水、乙醇、乙醚，具有强酸味，发味柔和爽快，入口即达到最高酸感；与其他酸如酒石酸、苹果酸等合用，可使产品风味丰满。

柠檬酸具有良好的防腐性能，抑制细菌增殖效果显著。它还能增强抗氧化剂的抗氧化作用，延缓油脂酸败，还可用作着色剂稳定剂，防止果蔬褐变。柠檬酸具有很强的螯合金属离子的能力，可用作金属螯合剂。

(2) 安全性　柠檬酸是人体三羧酸循环的重要中间体，参与体内正常的代谢，无蓄积作用。常饮大量高浓度柠檬酸的饮料，可造成牙齿珐琅质受腐蚀。

(3) 应用　可作为酸度调节剂，根据 GB 2760—2024，柠檬酸可适量使用于各类食品中，表 A.2 中编号为 1~15、17~53、59~62、64~68 的食品类别除外。

2. 乳酸

(1) 性能　别名丙醇酸，学名 2-羟基丙酸，为无色或浅黄色浆状液体，有特殊酸味，有吸湿性。可溶于水、乙醇、乙醚、丙酮，几乎不溶于氯仿。乳酸具有特异收敛性酸味，还具有较强的杀菌作用。

(2) 安全性　乳酸为哺乳动物体内的正常代谢产物，在体内分解为氨基酸和二羧酸物，安全无毒。

(3) 应用　可作为酸度调节剂，根据 GB 2760—2024，乳酸可适量使用于各类食品，表 A.2 中编号为 1~4、6~53、57~68 的食品类别除外。

3. L（+）-酒石酸，*dl*-酒石酸

(1) 性能　学名 2,3-二羟基丁二酸，为无色透明晶体或结晶状粉末，无臭，有葡萄和白柠檬香气，酸味强度为柠檬酸的 1.2~1.3 倍，口感稍涩，可溶于水、乙醇，几乎不溶于氯仿，是葡萄的特征酸。

(2) 安全性　ADI 为 0~30mg/kg。进入人体后，20%由尿排出。

(3) 应用　可作为酸度调节剂，根据 GB 2760—2024 的规定使用，如在腌渍的蔬菜中最大使用量为 3.0g/kg；糖果，最大使用量为 30.0g/kg；面糊、裹粉、煎炸粉和油炸面制品，最大使用量为 10.0g/kg；果蔬汁（浆）类饮料、碳酸饮料、植物蛋白饮料，最大使用量为 5.0g/kg，均以酒石酸计。

4. L-苹果酸

(1) 性能　化学名称为羟基琥珀酸、羟基丁二酸，为白色结晶或结晶性粉末，略带爽快的酸味，酸味较柠檬酸强 20%，呈味缓慢，保留时间较长，爽口但微有苦涩感，与柠檬酸合用可增强酸味。广泛存在于未成熟的苹果、葡萄、樱桃、菠萝、番茄中。极易溶于水，略溶于乙醇、乙醚，有吸湿性。

(2) 安全性　苹果酸是三羧酸循环的中间体，可参与机体正常代谢。ADI 不作规定。

(3) 应用　可作为酸度调节剂，根据 GB 2760—2024，苹果酸可按生产需要适量使用于各类食品，表 A.2 中编号为 1~68 的食品类别除外。特别适合于各种清凉饮料，比柠檬酸产生的热量少，口味好。

5. 富马酸

(1) 性能　富马酸别名延胡索酸，化学名为反丁烯二酸，为白色颗粒或结晶性粉末，无臭，酸味强，约为柠檬酸的 1.5 倍，微溶于水、乙醚，溶于乙醇，有涩味。

(2) 安全性　富马酸是三羧酸循环的中间体，可参与机体正常代谢。

(3) 应用　可作为酸度调节剂，根据 GB 2760—2024 的规定使用，如在胶基糖果，最大使用量为 8.0g/kg；生面湿制品，最大使用量为 0.6g/kg；面包、糕点、饼干，最大使用量为 3.0g/kg；果蔬汁（浆）类饮料，最大使用量为 0.6g/kg；碳酸饮料，最大使用量为 0.3g/kg 等。

6. 磷酸

（1）性能　为无色透明稠状液体，无臭，有酸味。一般浓度为85%~98%极易溶于水和乙醇。磷酸为可乐型饮料的特征酸，属强酸，风味不如有机酸好。酸味为柠檬酸的2.3~2.5倍，有强烈的收敛味和涩味。

（2）安全性　为一般公认安全物质，参与机体正常代谢。

（3）应用　可作为酸度调节剂、水分保持剂、凝固剂、抗结剂。根据GB 2760—2024的规定使用，如在水油状脂肪乳化制品、冷冻饮品（食用冰除外）、可可制品、巧克力和巧克力制品以及糖果、饮料类［包装饮用水、果蔬汁（浆）、浓缩果蔬汁（浆）除外］等食品中最大使用量为5.0g/kg，以磷酸根（PO_4^{3-}）计。

二、果蔬汁饮料中酸度调节剂的应用

本任务中，以果蔬汁饮料为载体，以果蔬汁饮料中起酸度调节作用的添加剂为任务驱动点，以果蔬汁饮料生产真实的工作过程为导向，进行酸度调节剂的选用及效果评价任务的实施。

（一）果蔬汁饮料中酸度调节剂的选择

由GB 2760—2024可知果蔬汁（浆）类饮料（食品分类号14.02.03）中允许使用的酸度调节剂如表13-4所示。

表13-4　　果蔬汁饮料中允许使用的酸度调节剂

食品添加剂名称	功能	最大使用量/(g/kg)
富马酸	酸度调节剂	0.6
L（+）-酒石酸，*dl*-酒石酸	酸度调节剂	5.0
富马酸一钠	酸度调节剂	按生产需要适量使用
磷酸	酸度调节剂、水分保持剂、拮抗剂	5.0
乳酸	酸度调节剂	按生产需要适量使用
乳酸钠	酸度调节剂、水分保持剂	按生产需要适量使用
碳酸钾	酸度调节剂	按生产需要适量使用
碳酸钠	酸度调节剂	按生产需要适量使用
碳酸氢钾	酸度调节剂	按生产需要适量使用
碳酸氢钠	酸度调节剂、膨松剂、稳定剂	按生产需要适量使用
DL-苹果酸钠	酸度调节剂	按生产需要适量使用
L-苹果酸	酸度调节剂	按生产需要适量使用
DL-苹果酸	酸度调节剂	按生产需要适量使用
冰乙酸（又名冰醋酸）	酸度调节剂	按生产需要适量使用
柠檬酸	酸度调节剂	按生产需要适量使用

续表

食品添加剂名称	功能	最大使用量/(g/kg)
柠檬酸钾	酸度调节剂	按生产需要适量使用
柠檬酸钠	酸度调节剂、稳定剂	按生产需要适量使用
柠檬酸一钠	酸度调节剂	按生产需要适量使用
葡萄糖酸钠	酸度调节剂	按生产需要适量使用
L-苹果酸钠	酸度调节剂	按生产需要适量使用

（二）酸度调节剂的安全应用操作

1. 准——强调的是酸度调节剂的添加量要准确

使用酸度调节剂时，要准确称量，以免出现酸度不足或过酸的情况。由 GB 2760—2024 查询结果可知，在果蔬汁饮料中，除富马酸、酒石酸和磷酸有最大限量 0.6，5.0 和 5.0g/kg 外，其他酸度调节剂按生产需要适量使用。但这并不意味着它们可以随意添加，需要根据果蔬汁饮料的酸度口感进行适当调配。

酸度调节剂应用方案示例：1L 饮料中，柠檬酸 0.5g+酒石酸 0.5g。

分组通过实验来对比研究不同酸度调节剂选用方案对果蔬汁饮料品质的影响，从而加深对酸度调节剂作用的理解，培养创新意识。

2. 顺——强调的是酸度调节剂的添加需要严格按照顺序进行

要注意在配料中的添加顺序，应在防腐剂山梨酸钾、苯甲酸钠、糖精钠等溶液之后添加，以防止形成难溶于水的山梨酸及苯甲酸、糖精的结晶。

糖酸调配方法：调整前先用糖度计测定糖度，再用滴定法测总酸量，而后确定糖酸的标准含量和糖酸比。果汁糖酸含量的一般调整方法是：当酸低糖高时，先加水稀释，使糖度达标，再根据果汁加水后的质量和含酸量，加柠檬酸补足。当酸高糖低时，应先算出稀释多余酸量所需加水量，再根据果汁的糖度算出缺糖量，将糖加水溶解后与果汁混合；当酸高糖高时，品质良好，但为达标需稀释；当酸低糖低时，先算缺糖量，再根据果汁和糖总量，算出缺酸量，将应加的糖酸用少量果汁溶解，然后混合。

3. 匀——强调的是酸度调节剂要与原料充分混合均匀

添加时间：在原料调配步骤加入，要使其与原料充分混合。

（三）酸度调节剂使用的注意事项

（1）在食品加工中注意加入的顺序与时机。如在果酱浓缩接近终点时添加柠檬酸、在水果硬糖制膏冷却时添加柠檬酸；在冰棍和雪糕生产中，先将柠檬酸在耐酸的容器中加沸水溶解，待灭菌的料液打入冷却罐冷却后，再加入。

（2）使用固体酸度调节剂时，必须采用适当的包装材料和包装容器。

（3）根据添加对象确定不同酸味特征的酸度调节剂，一般有机酸可具有爽快的酸味。

（4）酸度调节剂有刺激性，能增强唾液分泌和肠胃蠕动，促进消化吸收，但是长时间的刺激会引起消化功能疾病。

（5）柠檬酸不应与防腐剂山梨酸钾、苯甲酸钠等溶液同时添加，必要时可分别先后添加，以防止形成难溶于水的山梨酸-苯甲酸结晶，影响防腐效果。

三、酸度调节剂的作用效果评价

1. 比较酸度调节剂的性能

（1）以柠檬酸的酸度为 100 分，比较 0.1%柠檬酸、0.1%酒石酸、0.1%苹果酸、0.1%乳酸、0.1%醋酸的酸度，比较描述各种酸度调节剂的酸味特点，结果记录在任务工单中。

（2）取各种酸度调节剂溶液 100mL，比较加入 8%、10%、12%的蔗糖后，各种酸度调节剂溶液酸度和适口性的变化结果记录在任务工单中。

2. 比较酸度调节剂之间的协同作用效果

分别量取柠檬酸、酒石酸、苹果酸、乳酸溶液各 15mL，将各种酸度调节剂以 1∶1 的配比进行混合使用，以选出口感较好的酸度调节剂组成，记录在任务工单中。

3. 果蔬汁饮料感官评价

制备 12%果蔬汁饮料样品 3 瓶，将口感比较结果最好的酸度调节剂复合配方加入饮料进行感官评定，并测定糖酸比，在任务工单中记录添加量和感官评价结果。

酸度调节剂的作用将会影响到果蔬汁饮料的口感滋味。由经验丰富的食品专家 10 人组成鉴评组，就果蔬汁饮料的口感滋味进行效果的评价，满分为 10 分。果蔬汁饮料的感官质量评分标准见表 13-5。

表 13-5　果蔬汁饮料的感官质量评分标准

分值/分	8.0~10.0	6.0~7.9	4.0~5.9	0~3.9
口感评分标准	酸度适宜，酸味纯正，酸甜可口，味感协调柔和，具有凉爽愉快的口感	酸度较适宜，酸味较纯正，酸甜适中，味感较协调柔和	酸度较强或较弱，酸味不纯正，酸甜较适中，味感较协调，不柔和	酸度很强或很弱，酸味不纯正，味感不协调，不柔和

子任务二　着色剂的选用及效果评价

学习目标

知识目标

1. 掌握着色剂的定义、作用、分类、优缺点、特性。
2. 掌握着色剂的发色机理和使用注意事项。

能力目标

1. 能正确分析着色剂的安全性。
2. 能根据产品特点，安全设计出着色剂的选用方案。

3. 能依据国家标准按加工需求计算果蔬汁饮料中着色剂的添加量并安全规范应用。

4. 能对着色剂的使用进行作用效果评价。

素质目标

1. 通过分析天然色素和合成色素的优缺点及其复配应用，学会用发展的眼光看问题，增强优势互补、复配使用的意识，善于在传承中创新，树立良好的职业道德和正确的价值观。

2. 通过分组设计果蔬汁饮料中着色剂的选用方案，培养独立思考的能力，增强创新创业意识。

3. 在着色剂的选用及效果评价过程中，培养团队协作能力，树立勤于动手的劳动精神，并积极弘扬安全规范使用着色剂的职业精神，助力健康中国建设。

必备知识

一、着色剂的定义

能使食品着色和改善食品色泽的物质称着色剂，也称食用色素。我国允许使用的合成色素有苋菜红、胭脂红、新红、柠檬黄、日落黄、靛蓝、亮蓝、赤藓红、诱惑红、喹啉黄、酸性红、二氧化钛、氧化铁黑、氧化铁红 14 种和 10 种相应的色淀；天然色素 50 多种。

着色剂（微课）

功能分类代码：08。

二、着色剂的作用

（1）改善加工食品的色泽：矫正食品在贮藏、加工、包装和销售过程中所致的天然颜色的变化。

（2）赋予食品以颜色。

（3）使制品色泽统一，减少食品在颜色上存在的天然偏差。

（4）帮助区分、识别食品，强化食品风味或保存区别食品的特性。

三、着色剂的分类

（一）按来源分类

1. 天然色素（50 余种）

（1）植物色素　如甜菜红、姜黄。

（2）动物色素　如紫胶红、胭脂虫红。

（3）微生物色素　如红曲红。

2. 天然等同色素（人工合成天然色素）

天然等同色素是采用化学方法得到的天然界中存在的色素。

（1）β-胡萝卜素　天然的由盐藻提取或采用发酵法生产，合成的以β-紫罗酮为原料。

（2）叶绿素铜钠　以菠菜或蚕粪为原料，用丙酮或乙醇提取叶绿素，用铜取代、皂化而的。

3. 合成色素（24 种）

合成色素主要是指以煤焦油中分离出来的苯胺染料为原料制成的有机色素，包括食用色素和相应的色淀。

（1）食用染料（14 种）

①黄色素（3 种）：柠檬黄、日落黄、喹啉黄。

②蓝色素（2 种）：亮蓝、靛蓝。

③红色素（7 种）：苋菜红、胭脂红、赤藓红、新红、诱惑红、酸性红（偶氮玉红）、氧化铁红。

④白色素（1 种）：二氧化钛（钛白粉）。

⑤黑色素（1 种）：氧化铁黑。

（2）色淀（10 种） 是指由水溶性合成色素沉淀在许可使用的不溶性基质（通常为氧化铝，所以又称铝色淀）上所制备的水不溶性色素。除二氧化钛、酸性红、氧化铁黑、氧化铁红外，其他 10 种合成色素均有相应的色淀，此外增加了胭脂虫红铝色淀。

色淀虽然是水溶性色素同一种基质加工而成，但是其性能却大为改变，与合成色素相比明显不同，如表 13-6 所示。

表 13-6　色淀与合成色素的性质比较

名称	溶解度	染色方式	使用量	粒子大小	热稳定性	光稳定	染色力
色淀	不溶于水有机溶剂	分散于媒介	0.1%	5μm	极好	极好	不与浓度成正比
合成色素	水溶性	吸附和附着方式	小于 0.1%	12~100μm	好	好	与浓度成正比

（二）按溶解性分类

分水溶性色素和油溶性色素。合成色素都为水溶性色素，不溶于植物油和有机溶剂，所以应用于油脂或醇中时必须借助于助溶剂或乳化剂的分散、乳化作用来达到相应的着色目的。色淀不溶于水。天然色素有的为水溶性，有的为油溶性。

四、着色剂的特点

1. 天然色素特点

（1）优点　色泽自然、毒性低、不少品种还有一定的营养价值或疗效性能。

（2）缺点　较难溶解、有异味、不稳定、难配色、有批次色差、易沉易浊、成本高。可以和维生素 C 一起使用，防止氧化；添加金属螯合剂，避免金属离子的影响；制成微乳胶增加耐光性等。

2. 合成色素特点

（1）优点　具有色泽鲜艳、着色力强、稳定性好、无臭无味、易溶解、易调色、成本低等优点。

（2）缺点　与天然色素相比，大多数安全性较低。人工合成的着色剂多为由煤焦油所含的具有苯环、萘环等物质合成而制得。

3. 色淀的特点

（1）优点　与原色素比，耐热性、耐光性和化学稳定性提高。主要用于油基性食品，可在油相中均匀分散，可在干燥状态下加入产品，主要用于粉末食品、胶母糖、油脂食品和低水分食品等。

（2）缺点　不溶于水，价格贵。

五、着色剂的特性

1. 吸光值和色价

（1）吸光值（E）　可通过分光光度计来计算，吸光值越大含量越高，染色能力越大。

（2）色价　100mL 溶液中含有 1g 着色剂，光程为 1cm 时的吸光值。

2. 溶解性

（1）油溶性/水溶性　我国许可使用的食用合成色素均溶于水不易溶于油，当要溶于油类时，要使用乳化剂、分散剂来达到目的。

（2）着色剂的溶解度　大于 1%视为可溶，在 0.25%~1%者为稍溶，小于 0.25%为微溶。

（3）影响色素溶解度的因素

①温度：一般温度升高，溶解度增大。

②pH：pH 下降，着色剂有形成色素酸的倾向而使溶解度下降。

③盐类：盐类浓度较高时，可发生盐析作用。

④溶剂性质［水、醇（乙醇、甘油）和植物油］：具体表现为各种色素溶解于不同溶剂中，可产生不同的色调和强度，尤其是使用两种或数种色素拼色时，情况更为显著。例如某一比例的红、黄、蓝三色的混合物，在水溶液中色调较黄，而在 50%酒精中则色调较红。各种酒类因酒精含量的不同，溶解后的色调也各不相同，故需要按照其酒精含量及色调强度的需要进行拼色。

3. 染着性

染着性指着色剂易不易染色，易不易脱色的特性。

4. 坚牢度

坚牢度是被染色物质的色调稳定性或色素对周围环境变化的抵抗能力。色素的坚牢度是衡量色素品质的重要指标。

5. 变色

各种着色剂溶解于不同的溶剂可能会产生不同的色调和强度，在使用两种或两种以上着色剂调色时更为突出。

如黄色与红色配成的橙色，在水中色调较黄，在酒精中较红；在酒类中，酒精的含量不同，同样的着色剂会变成不同的色调。

六、着色剂的发色机理

不同的物质能吸收不同波长的光。如果某物质所吸收的光，其波长在可见光区以外，这种物质看起来是白色的；如果它所吸收的光，其波长在可见光区域（400~800nm），那么该物质就会呈现一定的颜色，其颜色是由未被吸收的光波所反映出来的，即被吸收光波颜色的互补色。例如，某种物质选择吸收波长为510nm的光，这是绿色光谱，而人们看见它呈现的颜色是紫色，紫色是绿色的互补色。不同光波和色泽的关系见表13-7。

表13-7　不同光波和色泽的关系

吸收光波		互补色	吸收光波		互补色
波长/nm	相应色泽		波长/nm	相应色泽	
400	紫	黄绿	530	黄绿	紫
425	蓝青	黄	550	黄	蓝青
450	青	橙黄	590	橙黄	青
490	青绿	红	640	红	青绿
510	绿	紫	730	紫	绿

物质之所以能吸收可见光而呈现不同的颜色，是因为其分子本身含有某些特殊的基团即生色团（生色基或发色团），分子中含有一个生色基的有机物，由于它们的吸收波长在200~400nm，是无色的，如果有机物分子中有2个或2个以上生色基共轭时，可以使分子对光的吸收波长移向可见光区域内，该有机物就能显示颜色。例如，1,2-苯基乙烯是无色的，但在2个苯环之间连接3个共轭的碳-碳双键化合物，便开始显示淡黄色；连接5个共轭的碳-碳双键化合物，则呈橙色；连接11个共领的碳-碳双键化合物则为黑紫色。

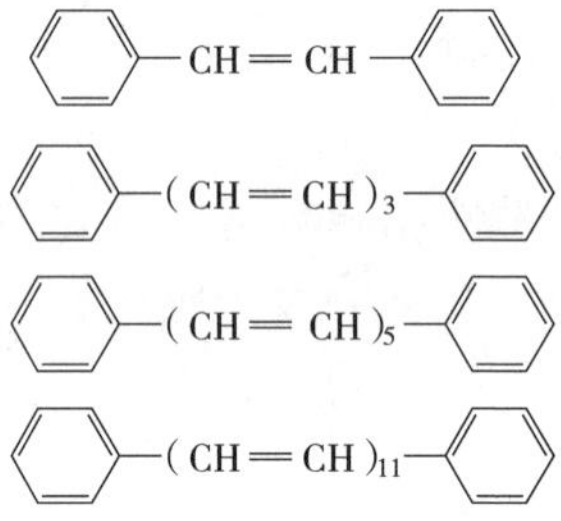

无色
淡黄色
橙色
黑紫色

有些基团，像—OH、—OR、—NH_2、—NR、—NR_2、—SR、—SH、—Cl、—Br等，它们可使生色基的吸收波向长波方向而显颜色，这些基团称为助色团（助色基）。在色素物质中，助色团的个数或取代位置不同，表现出的颜色也不同。

食物中的色素化合物都是由生色团和助色团组成的，它们相互作用使食物呈现各种不同的颜色。

任务实施

一、着色剂的选择

颜色是评价食品外观质量的重要标准之一，人们在判断食物的好坏时往往先观察其色泽，自然、柔和、令人赏心悦目的颜色可以激起人们的食欲，增加消费者的购买欲望。在选择和使用着色剂时，应根据具体的应用场景和需求进行选择，以确保产品的质量和安全性。

（一）着色剂的安全性

1. 合成色素

合成色素是以煤焦油为原料制成的，通称煤焦色素或苯胺色素，其毒性主要由于它的化学性质；其次是在合成过程中可能被有害的金属或化合物污染。危害可能在以下三个方面：①一般毒性；②致泻作用；③致突变与致癌作用。

偶氮化合物类合成色素的致癌作用更明显。偶氮化合物在体内分解，可形成芳香胺化合物，芳香胺在体内经过代谢活动后与靶细胞作用而可能引起肿瘤。此外，许多食用合成色素除本身或其代谢物有毒外，在生产过程中还可能混入砷和铅。

目前国产产品多为60%的高浓级，而进口产品多为80%的特浓级。对合成色素应采取定点厂生产的措施，提高产品纯度。

合成色素的使用应严格按照 GB 2760—2024 中规定的使用品种、使用范围、最大使用量来添加剂，确保使用安全性。

2. 天然色素

天然色素色泽较自然，安全性高，但并非绝对安全，因而要进行适当的安全性评价。不安全性可能在以下四个方面。

（1）动植物体生长环境污染，被喷洒农药或摄入了有害物质。

（2）动植物体作为色素原料时因其本身腐败、变质产生了有害的毒素。

（3）在生产微生物色素时，由于培养、处理不当而污染其他微生物，从而产生毒素。

（4）在色素的提取加工中混入了有毒的物质如重金属、有机溶剂等。

（二）常用的合成着色剂的特性

1. 苋菜红及其铝色淀

（1）性能　偶氮色素，红褐色或暗红褐色均匀粉末或颗粒，无臭，着色力弱。易溶于水，0.01%水溶液呈玫瑰红色，不溶于油脂。耐光性、耐热性、耐盐性、耐酸性好，但在碱性条件下呈暗红色。对氧化还原作用敏感，易被细菌分解，不适用于发酵食品。

（2）安全性　ADI 为 0~0.5mg/kg 体重。

（3）应用　需按 GB 2760—2024 的规定使用，如在冷冻饮品（食用冰除外）中最大使用量为 0.025g/kg；可可制品、巧克力和巧克力制品以及糖果、果蔬汁（浆）类饮料、碳酸饮料等食品中最大使用量为 0.05g/kg，均以苋菜红计。

2. 胭脂红及其铝色淀

（1）性能　偶氮色素，红色至深红色的均匀粉末或颗粒，无臭，着色力较弱。溶于水呈红色，不溶于油脂。耐光性、耐酸性尚好，但耐热性、耐还原性相当弱，遇碱变褐色，耐细菌性亦较差，不适用于发酵食品。

（2）安全性　ADI 为 0~4mg/kg 体重。

（3）应用　需按 GB 2760—2024 的规定使用，如在冷冻饮品（食用冰除外）、可可制品、巧克力和巧克力制品以及糖果（可可制品除外）、果蔬汁（浆）类饮料、含乳饮料、碳酸饮料等食品中的最大使用量为 0.05g/kg，均以胭脂红计。

3. 赤藓红及其铝色淀

（1）性能　非偶氮色素，红褐色颗粒或粉末，无臭，易溶于水，0.1%水溶液为微带蓝色的红色，不溶于油脂。染着性强、耐热性、耐碱性、耐氧化还原及耐细菌性均好，但耐酸性与耐光性差，在 pH<4.5 的条件下，形成不溶性的黄棕色沉淀，碱性时产生红色沉淀。

（2）安全性　ADI 为 0~0.1mg/kg 体重。

（3）应用　需按 GB 2760—2024 的规定使用，如在可可制品、巧克力和巧克力制品以及糖果（可可制品除外）、果蔬汁（浆）类饮料、碳酸饮料、配制酒等食品中的最大使用量为 0.05g/kg，均以赤藓红计。

4. 新红及其铝色淀

（1）性能　偶氮色素，红色粉末，无臭。易溶于水，呈红色溶液，微溶于乙醇，不溶于油脂。具有酸性染料特性。遇铁、铜易变色，对氧化还原较为敏感。

（2）安全性　未见致癌、致畸、致突变性；ADI 为 0~0.1mg/kg 体重。

（3）应用　需按 GB 2760—2024 的规定使用，如在可可制品、巧克力和巧克力制品以及糖果（可可制品除外）、果蔬汁（浆）类饮料、碳酸饮料、配制酒等食品中的最大使用量为 0.05g/kg，均以新红计。

5. 柠檬黄及其铝色淀

（1）性能　偶氮色素，橙黄至橙色粉末或颗粒，无臭，易溶于水，0.1%水溶液呈黄色，中性和酸性呈金黄色。不溶于油脂。耐热性、耐酸性、耐光性、耐盐性均好，耐氧化性较差，遇碱稍微变红，还原时褪色。易着色，坚牢度高。在柠檬酸、酒石酸中稳定。

（2）安全性　ADI 为 0~7.5mg/kg 体重。

（3）应用　需按 GB 2760—2024 的规定使用，如在冷冻饮品（食用冰除外）中最大使用量为 0.05g/kg；可可制品、巧克力和巧克力制品以及糖果（可可制品除外）、饮料类[包装饮用水、果蔬汁（浆）、浓缩果蔬汁（浆）除外]、配制酒等食品中的最大使用量为 0.1g/kg，均以柠檬黄计。

6. 日落黄及其铝色淀

（1）性能　偶氮色素，为橙红色粉末或颗粒，无臭。易溶于水、甘油、丙二醇，微溶于乙醇，不溶于油脂。0.1%水溶性呈橙黄色，中性和酸性水溶液呈黄橙色，吸湿性、耐热性、耐光性强。在柠檬酸、酒石酸中稳定，遇碱变成红褐色，还原时褪色。耐酸性非常强，耐碱性尚好，易着色，坚牢度高。调色性能优良。

（2）安全性　ADI 为 0~2.5mg/kg 体重。

（3）应用　需按 GB 2760—2024 的规定使用，如在冷冻饮品（食用冰除外）中最大使用量为 0.09g/kg；可可制品、巧克力和巧克力制品以及糖果（可可制品除外）、果蔬汁（浆）类饮料、碳酸饮料、配制酒等食品中的最大使用量为 0.1g/kg，均以日落黄计。

7. 亮蓝及其铝色淀

（1）性能　水溶性非偶氮色素，具有金属光泽的深紫色粉末，易溶于水，溶于水呈亮蓝色，可溶于甘油及乙醇，耐光性、耐热性、耐酸性、耐盐性、耐微生物性均良好。对柠檬酸、酒石酸、碱均稳定，色度极强。

（2）安全性　ADI 为 0~12.5mg/kg 体重。安全性较高，无致癌性。

（3）应用　需按 GB 2760—2024 的规定使用，如在冷冻饮品（食用冰除外）、果蔬汁（浆）类饮料、含乳饮料、碳酸饮料、配制酒、果冻等食品中的最大使用量为 0.025g/kg，均以亮蓝计。

8. 靛蓝及其铝色淀

（1）性能　水溶性非偶氮色素，深紫蓝色至深紫褐色的均匀粉末，无臭，0.05%水溶液为深蓝色，溶解度较低，21℃水中溶解度为1.1%，不溶于油脂。溶于浓硫酸时呈紫蓝色，稀释后呈蓝色，碱性呈绿或黄绿色。稳定性较差，对热、光、酸、碱、盐、氧化、还原、细菌都很敏感，还原时褪色，易着色，染着力好。靛蓝主要作配色用，很少单独使用，多与其他色素混合使用。

（2）安全性　ADI为0~12.5mg/kg体重。

（3）应用　需按GB 2760—2024的规定使用，如在可可制品、巧克力和巧克力制品以及糖果（可可制品除外）、果蔬汁（浆）类饮料、碳酸饮料、风味饮料（仅限果味饮料）、配制酒等食品中的最大使用量为0.1g/kg，均以靛蓝计。

部分合成色素的性质见表13-8。

表13-8　　部分合成色素的性质

色素名称	0.1%溶液色调	热	光	氧化	还原	酸	碱	盐	微生物
苋菜红	紫红色	一般	好	差	很差	好	一般	差	差
赤藓红	红（绿）色	很好	差	差	一般	很差	差	差	很好
胭脂红	红色	好	好	差	很差	好	好	很好	差
新红	红色	很好	差	好	很好	差	很好	好	好
柠檬黄	黄色	很好	好	差	很差	很好	好	一般	一般
日落黄	橙色	很好	好	差	很差	很好	好	一般	一般
亮蓝	蓝色	很好	很好	差	一般	很好	好	很好	一般
靛蓝	紫蓝色	差	差	差	很差	一般	差	差	一般

（三）常用的天然着色剂的特性

1. 焦糖色

焦糖色素是用量最大、最受欢迎的一种人造天然色素。焦糖色素按照生产方法不同可分为四类：普通焦糖、苛性硫酸盐焦糖、氨法焦糖和亚硫酸铵焦糖。

（1）性能　深褐色或黑色液体或固体。有特殊的甜香气和愉快的焦苦味，易溶于水，不溶于通常的有机溶剂及油脂，水溶液呈红棕色，透明，无浑浊或沉淀，对光稳定。

（2）安全性　普通焦糖的ADI无需规定；氨法焦糖和亚硫酸铵焦糖的ADI为0~200mg/kg体重。

（3）应用　需按GB 2760—2024的规定使用，如在可可制品、巧克力和巧克力制品以及糖果（可可制品除外）、果蔬汁（浆）类饮料、含乳饮料、风味饮料（仅限果味饮料）、配制酒、果冻等食品中按生产需要适量使用。

2. 红曲红

红曲红别名红曲米、红米红，是一种对蛋白质着色性能极好的天然色素，被广泛应用于肉制品着色，还具有降低血压、抑制胆固醇合成、降低人体血液中血脂含量等作用。

（1）性能　粉末状，色暗红，无味、无臭。溶于热水及酸、碱溶液。对 pH 稳定。耐光、耐热，几乎不受金属离子和氧化还原剂的影响。

（2）安全性　安全性高，性状稳定。

（3）应用　需按 GB 2760—2024 的规定使用，如在冷冻饮品（食用冰除外）、糖果、饼干、熟肉制品、调味品（盐及代盐制品、香辛料类除外）、果蔬汁（浆）类饮料、蛋白饮料、含乳饮料、碳酸饮料等食品中按生产需要适量使用。

3. β-胡萝卜素

β-胡萝卜素是类胡萝卜素之一，也是橘黄色脂溶性化合物，是自然界中最普遍存在的、最稳定的天然色素。

（1）性能　稀溶液呈橙黄色至黄色，浓度增大时呈橙色。在食品中 pH 2~7 较稳定，且不受还原性物质的影响，但对光、热和氧不稳定，铁离子可促进其褪色。在弱碱性条件下较稳定，在酸性条件下不稳定。

（2）安全性　ADI 无限制性规定，人体摄取β-胡萝卜素后有 30%~90%由粪便排出，若溶于油中，人体吸收较好。

（3）应用　需按 GB 2760—2024 的规定使用，如在调制乳、冷冻饮品（食用冰除外）、蜜饯、焙烤食品中最大使用量为 1.0g/kg；果蔬汁（浆）类饮料、蛋白饮料类、碳酸饮料、风味饮料等食品中的最大使用量为 2.0g/kg。

4. 紫胶红

（1）性能　为红紫或鲜红色粉末，可溶于水，但溶解度差。其色调受 pH 影响，当介质 pH<4.0 时，呈橙黄色；pH 4.0~5.0 时，呈橙红色；pH>6.0 时，呈紫红色；在碱性环境（pH>12.0）中易褐变。在酸性条件下对光、热都稳定，在强碱溶液中褪色，遇铁离子变黑，对维生素 C 稳定。

（2）安全性　紫胶红安全性高，高浓度的紫胶红可染红消化道黏膜。

（3）应用　需按 GB 2760—2024 的规定使用，如在冷冻饮品（食用冰除外）、果酱、可可制品、巧克力和巧克力制品以及糖果、复合调味料、果蔬汁（浆）类饮料、碳酸饮料、配制酒等食品中最大使用量为 0.5g/kg。

二、果蔬汁饮料中着色剂的应用

果蔬汁饮料在热处理时会发生颜色变化，为了保持果蔬汁饮料的色泽，生产厂家会添加着色剂。着色剂溶液一般使用浓度为 1%~10%，使用去离子水配制，避免使用金属器具。

本任务中，以果蔬汁饮料为载体，以果蔬汁饮料中起着色作用的添加剂为任务驱动点，以果蔬汁饮料生产真实的工作过程为导向，进行着色剂的选用及效果评价任务的实施。

（一）果蔬汁饮料中着色剂的选择

由 GB 2760—2024 可知，果蔬汁（浆）类饮料（食品分类号 14.02.03）中允许使用的着色剂如表 13-9 所示。

表 13-9　　果蔬汁饮料中允许使用的着色剂

添加剂名称	功能	最大使用量/(g/kg)
赤藓红及其铝色淀	着色剂	0.05
靛蓝及其铝色淀	着色剂	0.1
黑豆红	着色剂	0.8
红花黄	着色剂	0.2
红曲黄色素	着色剂	适量使用
红曲米，红曲红	着色剂	适量使用
日落黄及其铝色淀	着色剂	0.1
……	……	……

（二）着色剂的调配

食品着色对于色调的要求千变万化，为丰富着色剂的色彩，满足生产中着色的需求，根据颜色技术原理，红、黄、蓝为基本三原色，可将着色剂按其不同的比例和浓度调配出除了白色之外的任何色调，而白色可调整彩色的深浅。其简易调色原理如图 13-1 所示。

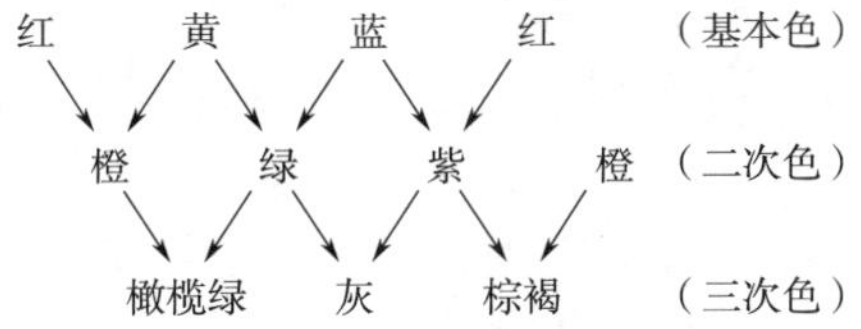

图 13-1　三原色的调色原理

（三）着色剂的安全应用操作

1. 准——强调的是着色剂的添加量要准确

使用着色剂时，要准确称量，以免形成色差。

着色剂在食品中如果添加量过多，其外观感官性质也下降，故有自我限制性。我们应该正确对待着色剂，尽量选择天然着色剂，注意食品安全。

根据 GB 2760—2024 查询结果，以 1kg 果蔬原料加工成饮料为例，设计着色剂在果蔬汁饮料加工中的应用方案，可计算出日落黄 0.1g、天然苋菜红 0.25g/kg。

分组通过实验来对比研究不同着色剂选用方案对果蔬汁饮料品质的影响，从而加深对着色剂作用的理解，培养创新意识。

2. 顺——强调的是着色剂的添加需要严格按照顺序进行

着色剂粉末直接使用时不方便，在食品中分布不均匀，可能形成色素斑点，在使用前宜先用少量蒸馏水或去离子水混匀后，在搅拌下缓慢加入沸水，配制成溶液使用。配制好的着色剂溶液要现配现用，久置后易析出沉淀或变色。如对光不够稳定的着色剂会发生变色现象，而且气温较高时着色剂溶液水分蒸发速度加快，造成色素浓度提高而产生“浓缩效应”。

为避免各种因素对各种色素的影响，着色剂应尽可能在最后加入。

3. 匀——强调的是着色剂要与原料充分混合均匀

添加时间：在加工最后加入，与原料充分混合均匀。

染色适度：使用着色剂，即使不超过使用标准，也不要将果蔬汁饮料染得过于鲜艳，要掌握住分寸，染色要注意符合自然和均匀统一。

（1）混合法　适用于液态、浆状、膏状食品。

（2）涂抹法　适用于不可搅拌的固态食品。

（四）着色剂使用的注意事项

使用着色剂时应注意务必使用经国家批准的食用色素，其使用量和使用范围应符合 GB 2760—2024 的规定，使用前应详细了解所用着色剂的溶解性、耐光性、耐热性、耐氧化性等特性。使用时还应注意以下 6 点。

（1）准确称量　溶液应按每次的用量准确配制。

（2）现配现用，使用浓度适宜　配制成溶液（1%～10%）使用，过浓的溶液难以使色调均匀。

（3）溶剂选择　配制溶液所用水必须选用蒸馏水或去离子水。

（4）器皿选择　宜采用玻璃、陶器、搪瓷、不锈钢和塑料等耐腐蚀的清洁容器具，避免使用金属器具，防止金属离子对色素稳定性的影响。

（5）添加时机　色素应尽可能在最后加入。着色剂溶液久置时，对光不够稳定的着色剂会发生变色现象。

（6）染色适度　要选用溶解性、浸透性、染着性等性质相近的着色剂混合使用，相同色泽的着色剂复配符合加和原则，染色适度。

三、果蔬汁饮料着色剂的效果评价

将着色剂配制成溶液后，边搅拌边加入果蔬汁饮料中，进行感官评定。

着色剂的作用将会影响到果蔬汁饮料的色泽。由经验丰富的食品专家 10 人组成鉴评组，就储藏一定时间的果蔬汁饮料的色泽进行效果的评价，满分为 10 分。颜色感官评价标准见表 13-10。并使用手持式色度仪测定果蔬汁饮料色度指标（*Lab* 值）。

表 13-10　颜色感官评价标准

分值/分	8.0～10.0	6.0～7.9	4.0～5.9	0～3.9
色泽评分标准	色泽自然，着色力强，有透明感	色泽较自然，着色力较强，较有透明感	色泽不自然，着色偏浓或偏淡，无透明感	色泽不自然，着色较浓或较淡，浑浊分层

用手持色度仪测定色差值。其中 L 表示黑白（亮暗），+表示偏白，-表示偏暗；a 表示红绿，+表示偏红，-表示偏绿；b 表示黄蓝，+表示偏黄，-表示偏蓝。

子任务三 着色剂日落黄的测定

学习目标

知识目标

1. 掌握着色剂含量测定原理。
2. 掌握国家标准对着色剂的限量标准。

能力目标

1. 能正确对样品进行预处理。
2. 能正确使用高效液相色谱法测定日落黄含量。
3. 能正确处理数据，并评价样品中着色剂日落黄是否超标。

素质目标

1. 通过查询标准，评价样品中日落黄是否超标，强化责任意识，增强食品安全意识和食品合规意识。

2. 通过分组配制试剂、预处理样品、使用高效液相色谱仪，培养独立思考的能力，增强分析问题与处理问题的能力。

3. 在着色剂日落黄的测定过程中，培养团队协作的能力，树立勤于动手的劳动精神，并积极弘扬严谨规范测定日落黄的职业精神，助力健康中国建设。

必备知识

一、着色剂的检测依据及适用范围

高效液相色谱法的依据是 GB 5009. 35—2023《食品安全国家标准　食品中合成着色剂的测定》第一法。其测定原理为：试样中的合成着色剂用乙醇氨水溶液提取，经固相萃取净化后，用配有二极管阵列检测器的高效液相色谱仪测定，外标法定量。

适用于食品中 11 种合成着色剂（柠檬黄、新红、苋菜红、靛蓝、胭脂红、日落黄、诱惑红、亮蓝、酸性红、喹啉黄和赤藓红）的测定。

二、着色剂的检出限及定量限

当样品取样量为 2g，定容体积为 2mL 时，柠檬黄、新红、胭脂红、日落黄、喹啉黄、赤藓红的检出限均为 0. 5mg/kg，定量限均为 1. 5mg/kg；苋菜红、诱惑红、亮蓝、酸性红、靛蓝的检出限均为 0. 3mg/kg，定量限均为 1. 0mg/kg。

任务实施

一、所需仪器设备和试剂的准备

1. 仪器设备

（1）高效液相色谱仪：带二极管阵列检测器。

（2）天平：感量分别为 1mg 和 0.1mg。

（3）pH 计：精度为 0.01。

（4）电动搅拌器：转速范围为 30~2000r/min。

（5）涡旋混合器。

（6）高速离心机：转速不小于 15000r/min。

（7）固相萃取装置。

（8）氮气浓缩装置。

GB 5009.35—2023《食品安全国家标准 食品中合成着色剂的测定》（文本）

（9）WAX 混合型弱阴离子交换反相吸附或等效固相萃取柱，150mg/6mL。

（10）针筒过滤器，PVDF（聚偏氟乙烯）或 PTFE（聚四氟乙烯）滤膜，孔径为 0.45μm。

2. 试剂及溶液

（1）乙醇氨水溶液　量取无水乙醇 700mL，加入 4mL 氨水，用水稀释至 1L，混匀。

（2）5%甲醇水溶液　移取甲醇（色谱纯）5mL，用水稀释并定容至 100mL，混匀。

（3）2%氨水甲醇溶液　移取 2mL 氨水，用甲醇稀释至 100mL。

（4）乙酸铵溶液（20mmol/L）　称取1.54g 乙酸铵（色谱纯），加水溶解并稀释至 1000mL。

（5）乙酸铵缓冲溶液　乙酸铵溶液加氨水调 pH 至 9.0。

（6）2%甲酸水溶液　移取甲酸 2mL，用水稀释至 100mL。

（7）日落黄（CAS 号：2783-94-0）　纯度≥90.0%，或经国家认证并授予标准物质证书的标准品。

（8）标准储备液（1.0mg/mL）　准确称取按其纯度折算为100%质量的标准品（日落黄）100mg（精确至 0.1mg），加水溶解并分别置于 100mL 容量瓶中，定容至刻度，摇匀，得到浓度为 1.0mg/mL 的标准储备液。标准储备液可于 4℃下避光保存 6 个月。

（9）混合标准中间液（50.0μg/mL）　吸取上述标准储备液（1.0mg/mL）5.00mL 于 100mL 容量瓶中，用水稀释至刻度，摇匀，得到混合标准中间液（各合成着色剂浓度均为 50.0μg/mL），临用现配。

（10）标准系列工作液　吸取混合标准中间液 0，0.2，0.5，1.0，2.0，5.0 和 10.0mL 于 50mL 容量瓶中，用水稀释至刻度，摇匀，得到标准系列工作液。浓度分别为 0，0.2，0.5，1.0，2.0，5.0 和 10.0μg/mL。

二、样品预处理

1. 液体类试样（饮料、配制酒、调制乳、调味糖浆、风味发酵乳等）、冷冻饮品（风味冰、冰棍类）

准确称取试样 2g（精确至 0.001g），冷冻饮品可先温水浴加热融化再称样，置于

50mL 具塞离心管中，加入适量乙醇氨水溶液，涡旋 1min，5000r/min 离心 5min，并用乙醇氨水溶液定容至 50mL，即得提取液；准确吸取上清液 10mL，50℃下氮气浓缩至 3mL 左右，分 2~3 次共加入 10mL 5%甲醇水溶液溶解，作为待净化液。

2. 试样净化

（1）活化　依次用 6mL 甲醇和 6mL 水活化固相萃取柱，保持柱体湿润。

（2）上样　活化后立即将待净化液以 2~3s 1 滴的流速加载到固相萃取柱上。

着色剂日落黄的检测（微课）

（3）淋洗　依次用 6mL 2%甲酸水溶液和 6mL 甲醇淋洗固相萃取柱，弃去淋洗液，真空抽 2min 至柱体近干。

（4）洗脱　用 6mL 2%氨化甲醇溶液洗脱，分两次加入，每次 3mL，流速低于 2~3s 1 滴，收集洗脱液，于 50℃氮气浓缩至近干，准确加入 2mL pH 为 9.0 的乙酸铵缓冲溶液溶解，溶液用针筒过滤器，孔径 0.45μm 的滤膜过滤，弃去 2~5 滴初滤液，取续滤液作为待测液。

三、成分分析

1. 高效液相色谱参考条件

（1）色谱柱：C_{18} 柱，4.6mm×250mm，5μm，或同等性能色谱柱。

（2）进样量：10μL。

（3）柱温：30℃。

（4）二极管阵列检测器波长范围：400~800nm。检测波长：415nm（柠檬黄、喹啉黄），520nm（新红、苋菜红、胭脂红、日落黄、诱惑红、酸性红和赤藓红），610nm（靛蓝、亮蓝）。

（5）参考洗脱梯度见表 13-11，其中流动相 A 为 20mmol/L 乙酸铵溶液，流动相 B 为甲醇。

表 13-11　　参考洗脱梯度表

时间/min	流速/（mL/min）	A/%	B/%
0	1.0	90	10
12.0	1.0	60	40
19.0	1.0	50	50
22.5	1.0	45	55
24.0	1.0	5	95
33.0	1.0	5	95
34.0	1.0	90	10
42.0	1.0	90	10

2. 标准曲线制作

将标准系列工作液分别注入液相色谱仪中，测定相应物质的峰面积，以标准系列工作液中该物质的浓度为横坐标，以该物质峰面积的响应值为纵坐标，绘制标准曲线。11 种合成着色剂标准溶液（10μg/mL）高效液相色谱图如图 13-2 所示。

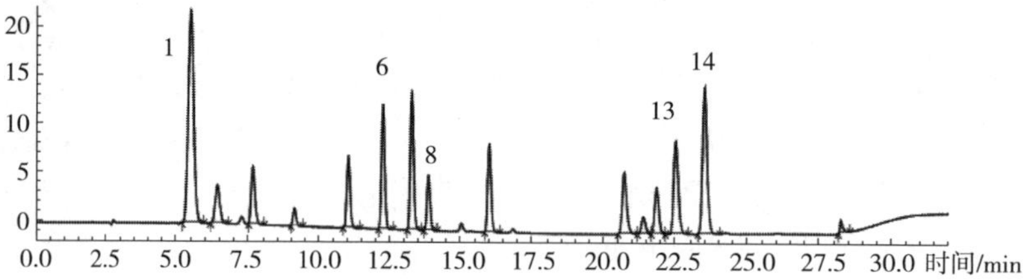

（a）检测波长415nm

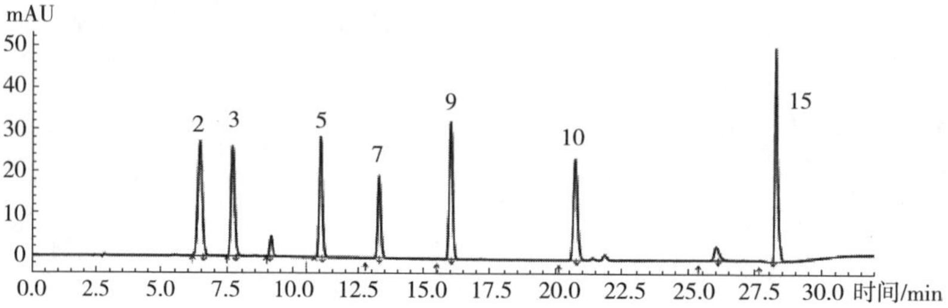

（b）检测波长520nm

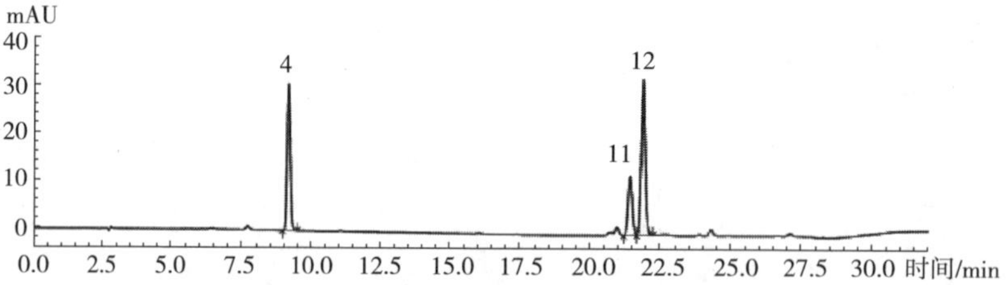

（c）检测波长610nm

图 13-2　11 种合成着色剂标准溶液（10μg/mL）高效液相色谱图

1—柠檬黄　2—新红　3—苋菜红　4—靛蓝　5—胭脂红　6—喹啉黄 1　7—日落黄　8—喹啉黄 2　9—诱惑红　10—酸性红　11—亮蓝 1　12—亮蓝 2　13—喹啉黄 3　14—喹啉黄 4　15—赤藓红

3. 试样的测定

将试样溶液注入液相色谱仪中，得到对应的峰面积，根据标准曲线计算得到待测液中的各物质浓度。

四、结果记录并分析处理

采用高效液相色谱法测定不同浓度合成着色剂标准使用液的峰面积，记录在任务工单中，以合成着色剂（如日落黄）标准使用液浓度（μg /mL）为横坐标，相应的峰面积 A 为纵坐标，拟合出标准曲线。

测定试样液中合成着色剂（如日落黄）的峰面积 A，带入标准曲线中，计算得出试样液中合成着色剂（如日落黄）的质量浓度 c，试样中合成着色剂（如日落黄）的含量按下式进行计算。

$$X = \frac{c \times V_1 \times V_2}{V_3 \times m \times 1000}$$

式中 X——试样中合成着色剂的含量，g/kg；

c——由标准曲线计算得到的待测液中合成着色剂浓度，μg/mL；

V_1——样品经净化洗脱后的最终定容体积，mL；

V_2——样品提取液体积，mL；

V_3——用于净化分取的样品提取液体积，mL；

m——试样的取样量，g；

1000——换算系数。

结果保留 3 位有效数字。

五、结果判断

GB 2760—2024 规定日落黄及其铝色淀在各种食品中最大使用量及残留量见表 13-12。

表 13-12　日落黄及其铝色淀着色剂的使用范围、最大使用量及残留量

日落黄及其铝色淀　**sunset yellow，sunset yellow aluminum lake**

CNS 号　08.006　INS 号　110

功能　着色剂

食品分类号	食品名称	最大使用量/(g/kg)	备注
01.01.03	调制乳	0.05	以日落黄计
01.02.02	风味发酵乳	0.05	以日落黄计
03.0	冷冻饮品（03.04 食用冰除外）	0.09	以日落黄计
05.0	可可制品、巧克力和巧克力制品（包括代可可脂巧克力及制品）以及糖果（05.01.01、05.04 除外）	0.1	以日落黄计
14.02.03	果蔬汁（肉）饮料	0.1	以日落黄计
14.03.01	含乳饮料	0.05	以日落黄计
……	……	……	

六、注意事项

试样处理要彻底去除油脂、蛋白、糖、淀粉、乙酸、醇类等杂质，以免影响吸附及色谱分离效果。

相关知识

一、酸度调节剂的发展趋势

酸度调节剂在食品工业中的应用极为广泛，它是食品、饮料行业的重要原料之一。其中柠檬酸居世界酸度调节剂之首。美国是全球最大酸度调节剂市场，柠檬酸的消耗量最大，磷酸则为美国饮料行业使用的第二大酸度调节剂。我国目前仍以使用柠檬酸为主，其他酸尚处于起步阶段，产量不大。

由于苹果酸酸味柔和，持久性长，从理论上说，苹果酸可以全部或大部分取代用于食品及饮料中的柠檬酸，但由于柠檬酸的应用历史悠久，柠檬酸已被公认为许多食品酸的标准，因此苹果酸在酸度调节剂市场的地位很难超过柠檬酸。虽然美国大多数饮料一般不愿轻易改用苹果酸代替柠檬酸，但一些低热量饮料生产厂已用苹果酸代替柠檬酸，原因是苹果酸能掩盖一些蔗糖的代替物所产生的后味。

值得注意的是，富马酸近几年来在国际市场上的销售量增长较快。低浓度的富马酸可用来代替柠檬酸，在美国广泛应用于固体饮料中。但其溶解度低，而且酸味刺激性较强，要真正打进柠檬酸所占据的市场，必须克服其在低温条件下水中溶解度低的弱点。

来自葡萄酒发酵时沉淀品中的酒石酸，近年来在食品与饮料中的应用逐年增长。国内目前酒石酸的生产主要采用马来酸酐与过氧化氢反应制取顺式环氧琥珀酸，再经水解酶作用制得消旋酒石酸，产品存在成本高、产量低等缺点，亟待开发成本低的酒石酸生产工艺。

世界酸度调节剂市场充满活力，可以预见的是未来柠檬酸将继续居酸度调节剂市场首位，而富马酸在酸度调节剂市场上也很受欢迎，销量迅速上升并对原来的市场形成新的冲击。

二、着色剂的发展趋势

1. 发展“天然、营养、多功能”的食用天然色素

目前我国批准使用的约50种天然色素中，有多种是功能性天然色素。

天然β-胡萝卜素，进入人体后可裂解成2个分子的维生素A，而维生素A有使上皮细胞健全、保持正常视觉、提高免疫力等多种生理功能。

红曲米中含降血脂物质洛伐他汀，作为着色剂用于食品中，有助于使人体内血脂达到正常平衡。不少以类黄酮为天然色素的物质有抗氧化功能或软化血管功能。

2. 加强原料的综合利用并采用高新技术完善和改进原有工艺

在食用天然色素的生产和进一步的加工过程中，可采用的高新技术包括基因工程、细胞工程、发酵工程、吸附色谱、离子交换技术、凝胶过滤、超滤、超临界CO_2流体萃取、亲和层析、冷冻干燥等。这些高新技术的应用可提高色素的收率，扩大产量，增加纯度，保证质量，降低成本，提高经济效益。如用辣椒生产辣椒红色素，同时可提取辣椒碱，辣椒渣可做辣椒粉、辣椒酱，剩余种子可生产辣椒碱和辣椒油。

3. 研究不被人体吸收的聚合色素

将有色化合物与一个惰性聚合物的主干相连，制成大分子聚合物。这种大分子化合物性质稳定，不易分解，具有与原有色化合物相似的色谱，并可用于食品着色。由于聚合物着色剂的分子巨大（一般相对分子质量大于20000），不被人体吸收，不能进入血液，所以不产生危害。

三、其他类型样品预处理方法

1. 固体类试样

固体类试样包括加工水果、腌渍的蔬菜、糖果、酱及酱制品、香辛料、果冻、杂粮粉及其制品、面糊淀粉及淀粉类制品、胶原蛋白肠衣、即食谷物、谷类和淀粉类甜品、糕点上彩装、蛋卷、焙烤食品馅料及表面用挂浆等。

准确称取试样 2g（精确至 0.001g），置于 50mL 具塞离心管中，先加入适量水（2~5mL），50℃水浴加热混匀样品，加入 25mL 乙醇氨水溶液，涡旋 1min，50℃超声或振摇（速率≥250r/min）提取 20min，8000r/min 离心 5min，取上清液置于 50mL 容量瓶中，每次加入约 5~10mL 乙醇氨水溶液，重复提取操作至上清液无明显颜色，离心后合并上清液，用乙醇氨水溶液定容至 50mL，即得提取液。准确吸取提取液 10mL，50℃氮气浓缩至 3mL 左右，分 2~3 次共加入 10mL 5%甲醇水溶液溶解，作为待净化液。

2. 含油量较大的试样

含油量较大的试样包括可可制品、巧克力和巧克力制品、调制乳粉、调制奶油粉、调制炼乳、膨化食品、加工坚果与籽类、熟制豆类、糕点、熟肉制品、复合调味料和冰淇淋、雪糕等。

准确称取试样 2g（精确至 0.001g），置于 50mL 具塞离心管中，加入 20mL 石油醚，涡旋 1min，超声或振摇（速率≥250r/min）提取 10min，8000r/min 离心 5min，弃去上清液，油脂含量较高的可重复提取一次，弃去上清液，加入 25mL 乙醇氨水溶液，涡旋 1min，50℃超声或振摇（速率≥250r/min）提取 20min，8000r/min 离心 5min（若离心后提取液仍然浑浊，可转入高速离心机专用管，15000r/min 离心 5min），取上清液置于 50mL 容量瓶中，每次加入约 5~10mL 乙醇氨水溶液，重复提取操作至上清液无明显颜色，离心后合并上清液，用乙醇氨水溶液定容至 50mL，即得提取液。准确吸取提取液 10mL，50℃氮气浓缩至 3mL 左右，分 2~3 次共加入 10mL 5%甲醇水溶液溶解，作为待净化液。

食品添加剂在果蔬汁饮料中的综合选用自查试题（在线测试）

思考题

1. 我国常用的酸度调节剂有哪些？请举两例说明。
2. 酸度调节剂的使用注意事项有哪些？
3. 简述着色剂使用的注意事项。
4. 简述着色剂的安全性。
5. 课后研创：请根据某果蔬汁饮料的配料表，请指出使用了哪种酸度调节剂和着色剂，并指出它们分别在本产品中的作用。

××果汁饮料配料表：水、果葡糖浆、白砂糖、浓缩红桔汁、食盐、食品添加剂（二氧化碳、柠檬酸、D-异抗坏血酸、甜蜜素、D-异抗坏血酸钠、山梨酸钾、β-胡萝卜素、食用香精）原果汁含量≥2.5%

任务十四

食品添加剂在蜜饯中的综合选用

蜜饯（Preserved fruit）是一种以果蔬等为主要原料，添加（或不添加）食品添加剂和其他辅料，经糖或蜂蜜或食盐腌制（或不腌制）等工艺制成的制品。包括蜜饯类、凉果类、果脯类、话化类、果糕类和果丹类等。

一、蜜饯中常用的食品添加剂的种类和作用

本任务以蜜饯为载体，以蜜饯生产真实的工作过程为导向，进行食品添加剂的综合选择及效果评价任务的实施。蜜饯中常用食品添加剂的种类和作用见表 14-1。

表 14-1　　蜜饯中常用食品添加剂的种类和作用

食品添加剂种类	品种	主要作用	添加方法	注意事项
漂白剂	硫磺、二氧化硫、焦亚硫酸钾、焦亚硫酸钠、亚硫酸钠、亚硫酸氢钠、低亚硫酸钠	①漂白作用：使有色食品褪色、防止褐变； ②防腐作用； ③抗氧化作用	①先配制成漂白剂溶液； ②在漂白硬化步骤直接加入原料中； ③根据 GB 2760—2024 规定的最大使用量进行添加	①硫磺只限于熏蒸； ②最大使用量以二氧化硫残留量计
甜味剂	糖精钠、三氯蔗糖、甜蜜素、甘草酸铵、阿斯巴甜、甜菊糖苷等	①提高甜味口感； ②调节风味和增强； ③不良风味的掩蔽	①在浸糖步骤直接加入腌制液中； ②根据 GB 2760—2024 规定的最大使用量进行添加	加水溶解，搅拌均匀。复配使用，消除异味
着色剂	苋菜红、红花黄、β-胡萝卜素、柠檬黄及其铝色淀、日落黄及其铝色淀等	①改善加工食品的色泽； ②赋予食品以颜色，增加消费者的购买欲； ③使制品色泽统一； ④帮助区分、识别食品	①先配制成着色剂溶液； ②在腌制步骤加入腌制液中； ③根据 GB 2760—2024 中规定的最大使用量进行添加	详见任务十三
防腐剂	苯甲酸及其钠盐、山梨酸及其钾盐、ε-聚赖氨酸盐酸盐等	①防腐； ②延长保质期	①在浸糖腌制步骤加入，尽早加入； ②根据 GB 2760—2024 中规定的最大使用量进行添加	详见任务八
乳化剂	双乙酰酒石酸单双甘油酯、硬脂酸镁、单，双甘油脂肪酸酯、酪蛋白酸钠等	①乳化作用； ②有助于两相混溶； ③增强悬浮液稳定性	①先配制成乳化剂溶液； ②在腌制步骤直接加入，加入时间不可过早； ③根据 GB 2760—2024 中规定的最大使用量进行添加	详见任务四

续表

食品添加剂种类	品种	主要作用	添加方法	注意事项
增稠剂	瓜尔胶、果胶、海藻酸钠、槐豆胶、黄原胶、卡拉胶、羧甲基纤维素钠等	①增稠、分散和稳定作用； ②胶凝作用和凝聚澄清作用； ③保水作用； ④控制结晶作用； ⑤成膜保鲜作用	①先配制成增稠剂溶液； ②在腌制步骤直接加入； ③根据 GB 2760—2024 中规定的最大使用量进行添加	详见任务五
酸度调节剂	乳酸钙、乳酸、乳酸钠、碳酸钾、碳酸氢钠、L-苹果酸、柠檬酸等	①调节酸度； ②调节 pH	①在预煮、腌制步骤直接加入； ②根据 GB 2760—2024 中规定的最大使用量进行添加	详见任务十三

二、蜜饯的制作

（一）蜜饯中食品添加剂的综合选择

结合 GB 2760—2024 和企业加工实例，综合设计蜜饯（食品分类号 04. 01. 02. 08. 01）中食品添加剂的使用方案，如表 14-2 所示。

表 14-2　蜜饯中食品添加剂的综合选择

添加剂名称	功能	最大使用量/（g/kg）	备注
亚硫酸钠	漂白剂	0. 35	最大使用量以二氧化硫残留量计
亚硫酸氢钠	漂白剂	0. 35	
糖精钠	甜味剂、增味剂	1. 0	
三氯蔗糖	甜味剂	1. 5	
日落黄	着色剂	0. 1	
天然苋菜红	着色剂	0. 25	
苯甲酸及其钠盐	防腐剂	0. 5	以苯甲酸计
单，双甘油脂肪酸酯	乳化剂	按生产需要适量使用	
果胶	增稠剂	按生产需要适量使用	
柠檬酸	酸度调节剂	按生产需要适量使用	

（二）蜜饯的加工工艺

果脯原料→清洗去杂→漂白硬化→预煮→浸糖→干渍→干燥→杀菌→包装→检验

（三）蜜饯的参考配方

果脯1000g，白砂糖500g，冰糖400g，蜂蜜200g，甘草75g，丁香4.5g，茴香5.0g，肉桂皮45g，陈皮15g，食品添加剂（日落黄0.05g，天然苋菜红0.3g，三氯蔗糖1.0g，阿斯巴甜1.0g，亚硫酸钠0.3g，亚硫酸氢钠0.3g，苯甲酸钠0.5g，单、双甘油脂肪酸酯3g，果胶1g，柠檬酸0.5g），水2000g。

（四）操作要点

1. 果脯原料精选

果脯制作的基本原理是利用高浓度糖液的较高渗透压，析出果实中的多余水分，在果实的表面与内部吸收适合的糖分，形成较高的渗透压，抑制各种微生物的生存而达到保藏的目的。根据这一原理，在制作果脯时应注意选择果实含水量较少、固形物含量较高的品种。

2. 清洗去杂

清洗时需要使用食品级洗涤剂和干净的水，将果实表面的灰尘、沙土、虫卵等不洁物清洗干净。

3. 漂白硬化

（1）漂白处理　先配制0.2%~0.6%的亚硫酸盐溶液，然后将原料置入该溶液中，浸泡6~10min，取出来立即用自来水冲洗浸漂。将护色处理后的原料，在自来水中浸漂，以去掉二氧化硫的残留。

（2）硬化处理　利用石灰、氯化钙、明矾等钙和铝的盐类，其离子与原料中的果胶物质反应生成果胶酸盐，增加原料的硬度。

4. 预煮

（1）一次煮成法　一次煮成法主要用于加工水果果实含水量较低、细胞间隙较大、组织结构较疏松的果类，例如苹果、枣等。

（2）多次煮制法　多次煮制法适用于果实含水量较高、细胞较厚、组织结构较致密、煮制过程中容易糜烂的果类。

5. 浸糖

将预处理好的水果加入白糖、蜂蜜或者其他糖浆中，煮沸后加入柠檬等食品添加剂。

6. 干渍干燥

将果实中多余的水分脱除，使制品表面形成一层“糖衣”，抑制微生物，达到较长时间保藏的目的。

三、产品效果评价

蜜饯的感官评价标准见表14-3。

表 14-3　　蜜饯的感官评价标准

项目	组织形态（20%）	气味（20%）	色泽（20%）	质地（20%）	口感滋味（20%）
评分标准（80~100 分）	蜜饯组织饱满，完整，无异物	香味自然、具有蜜饯特有的风味，无异味	有蜜饯应有的色泽，色泽自然，光泽度高，有透明感	韧性好，质地柔软，有嚼劲	酸甜可口，味感协调、柔和
评分标准（60~79 分）	蜜饯组织较完整，较饱满，无异物	有香味、稍有蜜饯特有的风味，稍有异味	有一定的蜜饯应有的色泽，色泽较自然，较有光泽，较有透明感	韧性较好，质地较柔软，有嚼劲	甜度好，酸度适中，味感较协调，较柔和
评分标准（40~59 分）	蜜饯组织不完整，较饱满，稍有异物	香味淡、略有蜜饯的风味，有一些异味	蜜饯颜色较深，色泽不自然，光泽度差，透明感弱	韧性较差，质地较硬，嚼劲差	甜度较高或较低，味感不协调，较柔和
评分标准（0~39 分）	蜜饯干瘪，组织凹陷，有异物，有霉变	无香味、无蜜饯特有的风味，有较浓的异味	蜜饯颜色深，色泽不自然，无光泽，无透明感	韧性差，质地硬，无嚼劲	甜度很高或很低，味感很不协调，不柔和

子任务一　漂白剂的选用及效果评价

学习目标

知识目标

1. 掌握漂白剂的定义、种类、特性和作用。
2. 掌握漂白剂在果蔬制品中的漂白机理和使用注意事项。

能力目标

1. 能正确分析漂白剂的安全性。
2. 能根据产品特点，安全设计出漂白剂的选用方案。
3. 能依据国家标准按蜜饯加工需求计算食品中漂白剂的添加量。
4. 能对漂白剂的使用进行作用效果评价。

素质目标

1. 通过查询标准，分析漂白剂的作用和安全性，强化辩证思维，增强食品安全意识和食品合规意识，培养社会责任感。

2. 通过分组设计蜜饯中漂白剂的选用方案，培养独立思考的能力，增强创新创业意识。

3. 在漂白剂的选用及效果评价过程中，培养团队协作能力，树立勤于动手的劳动精神，并积极弘扬安全规范使用漂白剂的职业精神，助力健康中国建设。

必备知识

一、漂白剂的定义

漂白剂（Bleaching agent）是指能破坏或抑制食品的发色因素，使色素褪色或使食品免于褐变的食品添加剂。漂白剂不同于吸附法除去着色物质的脱色剂。

漂白剂在蜜饯漂白中的应用（微课）

食品的色、香、味是消费者评价食品的重要依据，色泽是决定食品感官质量的重要指标。在食品加工中，常因发生褐变作用而影响外观。因此，漂白对于食品色泽有重要的作用。

功能分类代码：05。

二、漂白剂的种类

1. 还原型漂白剂

具有还原性的漂白剂，通过其所产生的二氧化硫的还原作用使食品中的色素氧化分解而褪色。如二氧化硫、焦亚硫酸钾、亚硫酸氢钠、低亚硫酸钠、焦亚硫酸钠、亚硫酸钠和硫磺。

我国主要使用还原型漂白剂，并且大都属于亚硫酸及其盐类化合物。其作用比较缓和，但是被其漂白的色素物质一旦再被氧化，可能重新显色。

2. 氧化型漂白剂

具有氧化性的漂白剂，使食品中的色素受氧化作用而分解褪色。如：过氧化氢、高锰酸钾和稳定态二氧化氯等。

氧化型漂白剂性质普遍都不稳定，易于分解，漂白作用比较强但不能持久，会破坏食品中的营养成分，有的甚至有异味，一般很少用于食品漂白。

三、还原型漂白剂（亚硫酸盐类）的作用

亚硫酸盐都能产生还原性亚硫酸，仅适用于植物性食品，其作用主要表现在以下三方面。

1. 漂白作用

（1）使有色食品褪色　大多数的有机物的颜色是由其分子中所含的发色基团产生的。发色基都含有不饱和键，还原型漂白剂释放氢原子可使发色基所含的不饱和键变成单键，有机物便失去颜色。对花色素苷作用明显，类胡萝卜素次之，而叶绿素则几乎不褪色。

漂白剂作用机理（微课）

如图 14-1 所示，以品红褪色过程举例。二氧化硫或亚硫酸盐溶于水后生成亚硫酸与品红分子直接结合，亚硫酸提供的氢不断地转移（路径：1→2→3→4），将原本显色的共轭体系打破，生成了三苯结构的化合物，溶液颜色褪去。该无色化合物遇热不稳定，又可分解为共轭体系，

恢复显色结构。

（2）防止褐变

①抑制酶促褐变：主要是对引起褐变的多酚氧化酶有强抑制作用，1mg/kg 的 SO_2 就能降低 20%的酶活力，10mg/kg 的 SO_2 就能完全抑制酶活力。亚硫酸盐漂白剂对苹果酶促褐变的影响见图 14-2。

品红脱色实验
（微课）

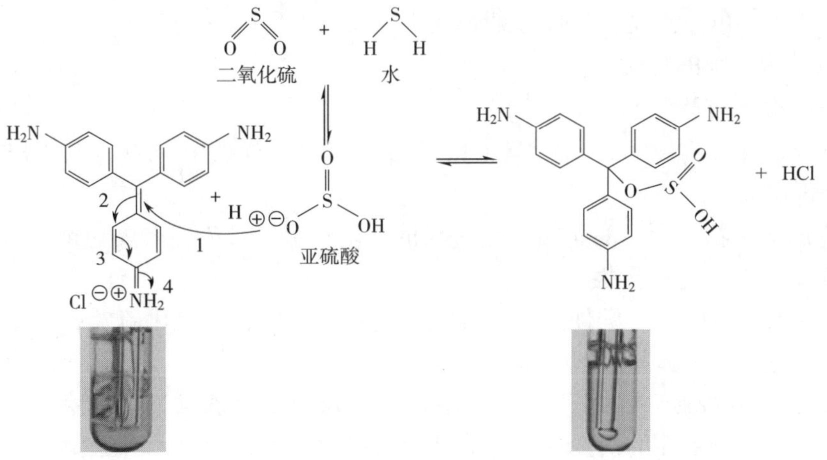

图 14-1　亚硫酸盐漂白剂影响品红褪色过程的原理

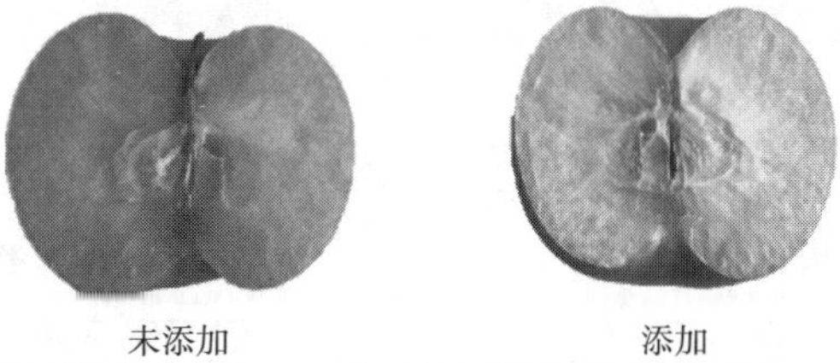

苹果漂白实验
（微课）

图 14-2　未添加与添加亚硫酸盐漂白剂对苹果酶促褐变的影响

②抑制非酶促褐变：能与葡萄糖、蔗糖等糖类分子结构中的羰基进行加成反应，阻止羰氨反应。

③抑制 Fe^{3+} 引起的褐变：将 Fe^{3+} 还原为 Fe^{2+}，防止食品褐变。

2. 防腐作用

亚硫酸是强还原剂，能消耗组织中的氧气，抑制好气性微生物的活动，并能抑制某些微生物活动所必需的酶活性，起防腐作用的为未电离的亚硫酸分子，因此要注意在酸性条件和低温条件下使用。亚硫酸的防腐作用随其浓度的提高而增强。

3. 抗氧化作用

亚硫酸有显著的抗氧化作用。由于亚硫酸是强还原剂，它能消耗果蔬组织中的氧，抑制氧化酶的活性，对于防止果蔬中维生素 C 的氧化破坏很有效。

任务实施

一、漂白剂的选择

漂白剂有漂白、防腐、抗氧化的作用，在食物的加工、保鲜领域发挥着重要作用。规范使用漂白剂，可以安全保留食品的口感和质地。如通过硫磺熏蒸的方法，可以大幅提高蜜饯的脱水速率，色泽鲜亮，且保存期长，不易发霉变质。

1. 还原型漂白剂的特性

（1）最终都通过产生 SO_2 起作用。

（2）在食品中要有一定的残留量，只有当其存在于食品中时方能发挥作用，一旦消失，食品会再次显色。

（3）适用于植物性食品的防腐、漂白和抗氧化作用，对鱼、肉等动物性食品不适用。

2. 还原型漂白剂的安全性

按 GB 2760—2024 规定的使用范围和最大使用量使用，二氧化硫及各种亚硫酸盐是安全的。二氧化硫和亚硫酸盐经代谢成硫酸盐后，从尿液排出体外，并无任何明显的病理后果。但有报告某些哮喘病人对亚硫酸或亚硫酸盐有反应，可诱发过敏性疾病和哮喘，以及二氧化硫及其衍生物潜在的诱变性，可能会损害肝脏，使人体血红细胞减少。SO_2 具有明显的刺激性气味，经亚硫酸盐或 SO_2 处理的食品，如果残留量过高就可产生可觉察的异味，对眼和呼吸道有强的刺激性。

3. 常用的还原型漂白剂

常用还原型漂白剂的特性见表 14-4，常用还原型漂白剂的使用范围、最大使用量及残留量见表 14-5。

表 14-4　常用还原型漂白剂的特性比较

名称	性质	溶解性	稳定性	有效 SO_2/%
二氧化硫	无色气体，有强烈刺激臭味	易溶于水和乙醇	溶于水而成为亚硫酸	100
亚硫酸钠	白色粉末或结晶	易溶于水，微溶于乙醇，水溶液呈碱性	空气中缓慢氧化为硫酸盐，与酸反应产生 SO_2	50.84
焦亚硫酸钠	白色结晶或粉末，带 SO_2 气味	易溶于水和甘油，微溶于乙醇，1%水溶液的 pH 为 4.0~5.5	不稳定，在空气放出 SO_2 而分解	57.65
焦亚硫酸钾	白色或无色结晶，带 SO_2 气味	可溶于水，难溶于乙醇，1%水溶液的 pH 为 3.4~4.5	150℃时分解，在空气中逐渐氧化为硫酸盐，与酸反应产生 SO_2	57.65

续表

名称	性质	溶解性	稳定性	有效 SO_2/%
低亚硫酸钠	白色或灰白色结晶性粉末，稍臭	易溶于水，不溶于乙醇	极不稳定，易氧化分解，受潮或暴露于空气中会失效，并可能燃烧，还原与漂白能力最强	73.56
亚硫酸氢钠	白色结晶性粉末，有 SO_2 气味	易溶于水，微溶于乙醇，1%水溶液的 pH 为 4.0~5.5	在空气中缓慢氧化为硫酸钠，受热分解，遇无机酸分解产生 SO_2	61.59
硫磺	黄色或浅黄色晶粒、片状或粉末	不溶于水，稍溶于乙醇，溶于二硫化碳、四氯化碳和苯	容易燃烧，燃烧后产生 SO_2	

表 14-5　　常用还原型漂白剂的使用范围、最大使用量及残留量

二氧化硫，焦亚硫酸钾、焦亚硫酸钠、亚硫酸钠、亚硫酸氢钠、低亚硫酸钠　　**sulfur dioxide, potassium metabisulphite, sodium metabisulphite, sodium sulfite, sodium hydrogen sulfite**

CNS 号　05.001，05.002，05.003，05.004，05.005，05.006　　INS 号　220，224，223，221，222，—

功能　漂白剂、防腐剂、抗氧化剂

食品分类号	食品名称	最大使用量/(g/kg)	备注
04.01.01.02	经表面处理的鲜水果	0.05	最大使用量以二氧化硫残留量计
04.01.02.02	水果干类	0.1	
04.01.02.05	果酱	0.1	
04.01.02.08	蜜饯	0.35	
04.02.02.02	干制蔬菜	0.2	
04.02.02.02	干制蔬菜（仅限脱水马铃薯）	0.4	
04.02.02.03	腌渍的蔬菜	0.1	
……	……	……	

二、蜜饯制作中漂白剂的应用

本任务中，以蜜饯为载体，以蜜饯中起漂白作用的添加剂为任务驱动点，以蜜饯生产真实的工作过程为导向，进行漂白剂的选用及效果评价任务的实施。

（一）蜜饯中漂白剂的选择

由 GB 2760—2024 查得，蜜饯（食品分类号 04.01.02.08）中允许使用的漂白剂如表

14-6 所示。

表 14-6　　蜜饯中允许使用的漂白剂

添加剂名称	功能	最大使用量/(g/kg)	备注
二氧化硫，焦亚硫酸钾，焦亚硫酸钠，亚硫酸钠，亚硫酸氢钠，低亚硫酸钠	漂白剂、防腐剂、抗氧化剂	0.35	最大使用量以二氧化硫残留量计
硫磺	漂白剂、防腐剂	0.35	只限用于熏蒸，最大使用量以二氧化硫残留量计

根据漂白剂的特性，可以在蜜饯中选择易溶于水、水溶液呈弱酸性、较稳定的亚硫酸氢钠和漂白力最强的低亚硫酸钠做漂白实验，研究不同添加量对蜜饯的漂白效果。

（二）漂白剂的方法

1. 气熏法

采用硫磺（S）加热的方法产生二氧化硫。

$$S+O_2 \longrightarrow SO_2 \uparrow$$

2. 加入法

采用盐类，即焦亚硫酸钾、亚硫酸氢钠、低亚硫酸钠、焦亚硫酸钠和亚硫酸钠等直接加入生产原料中。

3. 浸渍法

（1）采用 SO_2 通入浸泡食品的液体或液体食品中。

（2）将食品浸在 0.04%~0.1%的亚硫酸盐溶液中，再干制。

本实验采用最简单、最安全的浸渍法，即将有色蜜饯浸在不同浓度的亚硫酸盐和低亚硫酸钠溶液中漂白。

（三）漂白剂的安全应用操作

1. 准——强调的是漂白剂添加量要准确

以 1kg 蜜饯加工为例，由 GB 2760—2024 食品添加剂在线查询系统查得亚硫酸氢钠和低亚硫酸钠的最大使用量为 0.35g/kg，最大使用量以残留量计。还原性漂白剂最终都通过产生 SO_2 起作用，易挥发，为提高漂白效率，在实际添加时使用量可超过 0.35g/kg，加工后可通过加热、搅拌、通风和抽真空等方法将过多的 SO_2 除去，保证残留量≤0.35g/kg。

举例说明：分别采用 4 种浓度（0.04，0.06，0.08，0.10g/100g）的亚硫酸钠溶液和低亚硫酸钠溶液对蜜饯进行漂白，假设蜜饯量为 50g，用 1∶5 的漂白溶液浸泡，漂白液需要 250mL，按漂白溶液的量精密称取相应的漂白剂质量，配制成漂白剂溶液。

2. 顺——强调的是漂白剂溶液的配制需严格按照顺序进行

添加顺序：水果→切块→加入漂白剂溶液浸泡→预煮→浸糖→干渍→干燥。

3. 匀——强调的是漂白剂溶液要溶解均匀、漂白剂与水果要充分浸泡或熏制

目的：使制品色泽明亮，防止制品氧化变色，促进原料对糖液的渗透。

添加方法：0.1~0.2g/100g 的硫磺熏硫；0.04~0.1g/100g 的亚硫酸盐溶液浸泡。

添加时间：水果清洗后去皮切分，熏硫或加亚硫酸盐溶液浸泡，漂洗去除多余的亚硫酸盐。

（四）还原性漂白剂使用的注意事项

（1）亚硫酸及其盐类会破坏硫胺素（维生素 B_1），不宜用于鱼类等动物性食品中。

（2）金属离子可将残留的亚硫酸及其盐类氧化，也会显著地促使已被褪色的着色物质氧化显色，从而降低漂白剂的效力。所以，在生产时注意不要混入铜、铁、锡等金属离子，同时使用金属离子螯合剂（如柠檬酸）。

（3）亚硫酸盐类的溶液不稳定，最好现配现用。

（4）用亚硫酸盐类漂白的物质，由于二氧化硫消失容易复色，所以，通常在食品中残留适量的二氧化硫，但残留量不得超过标准。

（5）注意控制好残留量：食用前若条件许可，可用加热、搅拌、通风、抽真空等方法将残留的二氧化硫除去。

（6）亚硫酸不能抑制果胶酶的活力，能破坏果胶的凝胶作用。此外，亚硫酸渗入水果组织后，加工时破碎水果，才能除尽二氧化硫的，所以用亚硫酸保藏的水果只适于制作果酱、干果、果酒、蜜饯等，不能作为罐头的原料。否则，因脱硫较难，易导致残留量超标，而且可能导致包装罐的腐蚀。

（7）严格控制亚硫酸盐的使用量，亚硫酸盐的用量过多，对人体的消化功能产生影响，同时使食品产生不良气味。

三、蜜饯漂白效果的评价

1. 感官评定

将漂白剂溶液在 1000mL 的烧杯中配制，用水浴锅加热到 40~50℃，加入相应量的蜜饯，保鲜膜封口。漂白一定时间（如 10min）后，将蜜饯捞出放入烘盘置于烘箱中烘干，感官评定。

漂白剂的作用将会影响到蜜饯的色泽与气味。由经验丰富的食品专家 10 人组成鉴评组，就蜜饯的色泽和气味两方面进行漂白效果的评价，各自所占权重分别为 0.7 和 0.3，满分为 10 分。蜜饯的感官质量评分标准见表 14-7。

表 14-7　　蜜饯的感官质量评分标准（一）

分值/分	5.0~7.0	3.0~4.9	1.0~2.9	0~0.9
色泽评分标准	乳白色或白色、光泽好	色微深、有光泽	色深、光泽差	色极深、无光泽
分值/分	2.0~3.0	1.0~1.9	0.5~0.9	0~0.4
气味评分标准	产品固有气味、无异常	产品固有气味、稍有异味	有 SO_2 气味	SO_2 气味很浓

2. 色度测定

用手持式色度仪（图 14-3）测定漂白后蜜饯的色泽，在任务工单中记录相应蜜饯的色差值（*L* 值、*a* 值、*b* 值）。其中 *L* 表示黑白，*a* 表示红绿，*b* 表示黄蓝。

色差仪的使用

图 14-3　手持式色度仪

子任务二　甜味剂的选用及效果评价

学习目标

知识目标

1. 掌握甜味剂的定义、分类、作用。
2. 掌握甜味剂在选用原则。

能力目标

1. 能正确分析甜味剂的安全性。
2. 能根据产品特点，安全设计出甜味剂的选用方案。
3. 能依据国家标准按蜜饯加工需求计算食品中甜味剂的添加量。
4. 甜味剂的使用进行作用效果评价。

素质目标

1. 通过关注肥胖症、糖尿病病人等特殊群体的饮食需求，将知识的学习和关注特殊群体需求的社会责任联系起来，培养社会责任感和使命意识，坚定文化自信。

2. 通过分组设计蜜饯中甜味剂的选用方案，培养独立思考的能力，增强创新创业意识。

3. 在甜味剂的选用及效果评价过程中，培养团队协作能力，树立勤于动手的劳动精神，并积极弘扬安全规范使用甜味剂的职业精神，助力健康中国建设。

必备知识

一、甜味剂的定义

甜味剂（Sweetener）是指能赋予食品甜味的物质。甜味的高低、强弱称为强度。20℃

条件下，味觉细胞感觉到5%或10%蔗糖的甜度为1，以蔗糖溶液的甜度为标准比较得出其他甜味剂的相对甜度。

功能分类代码：19。

二、甜味剂的分类

甜味剂（微课）

目前世界上使用的甜味剂近20种。

（1）按化学结构和性质分　可分为糖类甜味剂和非糖类甜味剂。

①糖类甜味剂：蔗糖、果糖、淀粉糖（葡萄糖、麦芽糖、果葡糖浆、淀粉糖浆，在我国不作食品添加剂，而视作食品原料）、糖醇（山梨糖醇、甘露糖醇、麦芽糖醇、木糖醇、赤藓糖醇、乳糖醇、易麦芽酮糖）及其他（寡果糖、异麦芽酮糖）。

糖醇类的甜度与蔗糖差不多，因其热值较低，或和葡萄糖有不同的代谢过程，而有某些特殊的用途，一般作为食品添加剂。

②非糖类甜味剂：甜度高，用量少，热值低，有些不参与代谢过程，常称为非营养性或低热值甜味剂，有天然甜味剂（甜菊糖苷、甘草酸铵、甘草酸一钾、甘草酸三钾、罗汉果甜苷等）、人工合成甜味剂［糖精钠（邻苯甲酰磺酰亚胺钠）、环己基氨基磺酸钠（甜蜜素）、天门冬酰苯丙氨酸甲酯（阿斯巴甜或甜味素）、乙酰磺胺酸钾（安赛蜜）、三氯蔗糖、纽甜、爱德万甜、阿力甜］。

（2）按来源分　可分为天然甜味剂和人工合成甜味剂。

①天然甜味剂：具备不升高血糖、不引起龋齿、润肠通便、甜度高、热量低等优点。

②人工合成甜味剂：具有化学性质稳定、耐热、耐酸和碱，不参与机体代谢，不提供能量，甜度高，价格便宜，不引起龋齿，不升高血糖等优点，但甜味不够纯正，带有后苦味或金属异味，安全性较天然甜味剂低。分为磺胺类（如糖精钠、甜蜜素、安赛蜜）、二肽类（如阿斯巴甜、阿力甜、纽甜）和蔗糖的衍生物（如三氯蔗糖）。

（3）按营养价值分　可分为营养性甜味剂和非营养性甜味剂。

①营养性甜味剂：指能被人体吸收代谢的糖类和糖醇，与蔗糖甜度相等时的含量，其热值在蔗糖热值的2%以上，主要是一些糖醇类，如山梨糖醇、甘露糖醇、麦芽糖醇、木糖醇等。

②非营养甜味剂：指不能被人体代谢吸收，与蔗糖甜度相等时的含量，其热值低于蔗糖热值的2%，包括甜菊糖苷、甘草酸铵等天然的甜味剂和糖精钠、安赛蜜、甜蜜素等人工合成的甜味剂。

通常所说的甜味剂是指人工合成的非糖类甜味剂、天然非糖类甜味剂、糖醇类甜味剂3类。

三、影响甜味强度的因素

1. 浓度的影响

一般而言，糖的甜度随浓度的增加而提高，但各种糖的甜度提高程度不同，大多数糖其甜度随浓度增高的程度都比蔗糖大，尤其以葡萄糖最为明显，如葡萄糖浓度在8%时甜度为0.53，35%时为0.88。一些非糖类甜味剂和人工合成甜味剂，低浓度时呈现甜味，高浓度时往往出现苦味。

2. 粒度的影响

粒度不同的同一种甜味剂往往会产生不同甜度的感觉。蔗糖有大小不同的晶粒，粗砂糖粒径>0.5mm，绵白糖粒径>0.05mm，当糖与唾液接触时，晶粒越细接触面积越大，溶解速度越快，能很快地达到较高浓度，故口感绵白糖比粗砂糖甜。实际上，将它们配成相等浓度溶液时，它们的甜度相等。

3. 温度的影响

蔗糖、葡萄糖等溶液的甜度在温度变化时几乎没有变化。温度对果糖甜度有影响。设5℃时5%蔗糖溶液的甜度为1.00，不同温度时5%果糖溶液的甜度见表14-8。

表14-8　不同温度时5%果糖溶液的甜度

温度/℃	甜度
5	1.47
18	1.29
60	0.79

因此，以果糖作为食品甜味剂时，应当考虑该食品的进食温度。

4. 介质的影响

（1）甜味剂处于不同的介质中，其甜度也会有一些变化。

（2）柠檬汁中，5~40℃时，果糖的甜度与同等浓度的蔗糖大致相同。

（3）添加增稠剂（如淀粉或树胶）能使蔗糖甜度有所提高，如在1%~10%的蔗糖液中加2%的淀粉或少量树胶，不仅能使黏度提高，也能使其甜度增加。

（4）添加食盐或酸对糖的甜度有影响，但缺乏规律性。如食盐在不同浓度下可使蔗糖的甜度增高，又可使其甜度降低。3%~10%蔗糖溶液，在1%食盐溶液中甜度降低；5%~7%蔗糖溶液，在0.5%食盐溶液中甜度增高。

5. 甜味剂之间的影响

不同种类甜味剂有协同效应，即甜味剂经复合后有协同增效作用，不仅可消除苦味、涩味、使味道更接近蔗糖，同时也相应提高了甜度。例如10%的果糖和蔗糖的混合液（60/40）比10%的蔗糖水溶液甜度提高30%。甜菊糖苷与蔗糖、环己基氨基磺酸钠（甜蜜素）与蔗糖都有很好的协同作用，两者合用可显著提高甜度。

四、甜味剂的作用

1. 改善口感

甜度是许多食品的指标之一，也是任何人都能接受的味道。为了使食品、饮料具有适口的感觉，需要加入一定量的甜味剂。

2. 调节和增强风味

“糖酸比”是饮料中风味调整的重要一项，酸味和甜味相互作用，可使产品获得新的风味，又可保留新鲜的味道。

3. 参与风味的形成

甜味与许多食品的风味是互补的，许多产品的特殊味道是由风味物质和甜味剂的结合而产生的，所以很多食品都加入甜味剂。

任务实施

一、甜味剂的选择

甜味剂是世界食品添加剂中产值最大的一类，年产量也以10%以上速度增长。由于糖类物质的过度摄取引起肥胖、糖尿病、高脂血症、龋齿等疾病所产生的负面影响已成为关系人们生活质量与健康水平的重要问题。研究甜味剂的安全应用越来越受到关注，由于不同的甜味剂相对甜度、味感、稳定性、热量、价格和使用限制等方面的差异，在实际应用中要注意与其他添加剂的复配，并严格按照 GB 2760—2024 的规定使用。

（一）甜味剂的选用原则

（1）根据食品的品质、功能，以及生产工艺需要确定甜味剂。如选择合适的甜酸比；注重各种风味的协调和相互影响。

（2）使用高倍甜味剂替代蔗糖后，应能降低生产成本。

（3）符合消费者对风味的要求，高倍甜味剂替代蔗糖产生的口味的差异能被消费者接受或不能被察觉，而且符合当地的使用习惯。

（二）常用的甜味剂的特性

1. 人工合成非糖甜味剂

（1）糖精钠　邻苯甲酰磺酰亚胺钠的商品名称，又称可溶性糖精或水溶性糖精。

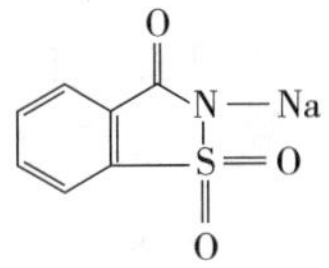

①性能：无色至白色结晶或晶体粉末，无臭或微有芳香气。性能稳定，易溶于水，微溶于乙醇，稳定性好，不发酵，不变色，耐热及耐酸碱性弱。在水中的溶解度随温度的上升而迅速增加。

②甜度与甜感特征：甜度是蔗糖的 200～700 倍。稀释 1000 倍的水溶液仍有甜味。糖精钠分解出来的阴离子有强甜味，而在分子状态下没有甜味，反感到有苦味。糖精钠水溶液浓度高也会感到苦味，使用时浓度应低于 0.02%。在酸性介质中加热，甜味消失，并可形成邻氨基磺酸苯甲酸而呈苦味。糖精钠单独使用时有后苦味和金属味，可通过和甜蜜素等其他甜味剂配合使用来改善不良后味。

③安全性：ADI 为 0～2.5mg/kg 体重。糖精钠是限制使用的甜味剂，进入人体后不分解，不供给热能，无营养价值。我国除了规定糖精钠的使用范围和最大使用量外，还规定了婴幼儿食品中不得使用。在凉果、蜜饯等产品的检验过程中，经常会出现其含量超标现象。

④应用：需按 GB 2760—2024 规定使用，如冷冻饮品（食用冰除外）、腌渍的蔬菜、复合调味料和配制酒中，最大使用量为 0.15g/kg；蜜饯熟制豆类中最大使用量为 1.0g/kg，均以糖精计。

（2）三氯蔗糖　又称蔗糖素，是以蔗糖为原料经氯化作用而制得的。

①性能：通常为白色粉末状产品，物化性质比较接近蔗糖。耐高温、耐酸碱，温度和 pH 对它几乎无影响，适于食品加工中的高温灭菌、喷雾干燥、焙烤、挤压等工艺。无热量、不致龋。稳定性高，适用于酸性至中性食品，对涩、苦等不愉快味道有掩盖效果。易溶于水，溶解时不容易产生起泡现象，适用于碳酸饮料的高速灌装生产线。

②甜度与甜感特征：为蔗糖的衍生物，风味近似蔗糖，甜度高，甜度为蔗糖的 600 倍（400 ~800 倍），甜味纯正，没有任何异味或苦涩味，是目前世界上公认的强力甜味剂。

③安全性：ADI 为 0~15mg/kg 体重。

④应用：需按 GB 2760—2024 的规定使用，如在调制乳、风味发酵乳中最大使用量为 0.3g/kg；冷冻饮品（食用冰除外）、食醋、酱油、复合调味料、配制酒中最大使用量为 0.25g/kg；蜜饯、糖果中最大使用量为 1.5g/kg。

（3）环己基氨基磺酸钠　又称甜蜜素。

①性能：无色结晶，无臭，易溶于水，难溶于乙醇。对热、酸、碱、光、空气以及较宽范围的 pH 均很稳定，不易受微生物，无吸湿性。

②甜度与甜感特征：甜度是蔗糖的 50 倍，其优点是甜味纯正，风味自然，不带异味。有近似于砂糖的甜味和良好的水果味，后苦味不明显。甜味刺激来得较慢，但持续时间较长。

③安全性：ADI 为 0~11mg/kg 体重。口服环己基氨基磺酸钠，无蓄积现象，40%由尿排出，60%由粪便排出。

④应用：与糖精钠或阿斯巴甜混合使用，可提高甜度，改善口感。需按 GB 2760—2024 的规定使用，如在冷冻饮品（食用冰除外）、复合调味料、饮料类［包装饮用水、果蔬汁（浆）、浓缩果蔬汁（浆）除外］、配制酒、果冻中最大使用量为 0.65g/kg；果酱、蜜饯中最大使用量为 1.0g/kg，均以环己基氨基磺酸计。

（4）乙酰磺胺酸钾　又称 AK 糖、安赛蜜。

①性能：白色结晶状粉末，无臭，易溶于水，对光、热稳定（能耐 225℃高温），pH 适用范围较广（3~7），是目前世界上稳定性最好的甜味剂之一。安赛蜜的生产工艺不复杂，价格便宜，性能优于阿斯巴甜，不致龋齿。

②甜度与甜感特征：甜度为蔗糖的 200 倍，甜味纯正而强烈，甜味持续时间长。味感优于糖精钠，没有不愉快的后味。可与其他甜味剂混合使用，与阿斯巴甜 1∶1 合用有明显增效作用，与甜蜜素共用时会发生明显的协同增效作用，但它与糖精钠的协同增效作用较小。

③安全性：安全性高，ADI 为 0~15mg/kg 体重。

④应用：特别适合用于无能量糖果、供糖尿病人的食品和低能量食品。需按 GB 2760—2024 的规定使用，如在冷冻饮品（食用冰除外）、果酱、蜜饯类、凉果类、焙烤食品、饮料类［包装饮用水、果蔬汁（浆）、浓缩果蔬汁（浆）除外］、果冻等食品中最大使用量为 0.3g/kg，均以安赛蜜计。

（5）天冬酰苯丙氨酸甲酯　又称为甜味素、阿斯巴甜、蛋白糖。

①性能：白色结晶状粉末，无臭，微溶于水，难溶于乙醇，不溶于油脂。热量低，抗微生物，无致龋齿性，糖尿病患者可使用。在 pH 为 3~5 的环境中最稳定，在中性、碱性

或受热条件下，可环化为天冬氨酰苯丙氨酸或二嗪哌酮，继续水解可生成天门冬氨酸和苯丙氨酸，甜味下降或消失。

②甜度与甜感特征：甜度为蔗糖的 200 倍，具有清爽的甜味，没有合成甜味剂通常具有的苦涩味或金属后味，味质近于蔗糖，对酸型水果有增效作用。

③安全性：ADI 为 0~40mg/kg 体重。食用后在体内分解为相应的氨基酸，是一种非营养性的甜味剂。

④应用：与其他甜味剂混合使用有协同效应。需按 GB 2760—2024 的规定使用，如在冷冻饮品（食用冰除外）、果酱等中最大使用量为 1.0g/kg；蜜饯中最大使用量为 2.0g/kg；糕点、饼干中最大使用量为 1.7g/kg；果蔬汁（浆）类饮料、蛋白饮料、碳酸饮料、风味饮料中最大使用量为 0.6g/kg。

2. 天然非糖甜味剂

天然非糖甜味剂包括糖苷类甜味剂和蛋白质甜味剂，其中糖苷类甜味剂包括甜菊糖苷、甘草酸铵、罗汉果甜苷等，蛋白质甜味剂包括索马甜等。

（1）甜菊糖苷　又称甜叶菊糖苷、甜叶菊苷，不含糖分和热量，非常接近蔗糖口味，是除甘蔗、甜菜糖之外第三种有开发价值和健康推崇的天然甜味剂，被国际上誉为“世界第三糖源”。

①性能：白色至微黄色结晶性粉末，热稳定性强，不发酵、不变色，渗透性差，有吸湿性。溶于水、乙醇，不溶于苯、醚及氯仿等有机溶剂。无致龋齿性，糖尿病患者、肥胖病患者可使用。

甜菊糖苷属无热量甜味剂，常与柠檬酸、甘氨酸或蔗糖、果糖并用。还可作芳香风味增强剂。

②甜度与甜感特征：味极甜、甜度为蔗糖的 200~300 倍，似蔗糖，有独特的清凉、甘甜的特点，但略带后涩味。

③安全性：安全性高，无致畸、致突变及致癌性，食用后以原形经粪便及尿排出体外。

④应用：对其他甜味剂有改善和增强作用，需按 GB 2760—2024 的规定使用，如在冷冻饮品（食用冰除外）中最大使用量为 0.5g/kg；蜜饯中最大使用量为 3.3g/kg；调味料（盐及代盐制品、香辛料类除外）中最大使用量为 0.35g/kg；饮料类［包装饮用水、果蔬汁（浆）、浓缩果蔬汁（浆）除外］中最大使用量为 0.2g/kg，均以甜菊醇当量计。

（2）甘草酸铵，甘草酸一钾及三钾　甘草类甜味剂是从中国常用传统药材——甘草中用水浸取精制的甜味剂。

①性能：白色结晶粉末。不发酵，因它不是微生物的营养成分，所以不像糖类那样易引起发酵。对酸不稳定，在酸性介质中因甘草酸析出而产生白色混浊。极强掩蔽性，能掩蔽一些苦味。

②甜度与甜感特征：味甜，甜度为蔗糖的 200~300 倍，后味苦，甜味释放缓慢，保留时间长。

③安全性：安全性高，是我国传统的调味料和中药，为一般公认安全类添加剂。

④应用：对其他甜味剂有改善和增强作用，需按 GB 2760—2024 的规定使用，如在蜜饯、糖果、饼干、肉罐头类、调味品（盐及代盐制品、香辛料类除外）、饮料类［包装饮

用水、果蔬汁（浆）、浓缩果蔬汁（浆）除外］等食品中按生产需要适量使用。

3. 糖醇类甜味剂

糖醇是世界上广泛采用的甜味剂之一。糖醇类在果实、藻类、霉菌中天然存在，人工可由相应的糖加氢还原制成。主要产品有赤藓糖醇、木糖醇、山梨糖醇、麦芽糖醇、甘露糖醇、乳糖醇等。糖醇类的共同特点是甜度低，热量低，黏度低，吸湿性较大。优点是其代谢途径与胰岛素无关，人体摄入不会引起血糖及胰岛素水平波动，是糖尿病人理想的甜味剂；长期摄入不会引起龋齿；部分糖醇具有膳食纤维功能，可预防便秘、结肠癌等。其缺点是摄取过量会引起腹泻或肠胃不适。

（1）麦芽糖醇

①性能：无色透明的晶体，对热、酸都很稳定。易溶于水，酸，水溶液呈中性，吸湿性强，保湿性能好，保湿性能比山梨糖醇好，难发酵，不产生美拉德反应，具有非结晶性，有保香作用。在体内不被消化吸收，热量低，不使血糖升高，不增加胆固醇，不被微生物利用，为糖尿病、肥胖症等患者食品的理想甜味剂。

②甜度与甜感特征：甜度为蔗糖的85%~95%，热值仅为蔗糖的10%。

③安全性：安全性高，ADI不作限制性规定，在体内不被分解利用。

④应用：可作为甜味剂、稳定剂、水分保持剂、乳化剂、膨松剂、增稠剂，需按GB 2760—2024的规定使用，如在调制乳、风味发酵乳、冷冻饮品（食用冰除外）、蜜饯、豆类制品、糖果、食糖、半固体复合调味料、饮料类［包装饮用水、果蔬汁（浆）、浓缩果蔬汁（浆）除外］、果冻等食品中按生产需要适量使用。

（2）山梨糖醇

①性能：白色粉末或颗粒，无臭，易溶于水，微溶于乙醇和乙酸等，在水溶液中不易结晶析出，能螯合各种金属离子。耐酸、耐热、不易氧化、不发生美拉德反应，有持水性和吸湿性，不被微生物利用。

②甜度与甜感特征：甜度是蔗糖的50%~70%，具有清凉的甜味，热值与蔗糖相近。

③安全性：安全性高，食用后在血液内不转化为葡萄糖，也不受胰岛素控制。但饮食量超过50g时，因在肠内滞留时间过长，可导致腹泻。

④应用：可作为甜味剂、膨松剂、乳化剂、水分保持剂、稳定剂、增稠剂等。需按GB 2760—2024的规定使用，如在冷冻饮品（食用冰除外）、果酱、豆类制品、糖果、面包、糕点、饼干、食糖、调味品（盐及代盐制品、香辛料类除外）、饮料类［包装饮用水、果蔬汁（浆）、浓缩果蔬汁（浆）除外］等食品中按生产需要适量使用。

（3）木糖醇

①性质：白色粉末或晶体，极易溶于水，水溶液偏酸性，热稳定性好，不发生美拉德反应，能螯合各种金属离子。吸热量大，不会引起血糖及胰岛素水平波动，不被微生物利用，不致龋齿。

②甜度与甜感特征：甜度与蔗糖相当，甜味纯正，具有凉爽愉快的口感。热值与葡萄糖相近，约为蔗糖的一半。

③安全性：ADI不作限制性规定，食用过多时会引起肠胃不适。

④应用：作为甜味剂，需按GB 2760—2024规定使用，可在表A.2中编号为1~68的食品类别除外的各类食品中按生产需要适量使用。木糖醇会抑制酵母的生长及其发酵活

性，故不适用于利用酵母发酵制作的食品。

二、蜜饯中甜味剂的应用

本任务中，以蜜饯为载体，以蜜饯中起甜味作用的添加剂为任务驱动点，以蜜饯生产真实的工作过程为导向，进行甜味剂的选用及效果评价任务的实施。

（一）蜜饯中甜味剂的选择

由 GB 2760—2024 可知，蜜饯（食品分类号 04. 01. 02. 08. 01）中允许使用的甜味剂如表 14-9 所示。

表 14-9　　蜜饯中允许使用的甜味剂

添加剂名称	功能	最大使用量/（g/kg）	备注
糖精钠	甜味剂、增味剂	1. 0	
天冬酰苯丙氨酸甲酯乙酰磺胺酸	甜味剂	0. 35	
乙酰磺胺酸钾（又名安赛蜜）	甜味剂	0. 3	
N-［*N*-(3,3-二甲基丁基）］-L-α-天冬氨-L-苯丙氨酸 1-甲酯（又名纽甜）	甜味剂	0. 3	
甘草酸铵，甘草酸一钾及三钾	甜味剂	按生产需要适量使用	
环己基氨基磺酸钠（又名甜蜜素），环己基氨基磺酸钙	甜味剂	1. 0	
三氯蔗糖（又名蔗糖素）	甜味剂	1. 5	
天冬酰苯丙氨酸甲酯（又名阿斯巴甜）c	甜味剂	2. 0	
甜菊糖苷	甜味剂	3. 3	
异麦芽酮糖	甜味剂	按生产需要适量使用	
麦芽糖醇和麦芽糖醇液	甜味剂、稳定剂、水分保持剂、乳化剂、膨松剂、增稠剂	按生产需要适量使用	
爱德万甜（*N*-｛*N*-［3-（3-羟基-4-甲氧基苯基）丙基］-L-α-天冬氨酰｝-L-苯丙氨酸-1-甲酯）	甜味剂	0. 12	
乳糖醇（又名 4-β-D 吡喃半乳糖-D-山梨醇）	甜味剂	按生产需要适量使用	
赤藓糖醇	甜味剂	按生产需要适量使用	
罗汉果甜苷	甜味剂	按生产需要适量使用	
木糖醇	甜味剂	按生产需要适量使用	

（二）甜味剂的复配添加

单一甜味剂使用时都有一定程度的缺陷，例如糖精钠有一定的后苦味；甜蜜素价格相对较低但口味微苦，耐酸性稍差；甜菊糖苷有一定的草腥味；安赛蜜的甜味感觉快，后长不足，高浓度单独使用有轻度后苦味；而阿斯巴甜和纽甜则前甜不足，甜味释放得慢，但保留时间长。复配甜味剂可将各种甜味剂的特性综合利用，以取得最佳效果，还可减少使用量，降低成本。例如赤藓糖醇与甜菊糖苷以 1000∶1～1000∶7 范围内混合使用，可有效掩盖甜菊糖苷的后苦味，甜味协调性好。糖精钠、蔗糖和甜菊糖苷混合使用，可使饮料中的蔗糖用量减少 12%以上，几种常见的复配型甜味剂的配方见表 14-10。

表 14-10　几种常见的复配型甜味剂的配方

序号	状态	配方（质量分数/%）
1	颗粒状	糖精钠 20、甘草酸铵 1、柠檬酸钠 3、山梨糖醇 2、蔗糖脂肪酸酯 1、葡萄糖 73
2	粉末状	糖精钠 15、柠檬酸钠 5、葡萄糖 80
3	颗粒状	甘草酸铵 7、柠檬酸 10、甜菊糖苷 3.5、苹果酸钠 3、乳糖 76.5
4	粉末状	甜菊糖苷 22、蔗糖 37.7、麦芽糖 30、糊精钠 10、食盐 0.3

（三）甜味剂的安全应用操作

1. 准——强调的是甜味剂添加量要准确

甜味剂除了在味觉上引起甜的感觉外，对人体几乎不含任何营养价值，热量值低，甜度高，但食用过多，会影响肠胃消化酶的正常分泌等，故需要严格按照 GB 2760—2024 进行限量使用。

以 1kg 蜜饯为例，由 GB 2760—2024 食品添加剂在线查询系统查得蜜饯中糖精钠和三氯蔗糖的最大添加量分别是 1.0g/kg 和 1.5g/kg。可取糖精钠添加量每 1kg 不超过 1.0g；三氯蔗糖每 1kg 不超过 1.5g。

甜味剂应用方案示例：糖精钠 1.0g+三氯蔗糖 1.5g。

分组通过实验来对比研究不同甜味剂选用方案对蜜饯品质的影响，从而加深对甜味剂作用原理的理解，培养创新意识。

2. 顺——强调的是甜味剂溶液的配制需严格按照顺序进行

将所需质量的甜味剂加入 90℃纯净水，煮沸 5min 后冷却备用。将甜味剂溶液与蜜饯混合。

添加顺序：原料→清洗→预煮→浸糖→添加甜味剂溶液。

3. 匀——强调的是甜味剂要溶解和混合均匀

（1）将多种甜味剂溶解均匀。

（2）甜味剂溶液与蜜饯混合均匀，防止在蜜饯的加工过程中出现甜度不均匀情况。

（四）甜味剂使用的注意事项

（1）根据 GB 2760—2024 规定，甜味剂在使用中要根据其应用范围，控制在产品中适宜的用量。

（2）加水溶解的目的在于扩大甜味剂的体积，以确保能在产品中均匀分布，具体加水量可根据产品实际情况随意增减，对甜味剂的作用本身没有任何影响。

（3）均匀分布，是使用甜味剂的关键，一定要确保和其他配料混合均匀。

（4）多数甜味剂口感已接近蔗糖，但或多或少有后苦涩味，在使用时将甜味剂复配，消除异味，提高甜度。

（5）很多标明“低糖”“无糖”“低热量”的甜味食品并不是真的无糖，其中所使用的甜味剂虽然热量很低，甚至无热量，但是大多数会增加食欲，反而使热量的摄入增大。

（6）使用甜味剂如果是为了增加甜度、改善口味、降低成本，产品糖度仍在有关规定以内时，可直接使用。如果因用甜味剂，减少了蔗糖用量，使产品含糖量低于有关标准时，应重新制定标准，报有关部门批准后，方可使用。

三、甜味剂的效果评价

将甜味剂配制成溶液，加入预煮后的蜜饯进行浸糖，混匀后进行感官评定。

甜味剂的作用将会影响到蜜饯的口感和色泽。由经验丰富的食品专家10人组成鉴评组，就蜜饯的口感和色泽两方面进行效果的评价，各自所占权重分别为0.7和0.3，满分为10分。蜜饯的感官质量评分标准见表14-11。

表14-11　　蜜饯的感官质量评分标准（二）

分值/分	5.0~7.0	3.0~4.9	1.0~2.9	0~0.9
口感评分标准	甜度适宜，甜味纯正，具有凉爽愉快的口感，无后苦涩味	甜度较适宜，甜味较纯正，稍有后苦涩味	甜度较甜或较淡，甜味不纯正，有后苦涩味	甜度很甜或很淡，甜味不纯正，后苦涩味重
分值/分	2.0~3.0	1.0~1.9	0.5~0.9	0~0.4
色泽评分标准	透明清亮	色微深，有透明感和清亮感	色深、透明与清亮感差	色极深、不透明不清亮

相关知识

一、硫磺使用的注意事项

硫磺使用范围是干果、干菜、粉丝、蜜饯类、食糖，只限用于熏蒸，不允许直接加入食品。

（1）要熏硫的食品应切成片再置于密闭室内，以增加熏硫时接触的表面积。

（2）掌握合适的硫磺用量。其量除与熏硫室的大小有关外，通常为0.1%~0.4%，即1kg食品需要用1~4g硫磺。

（3）掌握合适的温度。温度过高，硫会直接升华，附着在食品表面，结果使食品有很重的硫磺味，并使食品呈黄色外观。

（4）掌握合适的时间。熏硫时间依果实品种、成熟度、熏房的大小以及熏硫物多少而定，一般为30~60min，最长可达3h。

（5）熏硫室要严密，但要求通风良好。因为二氧化硫是一种有害的气体，在空气中浓度较高时，对眼睛和呼吸道黏膜有强烈的刺激性。

二、还原型漂白剂的应用

1. 葡萄酒等果酒（SO_2）

（1）防腐作用　防止酵母的再发酵及腐败菌的生长繁殖，常与山梨酸等配合使用，每升酒中加 200mg 山梨酸和 20～40mg 的游离 SO_2，对酒可产生良好和综合的防腐效果。

（2）抗氧化作用　抑制多酚氧化酶活性以抑制酶促褐变。消耗溶解氧，从而防止其他易氧化成分如维生素 C 的氧化。

2. 饼干（焦亚硫酸钾和焦亚硫酸钠）

适量的亚硫酸盐可降低面筋的强度，改善面团的可塑性，使面团容易调制并且成型好，成品饼干色泽光亮，口感酥脆。

3. 蜜饯凉果（大部分亚硫酸及其盐类）

防止褐变，既对酶促褐变有作用，也对非酶促褐变有作用。

4. 蔬菜罐头、食用菌和藻类罐头（如蘑菇、竹笋罐头）（大部分亚硫酸及其盐类）

防止褐变，保护制品的色泽。

5. 糖制品（葡萄糖、冰糖、饴糖等）（大部分亚硫酸及其盐类）

漂白作用，防止非酶促褐变。

6. 葡萄、黑加仑浓缩果汁（亚硫酸钠）

防腐作用及抗氧化作用，可防止由于氧化、霉菌、细菌所引起的变质，常与山梨酸复合使用。

三、甜味剂的研究进展

非营养型甜味剂（Non-nutritive sweetener，NNS）分为天然甜味剂和人工合成甜味剂。由于甜度高、适口性好、用量少、零能量或者微能量，可以作为代糖用在食品中。鉴于以上特点，NNS 成为控制热量摄入和减肥的有利工具。NNS 在食用后不需要胰岛素代谢，不会引起血糖的升高，不引起牙斑菌的增多，甚至有的 NNS 对牙斑菌有抑制作用。如阿斯巴甜、糖精钠和三氯蔗糖能抑制牙斑菌中的放线菌的活性。

几十年来，全球对人工合成甜味剂的需求一直在增加。部分 NNS 的使用特点以及使用现状见表 14-12。

表 14-12　　部分 NNS 的使用特点以及使用现状

NNS 名称	使用特点	人体内代谢	应用	
			使用食品种类和使用国家	中国批准在食品中使用的时间
纽甜	甜度是蔗糖 7000～13000 倍，纯净甜味，几乎没有苦味或金属味，高浓度有甘草味，高温或低温下都很稳定，微溶于水	纽甜被酯酶代谢为去酯化的纽甜和甲醇，在 72h 内通过尿液和粪便排出	纽甜可以添加在包括焙烤食品、饮料、乳制品等在内的许多食品中。在 40 多个国家得到批准使用	2003 年

续表

NNS名称	使用特点	人体内代谢	应用	
			使用食品种类和使用国家	中国批准在食品中使用的时间
爱德万甜	甜度是蔗糖20000倍，阿斯巴甜的衍生物，在高温下稳定性好，较纯净甜味，有微弱的苦味和酸味	在肠道中转化为爱德万甜9801-酸（去酯化的爱德万甜），被吸收后，大部分随粪便排出，一部分随尿液排出	用于冷冻饮品、蜜饯、糖果、饮料等食品。 澳大利亚、新西兰、美国、日本等国家允许作为甜味剂使用	2014年
罗汉果甜苷	甜度是蔗糖500倍，甜度峰值较低，有额外的异味（苦味、化学味、金属味），甜味持续时间较长，浓度大时，苦味和金属味依然明显	在结肠中大部分被消化酶和肠道微生物群降解为葡萄糖分子。剩余的罗汉果甜苷及其单糖和双糖随着粪便排出	有治疗咽喉炎和抗惊厥的作用，在中国已经使用了数百年，目前日本、中国、泰国、韩国、英国等国家允许在食品中使用	1996年

思考题

食品添加剂在蜜饯中的综合选用自查试题（在线测试）

1. 分析还原性漂白剂的种类与特性。
2. 讨论使用还原型漂白剂时应注意的事项。
3. 影响甜味强度的因素有哪些？
4. 分析甜味剂使用的注意事项。
5. 课后研创：请根据某蜜饯的配料表，指出使用了哪些食品添加剂，并指出它们分别在本产品中的作用。

> ××蜜饯配料表：青梅、白砂糖、香辛料、葡萄糖、食品添加剂（环己基氨基磺酸钠、糖精钠、甜菊糖苷、三氯蔗糖、甘草酸一钾、木糖醇、阿斯巴甜（含苯丙氨酸）、柠檬酸、二氧化钛、食用香精香料、山梨酸钾、苯甲酸钠、焦亚硫酸钠）

附录　食品分类系统

表 E.1　食品分类系统

食品分类号	食品类别/名称
01.0	乳及乳制品（13.0 特殊膳食用食品涉及品种除外）
01.01	巴氏杀菌乳、灭菌乳、高温杀菌乳和调制乳
01.01.01	巴氏杀菌乳
01.01.02	灭菌乳和高温杀菌乳
01.01.03	调制乳
01.02	发酵乳和风味发酵乳
01.02.01	发酵乳
01.02.02	风味发酵乳
01.03	乳粉和奶油粉及其调制产品
01.03.01	乳粉和奶油粉
01.03.02	调制乳粉和调制奶油粉
01.04	炼乳及其调制产品
01.04.01	淡炼乳（原味）
01.04.02	调制炼乳（包括加糖炼乳及使用了非乳原料的调制炼乳等）
01.05	稀奶油（淡奶油）及其类似品
01.05.01	稀奶油
01.05.02	—
01.05.03	调制稀奶油
01.05.04	稀奶油类似品
01.06	干酪、再制干酪、干酪制品及其类似品
01.06.01	非熟化干酪
01.06.02	熟化干酪
01.06.03	乳清干酪

续表

食品分类号	食品类别/名称
01.06.04	再制干酪及干酪制品
01.06.04.01	普通再制干酪
01.06.04.02	调味再制干酪
01.06.05	干酪类似品
01.06.06	乳清蛋白干酪
01.07	以乳为主要配料的即食风味食品或其预制产品（不包括冰淇淋和风味发酵乳）
01.08	其他乳制品（如乳清粉、酪蛋白粉等）
02.0	脂肪，油和乳化脂肪制品
02.01	基本不含水的脂肪和油
02.01.01	植物油脂
02.01.01.01	植物油
02.01.01.02	氢化植物油
02.01.02	动物油脂（包括猪油、牛油、鱼油和其他动物脂肪等）
02.01.03	无水黄油，无水乳脂
02.02	水油状脂肪乳化制品
02.02.01	脂肪含量80%以上的乳化制品
02.02.01.01	黄油和浓缩黄油
02.02.01.02	人造黄油（人造奶油）及其类似制品（如黄油和人造黄油混合品）
02.02.02	脂肪含量80%以下的乳化制品
02.03	02.02类以外的脂肪乳化制品，包括混合的和（或）调味的脂肪乳化制品
02.04	脂肪类甜品
02.05	其他油脂或油脂制品
03.0	冷冻饮品
03.01	冰淇淋、雪糕类
03.02	—
03.03	风味冰、冰棍类
03.04	食用冰
03.05	其他冷冻饮品
04.0	水果、蔬菜（包括块根类）、豆类、食用菌、藻类、坚果以及籽类等
04.01	水果
04.01.01	新鲜水果

续表

食品分类号	食品类别/名称
04.01.01.01	未经加工的鲜水果
04.01.01.02	经表面处理的鲜水果
04.01.01.03	去皮或预切的鲜水果
04.01.02	加工水果
04.01.02.01	冷冻水果
04.01.02.02	水果干类
04.01.02.03	醋、油或盐渍水果
04.01.02.04	水果罐头
04.01.02.05	果酱
04.01.02.06	果泥
04.01.02.07	除 04.01.02.05 以外的果酱（如印度酸辣酱）
04.01.02.08	蜜饯
04.01.02.08.01	蜜饯类、凉果类
04.01.02.08.02	—
04.01.02.08.03	果脯类
04.01.02.08.04	话化类
04.01.02.08.05	果糕类
04.01.02.09	装饰性果蔬
04.01.02.10	水果甜品，包括果味液体甜品
04.01.02.11	发酵的水果制品
04.01.02.12	煮熟的或油炸的水果
04.01.02.13	其他加工水果
04.02	蔬菜
04.02.01	新鲜蔬菜
04.02.01.01	未经加工鲜蔬菜
04.02.01.02	经表面处理的新鲜蔬菜
04.02.01.03	去皮、切块或切丝的蔬菜
04.02.01.04	芽菜类
04.02.02	加工蔬菜
04.02.02.01	冷冻蔬菜
04.02.02.02	干制蔬菜

续表

食品分类号	食品类别/名称
04.02.02.03	腌渍的蔬菜
04.02.02.04	蔬菜罐头
04.02.02.05	蔬菜泥（酱），番茄沙司除外
04.02.02.06	发酵蔬菜制品
04.02.02.07	经水煮或油炸的蔬菜
04.02.02.08	其他加工蔬菜
04.03	食用菌和藻类
04.03.01	新鲜食用菌和藻类
04.03.01.01	未经加工鲜食用菌和藻类
04.03.01.02	经表面处理的鲜食用菌和藻类
04.03.01.03	去皮、切块或切丝的食用菌和藻类
04.03.02	加工食用菌和藻类
04.03.02.01	冷冻食用菌和藻类
04.03.02.02	干制食用菌和藻类
04.03.02.03	腌渍的食用菌和藻类
04.03.02.04	食用菌和藻类罐头
04.03.02.05	经水煮或油炸的藻类
04.03.02.06	其他加工食用菌和藻类
04.04	豆类制品
04.04.01	非发酵豆制品
04.04.01.01	豆腐类
04.04.01.02	豆干类
04.04.01.03	豆干再制品
04.04.01.03.01	炸制豆干
04.04.01.03.02	卤制豆干
04.04.01.03.03	熏制豆干
04.04.01.03.04	其他豆干
04.04.01.04	腐竹类（包括腐竹、油皮等）
04.04.01.05	新型豆制品（大豆蛋白及其膨化食品、大豆素肉等）
04.04.01.06	熟制豆类
04.04.02	发酵豆制品

续表

食品分类号	食品类别/名称
04.04.02.01	腐乳类
04.04.02.02	豆豉及其制品（包括纳豆）
04.04.03	其他豆制品
04.05	坚果和籽类
04.05.01	新鲜坚果与籽类
04.05.02	加工坚果与籽类
04.05.02.01	熟制坚果与籽类
04.05.02.01.01	带壳熟制坚果与籽类
04.05.02.01.02	脱壳熟制坚果与籽类
04.05.02.02	—
04.05.02.03	坚果与籽类罐头
04.05.02.04	坚果与籽类的泥（酱），包括花生酱等
04.05.02.05	其他加工的坚果与籽类（如腌渍的果仁）
05.0	可可制品、巧克力和巧克力制品（包括代可可脂巧克力及制品）以及糖果
05.01	可可制品、巧克力和巧克力制品，包括代可可脂巧克力及制品
05.01.01	可可制品（包括以可可为主要原料的脂、粉、浆、酱、馅等）
05.01.02	巧克力和巧克力制品、除05.01.01以外的可可制品
05.01.03	代可可脂巧克力及其制品
05.02	糖果
05.02.01	胶基糖果
05.02.02	除胶基糖果以外的其他糖果
05.03	糖果和巧克力制品包衣
05.04	装饰糖果（如工艺造型，或用于蛋糕装饰）、顶饰（非水果材料）和甜汁
06.0	粮食和粮食制品，包括大米、面粉、杂粮、块根植物、豆类和玉米提取的淀粉等（不包括07.0类焙烤制品）
06.01	原粮
06.02	大米及其制品
06.02.01	大米
06.02.02	大米制品
06.02.03	米粉（包括汤圆粉等）
06.02.04	米粉制品

续表

食品分类号	食品类别/名称
06.03	小麦粉及其制品
06.03.01	小麦粉
06.03.01.01	通用小麦粉
06.03.01.02	专用小麦粉（如自发粉、饺子粉等）
06.03.02	小麦粉制品
06.03.02.01	生湿面制品（如面条、饺子皮、馄饨皮、烧麦皮）
06.03.02.02	生干面制品
06.03.02.03	发酵面制品
06.03.02.04	—
06.03.02.05	油炸面制品
06.03.02.06	其他小麦粉制品（如面筋等）
06.04	杂粮粉及其制品
06.04.01	杂粮粉
06.04.02	杂粮制品
06.04.02.01	杂粮罐头
06.04.02.02	其他杂粮制品
06.05	淀粉及淀粉类制品
06.05.01	食用淀粉
06.05.02	淀粉制品
06.05.02.01	粉丝、粉条
06.05.02.02	虾味片
06.05.02.03	藕粉
06.05.02.04	粉圆
06.06	即食谷物，包括碾轧燕麦（片）
06.07	方便米面制品
06.08	冷冻米面制品
06.09	谷类和淀粉类甜品（如米布丁、木薯布丁）
06.10	粮食制品馅料
06.11	面糊（如用于鱼和禽肉的拖面糊）裹粉、煎炸粉
06.12	其他粮食制品
07.0	焙烤食品

续表

食品分类号	食品类别/名称
07.01	面包
07.02	糕点
07.02.01	中式糕点（月饼除外）
07.02.02	西式糕点
07.02.03	月饼
07.02.04	糕点上彩装
07.03	饼干
07.03.01	夹心及装饰类饼干
07.03.02	威化饼干
07.03.03	蛋卷
07.03.04	其他饼干
07.04	焙烤食品馅料及表面用挂浆
07.05	其他焙烤食品
08.0	肉及肉制品
08.01	生、鲜肉
08.01.01	生鲜肉
08.01.02	冷却肉、冰鲜肉
08.01.03	冻肉
08.02	预制肉制品
08.02.01	调理肉制品（生肉添加调理料）
08.02.02	腌腊肉制品类（如咸肉、腊肉、板鸭、中式火腿、腊肠）
08.02.03	肉丸类
08.02.04	其他预制肉制品
08.03	熟肉制品
08.03.01	酱卤肉制品类
08.03.01.01	白煮肉类
08.03.01.02	酱卤肉类
08.03.01.03	糟肉类
08.03.02	熏、烧、烤肉类（熏肉、叉烧肉、烤鸭、肉脯等）
08.03.03	油炸肉类
08.03.04	西式火腿（熏烤、烟熏、蒸煮火腿）类

续表

食品分类号	食品类别/名称
08.03.05	肉灌肠类
08.03.06	发酵肉制品类
08.03.07	熟肉干制品
08.03.07.01	肉松类
08.03.07.02	肉干类
08.03.07.03	—
08.03.08	肉罐头类
08.03.09	其他熟肉制品
08.04	肉制品的可食用动物肠衣类
09.0	水产及其制品（包括鱼类、甲壳类、贝类、软体类、棘皮类等水产及其加工制品等）
09.01	鲜水产
09.02	冷冻水产品及其制品
09.02.01	冷冻水产品
09.02.02	冷冻挂浆制品
09.02.03	冷冻水产糜及其制品（包括冷冻丸类产品等）
09.03	预制水产品（半成品）
09.03.01	醋渍或肉冻状水产品
09.03.02	腌制水产品
09.03.03	鱼子制品
09.03.04	风干、烘干、压干等水产品
09.03.05	其他预制水产品（如鱼肉饺皮）
09.04	熟制水产品（可直接食用）
09.04.01	熟干水产品
09.04.02	经烹调或油炸的水产品
09.04.03	熏、烤水产品
09.04.04	发酵水产品
09.04.05	鱼肉灌肠类
09.05	水产品罐头
09.06	其他水产品及其制品
10.0	蛋及蛋制品
10.01	鲜蛋

续表

食品分类号	食品类别/名称
10.02	再制蛋（不改变物理性状）
10.02.01	卤蛋
10.02.02	糟蛋
10.02.03	皮蛋
10.02.04	咸蛋
10.02.05	其他再制蛋
10.03	蛋制品（改变其物理性状）
10.03.01	脱水蛋制品（如蛋白粉、蛋黄粉、蛋白片）
10.03.02	热凝固蛋制品（如蛋黄酪、松花蛋肠）
10.03.03	蛋液与液态蛋
10.04	其他蛋制品
11.0	甜味料，包括蜂蜜
11.01	食糖
11.01.01	白砂糖及白砂糖制品、绵白糖、红糖、冰片糖
11.01.02	赤砂糖、原糖、其他糖和糖浆
11.02	淀粉糖（食用葡萄糖、低聚异麦芽糖、果葡聚糖、麦芽糖、麦芽糊精、葡萄糖浆等）
11.03	蜂蜜及花粉
11.03.01	蜂蜜
11.03.02	花粉
11.04	餐桌甜味料
11.05	调味糖浆
11.05.01	水果调味糖浆
11.05.02	其他调味糖浆
11.06	其他甜味料
12.0	调味品
12.01	盐及代盐制品
12.02	鲜味剂和助鲜剂
12.03	食醋
12.04	酱油
12.05	酿造酱

续表

食品分类号	食品类别/名称
12.06	—
12.07	料酒及制品
12.08	—
12.09	香辛料类
12.09.01	香辛料及粉
12.09.02	香辛料油
12.09.03	香辛料酱（如芥末酱、青芥酱）
12.09.04	其他香辛料加工品
12.10	复合调味料
12.10.01	固体复合调味料
12.10.01.01	固体汤料
12.10.01.02	鸡精、鸡粉
12.10.01.03	其他固体复合调味料
12.10.02	半固体复合调味料
12.10.02.01	蛋黄酱、沙拉酱
12.10.02.02	调味酱
12.10.02.03	—
12.10.02.04	其他半固体复合调味料
12.10.03	液体复合调味料
12.10.03.01	浓缩汤
12.10.03.02	肉汤、骨汤
12.10.03.03	调味汁
12.10.03.04	蚝油、虾油、鱼露等
12.10.03.05	其他液体复合调味料
12.11	其他调味料
13.0	特殊膳食用食品
13.01	婴幼儿配方食品
13.01.01	婴儿配方食品
13.01.02	较大婴儿和幼儿配方食品
13.01.03	特殊医学用途婴儿配方食品
13.02	婴幼儿辅助食品

续表

食品分类号	食品类别/名称
13.02.01	婴幼儿谷类辅助食品
13.02.02	婴幼儿罐装辅助食品
13.03	其他特殊膳食用食品
14.0	饮料类
14.01	包装饮用水
14.01.01	饮用天然矿泉水
14.01.02	饮用纯净水
14.01.03	其他类饮用水
14.02	果蔬汁类及其饮料
14.02.01	果蔬汁（浆）
14.02.02	浓缩果蔬汁（浆）
14.02.03	果蔬汁（浆）类饮料
14.03	蛋白饮料
14.03.01	含乳饮料
14.03.01.01	发酵型含乳饮料
14.03.01.02	配制型含乳饮料
14.03.01.03	乳酸菌饮料
14.03.02	植物蛋白饮料
14.03.03	复合蛋白饮料
14.03.04	其他蛋白饮料
14.04	碳酸饮料
14.04.01	可乐型碳酸饮料
14.04.02	其他型碳酸饮料
14.05	茶、咖啡、植物（类）饮料
14.05.01	茶（类）饮料
14.05.02	咖啡（类）饮料
14.05.03	植物饮料
14.06	固体饮料
14.06.01	—
14.06.02	蛋白固体饮料
14.06.03	速溶咖啡

续表

食品分类号	食品类别/名称
14.06.04	其他固体饮料
14.07	特殊用途饮料
14.08	风味饮料
14.09	其他类饮料
15.0	酒类
15.01	蒸馏酒
15.01.01	白酒
15.01.02	调香蒸馏酒
15.01.03	白兰地
15.01.04	威士忌
15.01.05	伏特加
15.01.06	朗姆酒
15.01.07	其他蒸馏酒
15.02	配制酒
15.03	发酵酒
15.03.01	葡萄酒
15.03.01.01	无汽葡萄酒
15.03.01.02	起泡葡萄酒
15.03.01.03	调香葡萄酒
15.03.01.04	特种葡萄酒（按特殊工艺加工制作的葡萄酒，如在葡萄原酒中加入白兰地，浓缩葡萄汁等）
15.03.02	黄酒
15.03.03	果酒
15.03.04	蜂蜜酒
15.03.05	啤酒和麦芽饮料
15.03.06	其他发酵酒类（充气型）
16.0	其他类（01.0~15.0 除外）
16.01	果冻
16.02	茶叶、咖啡和茶制品
16.02.01	茶叶、咖啡
16.02.02	茶制品（包括调味茶和代用茶）

续表

食品分类号	食品类别/名称
16.03	胶原蛋白肠衣
16.04	酵母及酵母类制品
16.04.01	干酵母
16.04.02	其他酵母及酵母类制品
16.05	食品加工用菌种制剂（16.04 除外）
16.06	膨化食品
16.07	其他

参考文献

［1］阮春梅．食品添加剂应用技术［M］．2 版．北京：中国农业出版社，2018.

［2］顾立众，吴君艳．食品添加剂应用技术［M］．2 版．北京：化学工业出版社，2021.

［3］费英敏，曹慧，王瑞军．食品添加剂应用技术［M］．北京：中国广播电视大学出版社，2016.

［4］张甦．食品添加剂应用技术［M］．北京：人民卫生出版社，2019.

［5］孙素群，刘美玉．食品毒理学［M］．北京：科学出版社，2022.

［6］黄泽元，迟玉杰．食品化学［M］．北京：中国轻工业出版社，2017.

［7］夏文水．食品工艺学［M］．北京：中国轻工业出版社，2007.

［8］刘钟栋．食品添加剂［M］．南京：东南大学出版社，2006.

［9］高彦祥．食品添加剂［M］．2 版．北京：中国轻工业出版社，2019.

［10］高雪丽．食品添加剂［M］．北京：中国科学技术出版社，2013.

［11］彭珊珊，钟瑞敏．食品添加剂［M］．4 版．北京：中国轻工业出版社，2017.

［12］孙平．食品添加剂［M］．2 版．北京：中国轻工业出版社，2020.

［13］汤高奇，曹斌．食品添加剂［M］．北京：中国农业大学出版社，2010.

［14］马汉军，田益玲．食品添加剂［M］．北京：科学出版社，2014.

［15］朱宝昌，高海生．食品安全保障、食品添加剂常识［M］．北京：化学工业出版社，2013.

［16］梁朗都．食品添加剂在饮料中的应用［M］．北京：中国轻工业出版社，2005.

［17］秦卫东．食品添加剂学［M］．北京：中国纺织出版社，2014.

［18］罗红霞，姜旭德．乳制品加工技术［M］．北京：中国质检出版社，2012.

［19］朱宝昌，高海生．食品安全保障、食品添加剂常识［M］．北京：化学工业出版社，2013.

［20］孙平．新编食品添加剂应用手册［M］．北京：化学工业出版社，2017.

［21］吉鹤立．中国食品添加剂及配料使用手册［M］．北京：中国质检出版社，2016.

［22］陈瑾．解读肉类食品添加剂的应用现状与趋势［J］．食品安全导刊，2020（3）：77.

［23］姚芳，吴平，张伟，等．高职“食品添加剂应用与检测技术”课程思政教学改革探索［J］．职业技术，2021，20（10）：13-18.

［24］姚芳，刘靖，褚洁明，等．无硝肉脯发色技术［J］．江苏农业科学，2014，42（09）：226-231.

［25］戴素仪，程海军，刘雄民，等．酸碱环境下丁基羟基甲苯的化特性及氧化产物［J/OL］．食品科学，1-9［2024-01-25］．

[26] 王璐，黄佳琪，孙鑫泽，等．我国食品安全现状分析及其对策［J］．食品安全导刊，2023（36）：14-16.

[27] 热娜古丽·阿克拜．食品添加剂的检测与综合质量监控框架［J］．中国食品工业，2023（23）：65-67.

[28] 都芸，左惠君，杨冉冉，等．固体复合调味料中防腐剂混合使用比例之和的不确定度评定［J］．中国食品添加剂，2023，34（11）：26-35.

[29] 王凤，钟永生，冷磊，等．我国食品接触用竹制品抑菌防腐剂残留检测技术研究进展与展望［J］．绿色包装，2023（11）：15-19.

[30] 黎泽江，李宁杰．甜味剂的应用及其环境影响研究进展［J］．科技创新与应用，2023，13（29）：149-152.

[31] 王钰，宁欢，卢笑雨，等．食品着色剂研究进展［J］．农业科学研究，2019，40（2）：52-56.